U0161660

"十四五"时期国家重点出版物出版专项规划项目

★ 转型时代的中国财经战略论丛 ◢

劳动力转移视角的
农村家庭金融资产配置研究

Research on the Rural Household Financial Asset Allocation
Based on Labor Transfer

陈虹宇 葛永波 著

中国财经出版传媒集团

经济科学出版社
Economic Science Press

·北京·

图书在版编目（CIP）数据

劳动力转移视角的农村家庭金融资产配置研究/陈
虹宇，葛永波著．--北京：经济科学出版社，2023.9
（转型时代的中国财经战略论丛）
ISBN 978 - 7 - 5218 - 5246 - 2

Ⅰ.①劳…　Ⅱ.①陈…②葛…　Ⅲ.①农村 - 家庭 -
金融资产 - 配置 - 研究 - 中国　Ⅳ.①TS976.15

中国国家版本馆 CIP 数据核字（2023）第 195064 号

责任编辑：于　源　姜思伊
责任校对：杨　海
责任印制：范　艳

劳动力转移视角的农村家庭金融资产配置研究
陈虹宇　葛永波　著
经济科学出版社出版、发行　新华书店经销
社址：北京市海淀区阜成路甲 28 号　邮编：100142
总编部电话：010 - 88191217　发行部电话：010 - 88191522
网址：www. esp. com. cn
电子邮箱：esp@ esp. com. cn
天猫网店：经济科学出版社旗舰店
网址：http：//jjkxcbs. tmall. com
北京季蜂印刷有限公司印装
710×1000　16 开　17 印张　270000 字
2023 年 9 月第 1 版　2023 年 9 月第 1 次印刷
ISBN 978 - 7 - 5218 - 5246 - 2　定价：68.00 元
（图书出现印装问题，本社负责调换。电话：010 - 88191545）
（版权所有　侵权必究　打击盗版　举报热线：010 - 88191661
QQ：2242791300　营销中心电话：010 - 88191537
电子邮箱：dbts@ esp. com. cn）

总　序

　　"转型时代的中国财经战略论丛"是山东财经大学与经济科学出版社在合作推出"十三五"系列学术著作基础上继续在"十四五"期间深化合作推出的系列学术著作，属于"'十四五'时期国家重点出版物出版专项规划项目"。自2016年起，山东财经大学就开始资助该系列学术著作的出版，至今已走过7个春秋，其间共资助出版了152部学术著作。这些著作的选题绝大部分隶属于经济学和管理学范畴，同时也涉及法学、艺术学、文学、教育学和理学等领域，有力地推动了我校经济学、管理学和其他学科门类的发展，促进了我校科学研究事业的进一步繁荣发展。

　　山东财经大学是财政部、教育部和山东省人民政府共同建设的高校，2011年由原山东经济学院和原山东财政学院合并筹建，2012年正式揭牌成立。学校现有专任教师1730人，其中教授378人、副教授692人，具有博士学位的有1034人。入选国家级人才项目（工程）16人，全国五一劳动奖章获得者1人，入选"泰山学者"工程等省级人才项目（工程）67人，入选教育部教学指导委员会委员8人，全国优秀教师16人，省级教学名师20人。近年来，学校紧紧围绕建设全国一流财经特色名校的战略目标，以稳规模、优结构、提质量、强特色为主线，不断深化改革创新，整体学科实力跻身全国财经高校前列，经管类学科竞争力居省属高校首位。学校现拥有一级学科博士点4个，一级学科硕士点11个，硕士专业学位类别20个，博士后科研流动站1个。应用经济学、工商管理和管理科学与工程3个学科入选山东省高水平学科建设名单，其中，应用经济学为"高峰学科"建设学科。应用经济学进入软科"中国最好学科"排名前10%，工程学和计算机科学进入 ESI 全球排名前 1%。2022 年软科中国大学专业排名，A 以上专业数 18 个，位居省属高校第 2 位，全国财经类高校第 9 位，是山东省唯一所有专业全部上榜的高校。2023 年软科世界大学学科排名，我校首次进入世界前 1000 名，位列 910 名，中国第 175 名，财经类高校第 4 名。

2016 年以来，学校聚焦内涵式发展，全面实施了科研强校战略，取得了可喜成绩。仅以最近三年为例，学校承担省部级以上科研课题 502 项，其中国家社会科学基金重大项目 3 项、年度项目 74 项；获国家级、省部级科研奖励 83 项，1 项成果入选《国家哲学社会科学成果文库》；被 CSSCI、SCI、SSCI 和 EI 等索引收录论文 1449 篇。同时，新增了山东省重点实验室、山东省重点新转智库、山东省社科理论重点研究基地、山东省协同创新中心、山东省工程技术研究中心、山东省两化融合促进中心等科研平台。学校的发展为教师从事科学研究提供了广阔的平台，创造了更加良好的学术生态。

"十四五"时期是我国由全面建成小康社会向基本实现社会主义现代化迈进的关键时期，也是我校合并建校以来第二个十年的跃升发展期。2022 年党的二十大的胜利召开为学校高质量发展指明了新的方向，建校 70 周年暨合并建校 10 周年校庆也为学校内涵式发展注入了新的活力。作为"十四五"时期国家重点出版物出版专项规划项目，"转型时代的中国财经战略论丛"将继续坚持以马克思列宁主义、毛泽东思想、邓小平理论、"三个代表"重要思想、科学发展观、习近平新时代中国特色社会主义思想为指导，结合《中共中央关于制定国民经济和社会发展第十四个五年规划和二〇三五年远景目标的建议》以及党的二十大精神，将国家"十四五"时期重大财经战略作为重点选题，积极开展基础研究和应用研究。

"十四五"时期的"转型时代的中国财经战略论丛"将进一步体现鲜明的时代特征、问题导向和创新意识，着力推出反映我校学术前沿水平、体现相关领域高水准的创新性成果，更好地服务我校一流学科和高水平大学建设，展现我校财经特色名校工程建设成效。我们也希望通过向广大教师提供进一步的出版资助，鼓励我校广大教师潜心治学，扎实研究，在基础研究上密切跟踪国内外学术发展和学科建设的前沿与动态，着力推进中国特色哲学社会科学学科体系、学术体系和话语体系建设与创新；在应用研究上立足党和国家事业发展需要，聚焦经济社会发展中的全局性、战略性和前瞻性的重大理论与实践问题，力求提出一些具有现实性、针对性和较强参考价值的思路和对策。

山东财经大学党委书记　王邵军

2023 年 8 月 16 日

本书作者课题项目：

2023 年度国家社科基金重点项目；课题编号：23AJY026；课题名称：共同富裕目标下人口老龄化对家庭经济脆弱性的影响及治理研究。

2023 年度山东省社科规划重点项目；课题编号：23BJJJ06；课题名称：绿色金融赋能山东绿色低碳高质量发展研究。

2023 年度山东省自然科学基金项目；课题编号：ZR2023MG051；课题名称：人口老龄化影响家庭金融脆弱性问题研究：基于山东省的数据。

2022 年度山东省社科规划项目；课题编号：22DJJJ09；课题名称：数字金融影响农户金融可得性的作用机制及效果评估：基于山东省的调查研究。

序　言

在城乡一体化进程加快与乡村振兴战略发展的背景下，农村劳动力的产业转移以及跨区域转移已成为一种常态。农村地区农业规模化经营发展创造了大量富余劳动力，从而可以满足非农产业需求，特别是在城乡收入差距加大的背景下，越来越多的农村劳动力选择从事非农行业或进城务工。身份的转变不仅会对农村家庭收入产生影响，也会使农村居民的思想观念、经济行为等发生改变，从而对家庭金融资产配置产生影响。党的十九大报告提出，要拓宽居民劳动收入和财产性收入渠道。而提升农村家庭金融资产配置多样化、通过金融资产收益提高家庭财产性收入，正是贯彻落实这一政策的有效途径。

针对农村家庭金融的相关文献多集中于农户信贷供求领域，从劳动力转移视角对农村家庭金融决策进行的专门研究尚不多见。本研究聚焦于劳动力的跨区转移，通过构建数理模型揭示了劳动力转移对农村家庭金融资产配置的影响，并基于 2017 年中国家庭金融调查和 2019 年课题组对山东省 1194 户农村家庭的调研数据对其作用机理及家庭风险金融资产配置的消费效应进行了深入的实证分析，丰富了家庭金融相关研究，为改善家庭资产结构与投资收益提供了有益参考。本书的研究结论主要有：

伴随着农村地区经济发展及普惠金融的不断推进，农村家庭参与金融市场的比例和投资水平有所上升，但整体参与率依然偏低（2.84%）。从金融资产的持有情况看，农村家庭对现金和定期存款的持有呈下降趋势，对风险金融资产的持有呈上升趋势，但主要体现在对金融理财产品持有的增幅上，家庭金融资产投资普遍缺乏多样性。整体而言，我国农村地区家庭仍然面临着较为明显的金融排斥现象。

劳动力转移可以促进家庭参与风险金融市场，并显著提升家庭风险金融资产配置水平。运用工具变量法克服内生性问题、采用内生转换模型、解决时间不一致问题后上述结论依然成立。多维角度的异质性分析表明，从转移劳动力的特征看，中青年人群更会因为转移就业而提升家庭风险金融资产配置水平，转移就业对教育水平较高的家庭边际影响更大。从家庭经济特征看，收入和财富水平较高的家庭更倾向于持有风险金融资产。从转移劳动力的就业情况看，在户主的职业较为稳定、对未来收入预期较为乐观的情况下，转移就业对家庭风险金融市场参与的促进作用更显著；转移时间能强化劳动力转移对风险金融资产持有的正向影响。基于山东省调研样本的实证结果还发现，转移时间和距离均能强化劳动力转移对家庭风险金融资产持有比例的正向影响。

基于夏普比率衡量农村家庭风险金融资产配置有效性，研究发现劳动力转移能够促进家庭资产配置效率的提升。这表明在风险相同的情况下，转移就业家庭更有可能通过金融市场获得更多的财产性收入。异质性分析表明：（1）受限于农村地区老龄群体的知识不足，劳动力转移对家庭资产配置有效性的促进作用仅体现在 36～45 岁群体中。（2）对于财富较多和受教育水平较高的群体来说，其对金融市场信息的处理能力较强，也具有更强的识别能力。在转移就业带来知识信息获取渠道拓宽、财富积累增加等情况下，这样的群体更容易达到家庭投资组合的最优配置水平。（3）对于固定职工和签订了长期合同的受雇农村家庭来说，转移就业对家庭投资组合有效性存在显著的促进作用，而对于从事临时工作或创业的家庭而言，转移就业对资产配置有效性的影响不显著。此外，外出务工时间能够强化转移就业对家庭投资组合优化的促进作用。

影响机制研究发现，在劳动力转移影响家庭资产配置过程中，供给端金融排斥的中介作用不显著，而需求端形成的金融排斥依然存在。劳动力转移可以通过缓解农村家庭需求端金融排斥，从而促进家庭金融市场参与和优化家庭资产配置。对需求端金融排斥的各个维度进行中介效应检验发现，劳动力转移通过缓解金融知识排斥、风险排斥、信息排斥和互联网排斥，进而促进家庭风险金融资产配置，而信息排斥和互联网排斥作用更为显著。进一步将不确定性风险和风险分担纳入研究框架发现，收入不确定性和教育、医疗不确定性均会弱化转移就业对农村家庭投资行为的促进作用。与此相对应，医疗保险和依赖社会网络进行的非正式风险分担能够强化劳动力转移对农村家庭风险金融市场参与概率的促进作用。但养老保险和商业保险的促进作用则不显著。

　　对农村家庭风险金融资产配置的消费效应研究发现，家庭资产配置行为和有效性对家庭总消费影响显著为正。从消费结构来看，风险金融资产对家庭食品、衣着、生活用品、教育娱乐、交通通信各方面消费支出均产生正向影响，但对医疗保健支出不显著。从金融资产配置在消费支出不同分位点上对农村地区居民家庭消费的影响差异分析发现，回归系数随着家庭消费总支出的增加呈现先上升后下降的倒"U"型，说明风险金融资产能够在一定程度上促进家庭消费总支出，但这种促进作用会随着家庭消费水平的提高而递减。风险金融资产价值对农村地区家庭教育娱乐支出的促进作用一直呈上升状态，即随着家庭风险金融资产价值的增加，农村家庭对教育娱乐的重视程度和投入会越来越高。异质性分析表明，家庭风险金融资产价值对转移就业家庭消费水平的影响更大，进一步验证了农村家庭金融资产配置的必要性及意义。

目　录

第1章 绪 论

1.1 研究背景

伴随我国国民经济持续发展，农村社会经济发展环境也在发生变化。在城乡一体化进程加快与乡村振兴战略发展的背景下，农村转移人口市民化趋势明显，我国城镇化进程快速推进。国家统计局 2017 年统计公报显示，我国户籍人口城镇化率为 42.35%，比 2016 年末提高了 1.15 个百分点。农村劳动力外出就业加剧，2017 年全国流动人口达 2.44 亿人。[①] 随着农业规模化经营发展，创造了大量富余劳动力以满足非农产业需求，特别是在城乡收入差距加大的背景下，越来越多农村劳动力选择外出务工就业。对于他们来说，身份的转变不仅会对农村家庭收入产生影响，也会使家庭的思想观念、经济行为等发生改变，从而影响金融资产配置行为和效率。

纵观发达国家居民金融资产选择行为的演变过程，居民的资产配置已经不再仅局限于储蓄消费，而是初步呈现多元化趋势，手持现金的比重不断下降，理财、股票、债券、基金资产的持有量不断上升，风险金融资产的占比也在不断增加。坎贝尔（Campbell，2006）指出无论家庭厌恶风险程度如何，只要风险溢价为正，家庭就应持有部分风险资产。近年来，中国家庭财富的积聚与成长正处于高峰期（韦宏耀和钟涨宝，2017），然而与发达国家相比，我国家庭尤其是农村家庭金融资产选择的风险化程度依然较低。

---

① 资料来源：《中华人民共和国 2017 年国民经济和社会发展统计公报》，https：//www. gov. cn/guowuyuan/2018 – 02/28/content_5269506. htm？ cid = 303。

中国家庭金融调查统计数据显示，以 2017 年为例，农村家庭风险金融市场的参与率仅为 2.84%，全国总体水平为 22.03%，城镇达到了 32.21%，农村家庭的参与比例不足城镇家庭的 1/10。近年来，随着家庭微观数据库的不断完善，国内关于家庭金融资产选择的研究取得了一些进展，这对后续研究具有重要的参考价值。但已有研究中，从劳动力转移视角探讨农村家庭金融资产配置的研究尚不多见。从宏观角度来说，劳动力转移对拉动国民经济增长，推动产业发展有着至关重要的作用。从微观角度来说，劳动力转移对提高农村家庭的收入水平、提升家庭金融资产配置多样化有关键影响，对进一步促进农村居民财产性收入的提高和家庭财富的积累起到推动作用。

1.2 研究目的和意义

1.2.1 研究目的

本书的主要目标是通过理论分析与实证检验，揭示农村劳动力转移等要素对农村家庭金融资产配置的影响与作用机制，并在此基础上进一步考察农村家庭金融资产配置对消费行为带来的影响。同时，基于理论与实证分析结论，从多个维度提出有针对性的对策建议，为提高农村家庭金融资产配置效率，推动农村金融发展提供理论和经验支持。

1.2.2 研究意义

1. 理论意义

首先，现有文献对于劳动力转移问题的研究多是聚焦于宏观视角，部分学者从微观角度进行剖析也是针对劳动力转移对农户收入和消费的影响，关于家庭金融资产配置领域的研究尚不多见。本书基于劳动力转移视角，在厘清影响机理的前提下，分析并检验了其对农村家庭金融市场参与意愿、配置程度和配置有效性的影响，并对其产生的消费效应进行验证，有助于丰富和完善农村金融研究领域。

其次，本书将家庭金融资产配置的研究延伸至农村家庭，结合农村地区劳动力转移的现状进行理论和实证分析。由于国内家庭金融研究领域出现时间相对较晚，加之农村家庭金融资产配置水平较低，国内学者对于农村家庭金融资产配置的研究较为匮乏。本书在已有研究的基础上，进一步拓展了家庭金融研究领域，结合我国农村地区劳动力转移特点对家庭金融资产配置行为和有效性进行了探究，扩展了家庭金融研究范围。

2. 现实意义

中国家庭财富的积聚与成长当前正处于高峰期，然而农村家庭面临的金融排斥问题依然是阻碍农户进入金融市场、享受资本市场发展红利的重要原因。党的十九大指出要拓宽居民财产性收入渠道，而提升家庭金融市场参与率、优化家庭金融资产配置正是提高财产性收入的重要途径。《中共中央关于制定国民经济和社会发展第十四个五年规划和二〇三五年远景目标的建议》也将增强金融普惠性和提高直接融资比重作为目标任务。对农村地区家庭金融排斥问题和资产配置现状的研究，有助于对资金进行有针对性的引导，扩大投资者基数，进一步为发挥资本市场的财富管理功能、提高直接融资比重创造条件。

在城乡一体化进程加快与发展乡村振兴战略的背景下，受城乡工资差异和规模农业发展的影响，农村劳动力的产业转移以及跨区域转移不仅是当前也是今后很长一段时期内经济发展的趋势。伴随着劳动转移比率的提高以及社会保障制度的不断完善，农村家庭的投资理念、经济行为也在悄然变化，对金融服务的需求也从单一的存款需求转变为对金融咨询、金融理财产品、国债、基金、股票等多样化需求。因此，关于劳动力转移与农村家庭金融资产配置的研究具有强烈的现实意义。

首先，从家庭层面来说，通过探究农村家庭金融资产配置问题，有助于了解导致家庭投资组合异质性的影响因素，引导形成家庭投资行为的合理化方案，对于农村家庭合理配置资源、控制金融风险、促进财富积累具有重要的参考价值。

其次，从金融组织层面上来说，有助于各类金融机构全面了解与把握农村家庭的实际金融需求与存在的问题，促进金融产品及服务创新。

最后，从政策层面上来说，通过对农村家庭金融行为的全面考察与分析，从资产配置角度分析农村金融排斥问题，进而探讨缓解金融排斥、提升资产配置有效性的途径，为助力普惠金融发展、缩小家庭贫富差距的政策制定提供了理论参考与决策依据。

1.3　研究思路与方法

1.3.1　研究思路

本书的研究思路如图1-1所示。第一，基于中国家庭金融调查数据库（CHFS）对我国农村地区劳动力转移、家庭金融资产配置的现状和问题进行分析。第二，通过构建理论模型分析劳动力转移对家庭金融资产配置的影响。第三，基于"参与意愿""配置水平""配置有效性"三个维度，就劳动力转移对农村家庭金融资产配置的影响进行实证分析。在此基础上，从供给端和需求端金融排斥的中介效应出发，并将不确定性风险和风险分担纳入研究框架，探讨其中存在的影响渠道。第四，进一步分析农村家庭金融资产配置行为和有效性对家庭消费行为的影响，深入揭示农村家庭金融资产配置的优化是否存在消费效应。第五，归纳研究结论，从多个视角提出政策建议。

1.3.2　本书总体框架

根据上述研究思路，本书共包括10章内容，具体章节安排如下：

第1章为绪论，基于当前研究背景，提出研究问题，并介绍研究目的和意义、研究思路与研究总体框架、研究方法及创新点。

第2章为劳动力转移与家庭金融资产配置相关研究梳理。首先，总结家庭金融资产配置的理论基础；其次，梳理已有文献对家庭金融资产配置行为、配置效率及效应的影响因素研究；最后，对劳动力转移的理论基础进行简要概述，并对劳动力转移原因和对家庭金融及经济状况的影响进行概括总结，为后文研究奠定基础。

第3章是劳动力转移与家庭金融资产配置现状。以现有数据库数据为基础，分析了我国农村劳动力转移现状、农村家庭金融资产配置现状及存在的问题,并从"供给"和"需求"两个角度对农村家庭面临的金融排斥进行了理论剖析和归纳。

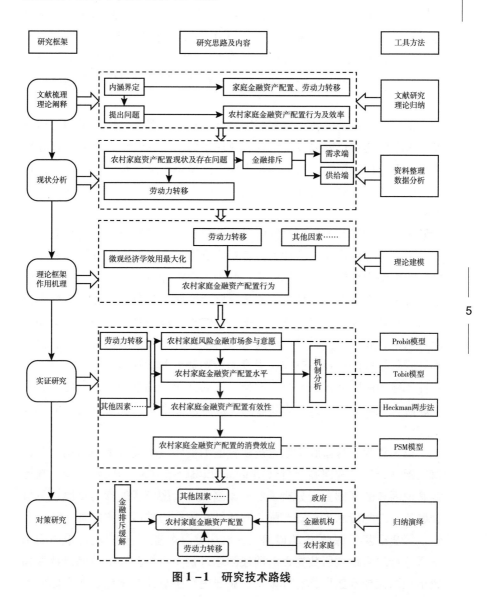

图1-1 研究技术路线

第4章是劳动力转移影响农村家庭金融资产配置的理论模型与理论分析。首先,通过构造理论框架来解释劳动力转移在家庭投资股票市场决策中的作用;其次,就劳动力转移对农村家庭金融资产配置影响的作用机理进行深入分析,提出相关研究假设。

第 5 章为劳动力转移对农村家庭金融资产配置行为的影响。以农村地区转移劳动力为主要研究对象,运用 Probit 模型和 Tobit 模型从参与意愿、配置水平两个维度进行实证检验。同时,基于劳动力特征的异质性、家庭经济特征的异质性和劳动力转移就业特征的异质性多维度进行实证研究。

第 6 章为劳动力转移对农村家庭金融资产配置有效性的影响。运用夏普比率构建农村家庭投资组合有效性指标,研究劳动力转移对家庭投资组合有效性的影响。此外,基于样本异质性,进一步分析劳动力转移对家庭资产配置效率的作用是否会因为个人特征和家庭特征不同而有所差异。

第 7 章为劳动力转移对家庭风险金融资产配置影响的机制检验。首先,考虑了金融排斥在劳动力转移对家庭风险金融资产配置行为和有效性影响中的中介效应。具体而言,基于需求端和供给端两个维度,分析金融排斥作为劳动力转移影响农户家庭金融资产配置行为和有效性中介变量的独特属性。农村家庭在金融资产选择领域面临需求端与供给端的双重约束,而劳动力转移可以通过缓解金融知识排斥、风险排斥、信息和互联网排斥的途径影响农村家庭的金融资产配置行为。其次,将不确定性风险和风险分担纳入分析框架,在前文研究的基础上,考虑不确定性风险和风险分担在劳动力转移对家庭风险金融资产配置行为中的调节效应。

第 8 章为农村家庭金融资产配置的消费效应研究。本书运用倾向价值匹配(PSM)和回归分析(Ordinary Least Squares,OLS)方法,在控制其他因素的基础上,分析了农村家庭风险金融市场的参与意愿、风险金融资产的配置水平、资产配置有效性对家庭消费行为的影响。

第 9 章基于课题组 2019 年 1~8 月对山东省 1140 户农户采用面访形式进行的实地调研数据,对前述问题进行了再检验。本章调研数据相较于全国大样本数据具有样本新、调研内容更具体等优势,在全国样本分析的基础上增加了劳动力转移类型、转移程度(时间分布及存续状态)、地域结构等详细数据,能够更加准确、系统地反映劳动力转移影响农村家庭的金融市场参与的内在机制。

　　第 10 章对研究结论进行了总结归纳，并提出政策建议，同时也指出了本书研究的不足和今后需要深入探究的问题。

1.3.3　研究方法

　　本书主要采用文献研究法、理论归纳法、实证分析法等研究方法。相关方法如下：

　　1. 文献研究

　　全面系统地梳理国内外相关文献，深入分析劳动力转移对农村家庭金融资产配置影响的相关机制。

　　2. 实证分析

　　除理论分析外，本研究还需检验劳动力转移对家庭金融资产配置的影响作用，以及消费效应，因此，需要采用多种计量方法和模型，具体包括：

　　（1）离散选择模型。

　　关于农村家庭金融市场参与意愿的实证分析需要借助于离散选择模型，本书将利用 Probit 模型进行分析。

　　（2）截断回归模型。

　　对于农村家庭金融资产配置水平（持有比例）的研究，由于数值分布呈现截断特征，拟采用 Tobit 模型进行实证分析。

　　（3）内生转换模型。

　　考虑到农户会根据自身条件选择是否转移就业，而转移就业决策可能受到某些不可观测因素的影响，这些因素又与家庭是否参与金融市场的决策相关，从而产生样本自选择问题导致的估计偏误。因此，我们采用内生转化概率模型解决该问题。

　　（4）倾向得分匹配（PSM）方法。

　　本书针对农村家庭金融资产配置效应进行分析，探讨农村家庭金融资产的选择是否有利于提高其消费水平。考虑到农村家庭金融决策可能存在"自我选择偏差"，会导致内生性问题，本书采用 PSM 方法选取对照组，再进行对比检验，可有效控制其他可能的影响因素，避免选择偏差，更能真实反映金融资产的配置效应。

1.4 本书的创新之处

本书的创新之处在于：

（1）随着农业规模化经营发展和城乡收入差距增加，农村劳动力转移现象越来越普遍，这不仅影响了经济社会发展，也影响了农村家庭金融资产配置行为和有效性。但是，已有针对农村家庭金融行为的研究多集中于农户信贷供求领域，尚未发现从劳动力转移视角对农村家庭金融决策进行的专门研究，本书基于劳动力转移视角，试图在这一领域做出创新性的理论分析与实证检验。

（2）本书基于期望效用最大化目标，将劳动力转移内生于最优投资组合决策模型中，通过构建数理模型揭示劳动力转移对家庭金融资产配置的影响，完善了投资组合的理论模型，丰富了家庭金融理论相关研究。

（3）本书通过构建理论与实证模型，系统研究了劳动力转移对我国农村家庭金融市场参与、金融资产配置比例、资产配置有效性的影响，进而探讨了改善农村家庭金融资产配置的有效路径。考虑到我国农村地区特殊环境，资产配置行为不仅受到自身家庭状况、传统观念等诸多约束，而且受到农村地区金融市场环境的影响，单一的机制分析可能难以解释其中的内在逻辑和深层次原因，本书采用熵值法构造金融排斥程度的综合指标，从"供给端"和"需求端"两个层面对金融排斥的中介作用进行分析，并将收入和支出的不确定性以及风险分担纳入研究框架，深入探究劳动力转移对家庭资产配置行为影响的机制。

第 2 章 劳动力转移与家庭金融资产配置相关研究梳理

　　家庭金融这一概念最早是由坎贝尔（Campbell）在 2006 年美国金融学年会上正式提出。他认为资产定价和公司金融是两个传统的教学和研究领域，而家庭金融也将成为一个重要的前沿研究领域。

　　金融经济学理论模型为经济主体如何作出最优的投资决策奠定了理论基础，家庭金融在此基础上，对家庭在不确定的环境下如何运用各种金融工具达到资产配置的最优化进行了扩展研究。自从家庭金融概念提出以后，学者们从多种角度对此展开丰富的理论与实证研究。对于家庭金融，国内外学者在发展脉络和现状、热点和趋势等方面存在分歧。国内大多学者对城镇家庭的金融资产配置行为进行了深入的研究，而对于农村家庭资产配置行为的研究近几年才开始兴起。劳动力转移的出现对城乡居民二元化形成了一定程度的冲击，对于转移就业人群的研究也显得尤为必要，因此，本章将对劳动力转移的理论及研究现状进行梳理，为后文探究其对家庭资产配置行为影响的根本原因奠定基础。

　　本章将在总结经典理论模型的基础上，梳理家庭金融领域的研究现状和脉络。并对劳动力转移的理论和研究现状进行了综述，以供本书后续研究参考。

2.1 家庭金融资产配置相关研究及文献综述

2.1.1 家庭金融资产配置的理论基础

1. 早期基于单期的资产选择理论

早期关于金融资产选择理论的研究主要是在马科维茨（Markowitz，

1952）的现代资产组合理论和夏普（Sharpe，1963）的资本资产定价模型的框架下进行。传统投资组合理论大多是建立在理性人与有效市场假设的基础上，通过局部静态均衡分析得出结论。

（1）马科维茨的资产组合理论。

马科维茨在1952年发表的论文《组合的选择》中提出了一套完整的均值—方差分析框架，用风险资产的期望收益和方差来研究资产的选择和组合问题，为现代投资组合理论奠定了基础。在1959年出版的《资产选择——投资的有效多样化》一书中，他提出了用"预期效用最大化"取代"预期收益最大化"的投资决策原则。基于 E－V 规则，马科维茨提出了"有效资产组合"的概念，想要获得的收益越大，那么自然就需要承担更大的风险。在这样的分析思路上，证券组合的目标可以被量化出来。马科维茨用方差衡量风险，用资产间的协方差表示其相关性，首次将相关系数引入资产选择理论模型，提出通过分散投资降低风险的方法，并分析了投资者如何根据自己的效用偏好在有效边界上选择最佳资产组合。

（2）托宾（Tobin）的分散化资产选择理论。

托宾在1958年发表的《针对风险的流动性偏好行为》一文中对证券投资中的资产组合理论进行了系统的阐述（Tobin，1958）。他在均值—方差模型的基础上进一步提出无风险资产概念和"两基金分离定理"，即在消费者选择证券的问题中，任何有效的证券组合都是一种线性组合，即无风险资产和风险资产。此外，托宾把资产之间的相互关系划分为三类，即正相关、负相关和相互独立。投资者不可能通过对冲交易和分散投资来降低具有完全正相关资产的风险；而对于具有完全负相关的资产，投资者可以通过对冲交易和分散投资来降低风险。但在现实中，大多资产之间是相互独立或者相关关系不大的，因此尽可能地分散投资，就可以降低投资风险。这也就是"不要把所有的鸡蛋放在同一个篮子里面"。

（3）夏普的单指数模型。

夏普在1963年发表的文章《关于投资组合分析的简化模型》中提出了资产组合的单指数模型（Sharpe，1963）。同马科维茨的均值—方差一致，该模型仍然建立在证券之间存在关联性这一假设基础上。与之不同的是，夏普认为证券之间之所以存在关联性，是因为在一个共同单一市场力的推动下，不同证券发生同向变动。与此同时，夏普将风险分为系统性风险和非系统性风险。在规避风险的投资者无法有效分散风险以降低非系统性风险的情况下，可通过持有证券市场基金进行分散投资。

但上述模型均是单期投资组合体系，没有进行跨期配置。随着所处的家庭生命周期不同，资产配置方式也会有所调整，甚至家庭配置行为也会受到子孙后代的影响。因此，考察长期投资者的资产组合行为，就需要新的理论框架。

2. 基于生命周期的资产选择理论

生命周期理论起源于阿罗（Arrow，1964）和德布鲁（Debreu，1959）在不确定性情况下关于资源优化配置的"状态偏好"理论。但这一理论太抽象，没有得到进一步发展。后来，莫顿（Merton，1969）根据连续时间金融理论周期资产选择模型，在不确定条件下纳入了消费。这一模型考虑了遗赠后的投资与消费的最优比例问题，尤其是风险资产的投资比例问题。其最大进步在于，在家庭消费效用最大化的前提下进行投资，不再像一般投资者那样只追求投资效用最大化。此外，在生命周期中纳入投资决策，考虑不同年龄阶段的不同投资决定，对家庭资产配置有很大影响。

贝克尔（Becker，1964）从投资的目的来考虑，认为投资是为了满足未来消费的需要，年轻阶段投资是为了增加总体收入使以后生活质量得到提高，老年人生命时间相对不再长远，健康的风险因素增加，因此投资的效用在减少，消费的效用在增加。

博迪等（Bodie et al.，1992）将收入因素纳入生命周期资产选择理论，得出以下结论：在同等条件下，具有良好工作能力和工作弹性的人在风险金融资产上的投资比例相对较高；在收入风险增加之后，人们会降低风险金融资产的比例；随着年龄的增长，风险金融资产的比例会下降。费希尔和蒙塔尔托（Fisher and Montalto，1996）从消费角度上进行了补充，认为年龄只反映了家庭的投资倾向，实际上投资能力受到消费需求的制约。家庭生命周期早期，年轻人刚刚结婚且有子女抚育，对金钱需求较大。而到了家庭维系期的中期，人们会达到人生中最大的收入水平，消费相对减少，积累了较为丰厚的财富，因此其风险金融资产投资比例较高。家庭生命周期的后期，家庭成员基本退休，收入锐减，要消耗以前的储蓄，投资动机下降，持有风险金融资产的比例也减少。但是该研究无法解释家庭成员退休后持有的风险金融资产比重上升的现象。舒姆和法格（Shum and Faig，2006）进一步认为可以从家庭成员拥有的金融知识和经验上找到原因。退休后，一部分人因为财富水平不高要动用金融资产消费，从而退出了风险投资；而另一部分有实力的家庭在丰富的资产管理知识和经验的支配下不会降低金融资产的投资比例。

综上所述，经济学者们沿着不同的研究思路和研究角度拓展资产组合理论，各理论分支对特定的资产配置行为都有一定的解释力，但是在家庭金融资产配置行为中仍有很大的不适应性。通过各个国家的微观数据调查发现，家庭金融资产选择存在着例如股市的"有限参与"、投资决策失误、投资分散程度低等令人困惑的现象，家庭金融资产配置呈现出较强的异质性。想要进一步解释这一现象，需要抛开传统经济学的分析框架，结合家庭经济行为的特征进行综合分析。

2.1.2 家庭金融资产配置行为的影响因素研究

家庭金融研究的一个重要问题是如何参与到金融市场中。家庭是怎样在债券、股票和不动产等广泛的资产种类中进行资产配置的？当家庭参与金融市场时，每种资产的配置比例是多少？不同家庭金融资产的构成存在着明显的异质性，家庭金融资产的构成随着人口统计学特征、家庭经济情况等各种因素而变化。

家庭金融资产主要包括现金、活期存款、定期存款、债券、股票、基金、金融理财产品、金融衍生品、黄金和非人民币资产等。在这些资产中，风险金融资产主要是指股票、基金、风险债券（企业债券、金融债券等）、金融理财产品、金融衍生品、黄金、非人民币资产。风险金融市场参与意愿是指家庭是否参与风险金融市场，风险金融资产持有比例为风险金融资产占金融资产的比重。

对家庭金融资产配置行为（参与意愿和参与程度）进行影响因素分析是目前家庭金融资产配置研究的主要领域，其中涉及的影响因素主要有以下几个方面。

1. 人口统计学特征

（1）生命周期。

理性投资者一生都在计划他们的消费和资产配置，因为他们的收入是在不同的阶段产生的，因此最优的资产配置也会随着家庭中主要投资决策者的年龄而变化。基于生命周期的观点来研究经济问题起源于戴蒙德（Diamond，1965）提出的世代交叠模型，它被广泛应用于研究诸如社会保障和公共财政等问题。这一模型本质上是异质性的代理模型，它考虑了家庭投资者的年龄异质性，研究了不同家庭投资者的最优投资行为。生命周期主要是通过家庭投资者的加总效用函数来体现的，在生命周期的不同阶段，家庭投资者的预算约束也存在差异。戈麦斯和米海利泽斯（Gomes and Michaelides，2005）考虑了家庭投资者规避风险的异质性和固定的参与成本，从生命周期的角度研究了家庭投资者的资产配置，在递归偏好下建立了一个生命周期模型，结果发现该模型能够同时适应股市参与和资产配置决策。柯科等（Cocco et al.，2005）用幂效用函数建立生命周期模型，研究投资者在不同年龄阶段的最优消费和资产配置，发现投资需求在早期阶段增加。

关于生命周期假说的分析方法，现有研究主要有两种。一是虚拟变量法。柯科等（Cocco et al.，2005）根据投资者的年龄将变量分为四个类别：35 岁及以下，36 岁至 50 岁，51 岁至 65 岁，66 岁及以上；如果年龄在所列示范围内取 1，否则取 0，为了避免多重共线性引入其中三个虚拟变量进行回归。二是引入年龄以及年龄的平方两个变量进行分析。

大部分学者实证发现居民投资组合的构成随年龄的变化呈现出明显的生命周期特征，风险资本市场的参与比例随着年龄的增加而呈现倒"U"型（Shum and Faig，2006；吴卫星，2010；李丽芳等，2015），风险资产市场的参与比例则呈现"U"型（Guiso et al，1999）。总体来说，我国居民家庭投资理财趋势是：年轻时由于自身财富水平的约束以及风险市场较高的参与成本，他们会更倾向于投资低风险金融资产，然后积累资金购买住房；随着年龄的增加和财富的积累，他们会增加对风险金融资产的配置。在人力资本减少的情况下，随着年龄的增长，资产组合中的高风险资产比例开始下降，而低风险资产比例则不断上升，回归到以低风险资产为主的投资结构。

但也有学者持不同看法，阿默里克斯和泽尔德斯（Ameriks and

Zeldes，2004）研究发现，随着年龄的增长，投资者持有的股票在流动资产中的比例并没有下降。吴卫翔（2007）利用奥尔多投资中心的数据，在生命周期假设模型中引入财富变量，发现中国居民投资的生命周期效应并不明显，因为财富效应占了很大一部分，投资者很少会利用股市来对冲其未来现金流所带来的风险。而卡尔达克和威尔金斯（Cardak and Wilkins，2008）基于澳大利亚的数据研究发现，居民的股票市场参与程度随年龄增长而增加。此外，史代敏和宋艳（2005）发现中年人股票投资比例较低，主要是因为中年人工作压力较大，且将更多的资金和精力用于子女教育，因而没有时间和金钱参与股票市场。从地区异质性来看，王聪等（2017）发现在中西部地区，年龄结构对居民家庭股票投资行为的抑制作用比东部地区更明显。

此外，近年来很多学者开始从家庭结构入手，引入"老年抚养比"和"少儿抚养比"进行研究。索顿（Thornton，2001）和贝克等（Beck et al.，2000）分别根据美国和发展中国家的数据进行研究，发现儿童和老年人的养育比率与储蓄率呈负相关。我国学者也以中国人口老龄化现象为背景，结合新的生育政策，探讨了家庭结构变化对家庭投资行为的影响，发现更高的老龄人口比重也会减弱家庭对风险资本市场的参与倾向（柴时军和王聪，2015；王子城，2016；陈丹妮，2018），增加家庭对安全类金融资产配置的偏好（莫骄，2014；车树林和王琼，2016），但具体的影响还依赖于收入水平（俞梦巧和董致臻，2017）。樊纲治和王宏扬（2015）发现家庭老年人口的增加将抑制对保险产品的需求，而儿童人口的增加将起到反作用。

（2）教育程度。

关于教育程度对家庭资产配置的影响，大部分学者用教育年限或教育程度衡量得到的结论也基本一致，即教育水平对家庭金融市场参与概率及参与深度发挥着显著的正面影响，受教育水平更高的家庭可以更有效地分散其资产组合，从而达到降低风险的目的（Campbell，2006；肖作平和张欣哲，2012）。这一结论在农村地区仍然成立（卢亚娟和张菁晶，2018）。

可能的原因有：一是受教育程度高的家庭，金融知识较为丰富，更容易学习理解股票知识，对金融产品的了解更加透彻。尹志超等（2014）研究发现，金融知识的提高促使家庭更多地参与金融市场和配置风险资产（尤其是股票）。当家庭参与金融市场时，他们投资于风险资产的比例随着投资经验的积累而增加，而且这些经验帮助家庭在股市中获利。二是教育程度高的投资者受金融排斥影响较小（黄程远，2018），总收入和家庭净资产更高（张哲和谢家智，2018）。

（3）风险态度。

风险态度也会影响投资选择（葛永波等，2016）。马科维茨（1952）的现代资产组合理论认为，理性投资者的资产组合由风险偏好和无风险资产两部分组成，风险偏好越高，他们所持有的风险资产就越多，而无风险资产所持有的就越少。阿耶兹（Ajzen，1991）的计划行为理论提出，态度是影响人类行为的重要原因。多数学者的研究发现，提高风险厌恶程度能显著降低家庭参与股市等风险市场的概率和比例（胡振和臧日宏，2016），但是对商业保险的持有则产生显著正向影响（段军山和崔蒙雪，2016）。巴拉辛斯等（Barasinska et al.，2012）对德国家庭的研究发现，个人更多地规避风险可以显著减少家庭参与风险市场的可能性和比例。胡振和臧日宏（2016）从投资者的风险偏好角度出发进行研究也得到了相同结论。此外，胡振和臧日宏（2016）还发现风险态度对家庭金融资产组合的分散程度有显著影响，风险厌恶程度越高，家庭金融资产组合的分散程度越小。杜朝运和丁超（2016）基于夏普比率研究发现户主的风险厌恶度会显著降低金融资产配置效率。

2. 家庭经济状况

（1）房产。

随着社会经济的发展，房产在家庭资产配置中所扮演的角色也发生了转变。一方面，它可以是一种耐用消费品，根据其有无贷款，对家庭资产配置影响不同；另一方面，由于其流动性并不强，也不能像基金那样分散风险，因此房产市场的波动也会对家庭投资产生影响。

关于房产影响家庭金融资产配置行为的讨论主要有以下三种争议。第一，房产持有与风险金融资产投资两者正相关，即存在"资产配置效应"，房产的增加将显著提高家庭在金融市场中的参与率和风险资产持有量（陈永伟等，2015）。第二，房产持有与风险金融资产投资两者负相关，即存在"挤出效应"，房产投资会降低居民参与股票市场的可能性（黄华继和张玲，2017），因为按照经典家庭金融的分析框架，家庭在已经承担了一定风险的情况下，再投资于股票为风险性资产的可能性将会下降（Gusio and Sodini，2013）。第三，也有部分学者对买房目的、人群等分类后进行了进一步研究。吴卫星（2014）发现以挤出效应为主导仅可能发生在以消费属性为主的首套住房上，随着房产拥有数量的上升，资产配置效应可能会占主导，并且在存在房产抵押贷款的情况下，只有年轻人的贷款会显著影响其风险金融资产参与度。朱涛等（2012）研究发现房产只对青年家庭风险性金融资产投资具有"挤出效应"，对中年家庭不存在。切蒂和塞德尔（Chetty and Szeidl，2017）尝试从房屋净值和购房抵押债务两个角度衡量住房价值，发现房屋净值的增加提高了风险配置，而房屋抵押债务的增加降低了风险配置。此外，袁微和黄蓉（2018）基于心理账户和资源保存理论的研究表明，房屋拆迁显著增强了家庭投资于金融风险资产的意愿，提高了家庭投资于金融风险资产的比例。王宇（2008）研究发现，对于农村家庭来说，虽然他们也会把大部分资金用于房屋，但大多数家庭是为了自身居住而不是投资获益，因此农村和城市家庭在房产投资上存在显著区别。

（2）财富和收入情况。

财富的作用不仅仅是为消费提供物质基础，它还能提供经济社会声望、政治权利，而且家庭可以通过资产配置创造更多的财富。坎贝尔（Campbell，2006）利用美国消费者调查数据研究发现，流动资产和汽车是穷人的主要投资对象，房产是中产阶级的主要投资对象，而权益资产是富人的主要投资对象，家庭财富对金融资产选择具有很大影响（Iwaisako，2003）。

关于财富资产配置行为的影响主要集中于以下三个方面：一是对财富与家庭风险资产持有水平关系的直接研究。贝尔托和斯塔尔 - 麦基勒（Bertaut and Starr-McCluer，2000）基于美国数据的研究发现，财富与股票市场、储蓄存款市场、家庭住房市场以及私人产业都存在正相关关系，富人参与股市的比例高达 86.7%，而且投资者所持风险资产份额也随着财富的增加而增加。佩雷斯（Peress，2004）认为富有家庭更倾向于持有风险资产的原因一方面是他们能够承受信息获取的成本；另一方面是他们的风险厌恶程度较低，更倾向于投资风险资产，这就增加了他们对信息的需求，而增加的信息又会提高他们投资的效率，使他们愿意持有更多的风险资产，如此循环的效果就是让富裕家庭持有比贫困家庭更多的风险资产。我国学者也发现家庭对股市的参与水平随着财富的积累显著提高（吴卫星和齐天翔，2015），财富和收入水平高的家庭投资组合更为有效（吴卫星等，2015）。二是从财富效应对其影响家庭资产配置因素的替代效应出发进行研究。科恩等（Cohn et al.，1975）认为财富增加导致投资者对相对风险的厌恶程度降低，反过来，他们的资产组合显示出财富效应。吴卫星和齐天翔（2007）将财富变量纳入生命周期假说模型，也对财富效应的重要性进行了进一步验证。三是基于财富效应动态性的研究。徐佳和谭娅（2016）对家庭金融资产配置状态进行分析，认为随着家庭财富水平的积累，家庭会优先通过购买金融产品间接参与股票市场，随后提高股票的直接持有。

3. 背景风险

理性家庭投资者在实际投资过程中，可以通过保险对冲、分散投资等手段规避风险，如金融资产价格波动等。但也有一些风险无法通过金融市场交易加以规避或分散，这些风险通常被称为背景风险（Baptista，2008）——由收入（劳动收入、企业收入、企业所有权收入等）、健康状况、生活必需支出等因素造成的风险（Cardak and Wilkins，2009）。对背景风险的研究最早始于戈利耶和普拉特（Gollier and Pratt，1996），该研究将背景风险（如住房风险、健康风险、收入风险等）纳入家庭投资者的决策中，背景风险无法通过投资组合有效地分散和规避，因此，背景风险会减少家庭对风险资产的持有。国内外已有的大量研究表明家庭的收入风险、健康风险、不动产风险等对家庭参与金融市场具有负向影响（Guiso et al.，1996）。许多家庭未参与风险金融市场或者持有风险资产比例较低的原因主要为劳动收入和工资收入的不确定性、房贷压力、流动性约束、基于住房和创业的预防性储蓄动机等。吴卫星等（2014）基于中国居民微观调查数据实证研究结果认为，引导中国家庭投资者更多地投资于以股票为代表的风险资产，需要降低投资者的背景风险并延长投资期限。

（1）健康风险。

投资主体的健康状况主要影响着居民家庭配置决策。健康状况较差的居民一方面会增加卫生保健支出；另一方面，投资者对自身健康状况的判断或对未来健康状况的预期具有心理暗示作用，从而影响家庭财务资产的分配。

现有文献的研究结论并不统一，主要可分为以下三类观点。第一，大部分学者认为居民健康状况优劣与风险资产的投资概率及比例呈正相关关系,如果健康状况恶化,则其持有的金融资产(特别是风险金融资产)将减少(Coile and Milligan,2009;Rosen and Wu,2009;刘潇等,2014),但是也有少部分学者认为它们之间不存在相关关系(何兴强等,2009)。第二,部分学者分不同配置情况分析。伯科维茨和仇(Berkowitz and Qiu,2006)利用美国健康和退休数据研究发现,健康冲击对非金融资产和金融资产的影响不同,当投资者遭受健康冲击时,金融资产减少的幅度比非金融资产减少的幅度大。吴卫星等(2011)研究发现健康状况对家庭投资行为的影响并不显著,但是会影响家庭的股票或风险资产在总资产中的比重。第三,也有少数学者分城市和农村地区进行对比分析,雷晓燕和周月刚(2010)的研究结果表明,健康对城市居民的影响较大,对农村居民的影响则较小。

综合来看,不同学者的研究结论存在差异的原因主要有两方面:一方面是对于健康状况的测度有所不同,已有的测度指标主要有去年医疗开支、自评健康状况、对未来健康状况预期、家庭成员是否有重大疾病等,导致了结论不一致;另一方面样本选择有所不同,比如雷晓燕和周月刚(2010)选择的数据库主要针对老年群体。

(2)收入风险。

居民的收入来源主要可以分为劳动收入和财产性收入。财产性收入是指家庭所有的动产(如银行存款、证券)和不动产(如土地、房屋、汽车、收藏品等)的收入。劳动收入主要指各类劳动者通过劳动获得的各种报酬。劳动收入作为家庭主要收入来源之一,对家庭资产配置有重要影响。劳动收入风险的上升会导致家庭投资风险金融资产的比重下降,为了平滑消费,家庭更有可能把资产投资在无风险金融资产上。

大部分学者研究发现收入风险与风险金融资产投资呈负相关,即劳动收入风险高的家庭,风险市场参与通常较低,家庭更有可能把资产投资在低风险金融资产上(Bertaut,1998;韩卫兵等,2016)。希顿和卢卡斯(Heaton and Lucas,2000)以收入高低和稳定性来衡量收入风险,研究发现高收入和可变收入的家庭相较于低收入和稳定收入的家庭风险资产持有比重较低。田岗(2005)研究了居民的金融资产选择行为,发现在不确定性环境中,居民风险承受能力较低、消费行为保守、储蓄意愿较强。刘欣欣(2009)认为影响居民金融资产总量快速增长的重要因素是居民收入和支出中的风险不可预期。何兴强等（2009）研究发现，劳动收入风险大的居民进行风险资产投资的可能性更低。王永中（2009）通过考虑我国居民面临的收入不确定性，同时建立一个引入股票价格的居民货币需求函数，研究了收入不确定性上升对居民储蓄需求的影响，发现这种影响是递减的。

也有少数学者研究发现收入风险与风险金融资产投资呈非线性关系。陈莹等（2014）利用江苏某银行提供的包含13000多个客户资产配置的详细资料研究发现收入风险对家庭风险资产配置的影响随着收入水平的变化而呈现非线性关系。

（3）创业风险。

已有文献基于两个维度分析了创业对于家庭资产配置的影响。一是从投资者的风险偏好角度出发进行研究。尹志超和张号栋（2017）研究发现风险爱好家庭更容易参与创业等高风险活动。肖忠意等（2018）通过对农户家庭资产配置分析认为创业者往往具有较高的风险偏好，因此有创业行为的家庭往往会增加对股票等风险资产的投资。二是从创业风险的投资替代效应出发进行分析，希顿和卢卡斯（Heaton and Lucas，2000）对美国 SCF 数据的应用研究发现，拥有工商企业的家庭比没有工商企业的家庭持有股票的比例要低。徐佳和谭娅（2016）研究发现有自营工商企业的家庭与股市参与负相关，并且会降低其持股比例。

4. 认知能力和金融素养

认知能力是指人脑加工、储存和提取信息的能力。与受教育程度相比，认知能力可以更好地反映人与人之间的人力资本差异（孟亦佳，2014）。同时，在学习金融知识、提高金融素养的过程中，认知能力也起到了重要的作用。

已有研究表明，国民认知能力的提高有助于国家经济增长（Hanushek and Woessmann，2008），认知能力的增强也会显著提高劳动者的工资收入水平（Lindqvist and man，2011）。阿加瓦尔和马祖德（Agarwal and Mazumder，2013）利用美国2000~2002年的数据分析认为，认知能力高的消费者，作出错误金融决策的可能性更小。克里斯琴等（Christelis et al.，2010）运用计算能力、记忆能力和语言能力构造指标来测量认知能力，并发现认知能力与股市参与之间存在着显著正相关关系。孟亦佳（2014）基于2010年中国家庭追踪调查的数据，将被访问者的字词识记学能力的得分标准化进行了分析,也得出同样的结论。

认知能力可能通过三种不同渠道影响投资股票和其他金融资产的决策(Christ,2010)。第一,具有较高认知能力的人收集和处理信息的成本较低,有限的观察能力也会增加股票市场的参与成本。坎贝尔(Campbell,2006)认为,阻碍股市投资的信息障碍来自心理因素,一些家庭在持有股票等风险资产时会感到不安,导致认知能力下降,从而成为影响持有股票的障碍。第二,认知能力通常与偏好特性有关,并影响财务风险的意愿(如规避风险)。认知能力越低,风险规避系数越高,金融市场参与程度越低。第三,风险认知也可能依赖于认知能力,较低的认知能力使得部分投资者高估了自己掌握的信息的准确性,从而限制了投资者对股票投资收益的预测。对信息准确性估计过高会导致投资者过度自信。研究结果表明,与具有无偏认知的理性代理人相比,过度自信的投资者交易次数更多,承担的金融风险也更大。因此,认知能力与风险资产持有之间存在显著的负相关关系。

经济合作与发展组织在 2011 年首次提出金融素养,指的是人们的意识、知识、技术、态度和行为的有机结合,以作出合理的金融决策,并最终实现个人金融福利。许多研究表明,各国居民家庭财务知识水平较低,缺乏基本财务常识(吴卫星,2018)。有关研究还指出,居民家庭的财务素养与其投资行为之间存在正相关关系,能够提高家庭参与金融市场的概率,增加风险资产配置(Van Rooij et al.,2011;胡振,2016;周广肃和梁琪,2018),且对家庭风险资产配置种类的分散化程度也有显著正向影响(曾志耕等,2015),从而更有利于投资者利用金融市场规避风险,更容易获得成功(Lusardi and Mitchell,2007)。吴卫星等(2018)基于清华大学中国金融研究中心 2011 年的调查问卷,运用因子分析法构造主观金融素养指标,分析得出金融素水平高的家庭资产组合有效性会更高。同时,吴锟和吴卫星(2017)还认为金融素养高的家庭更可能对理财建议有需求,但是对于金融素养较低的家庭,理财建议对金融素养不能起到替代作用。萧和蔡(Hsiao and Tsai,2018)以台湾地区为样本研究发现,金融素养的高低以及信息渠道的多样化均会对投资者参与衍生品市场产生影响。

5. 社会资本

普特南(Putnam,1993)提出,"社会资本是指社会组织的特征,例如信任、规则、网络等，它们通过协调行动提高社会的效率"。这也是在家庭金融学领域，关于社会资本应用最广泛的定义。国内外学者关于社会资本的研究主要集中于社会网络和社会互动角度。

首先，关于社会互动和社会网络常用的测度指标主要有：（1）社区层面指标，如与邻居互动情况、去教堂的频率（Hong et al.，2004）等；（2）礼金收支情况（魏昭，2018）；（3）网络通信费用（黄倩，2014）；（4）亲朋好友数量，如春节期间拜年人数（李涛，2006），户主兄弟姐妹数量（曹杨，2015）；（5）构建多维度测量指标（陈磊和葛永波，2019）。

其次，已有研究结论从以下几个方面展开：第一，拥有更多社会关系网络的家庭，股市参与概率更大，其持有的股票在金融资产中占比也会更高（黄倩，2014）；第二，社会网络为家庭参与金融市场进行投资决策提供了缓冲机制，如果家庭投资失败就会得到社会网络里其他成员的帮助（Weber and Hsee，1999）；第三，社会互动通过同伴效应（Peer Effec）和乘数效应对家庭参与金融市场产生影响（Brown et al.，2008），一方面通过传递信息推动股市参与（郭士祺和梁平汉，2014），另一方面通过示范效应促进家庭持有更多股票资产（Durlurf，2004）；第四，基于社会互动和教育的交互项研究发现，社会互动对低学历居民参与股市的正向影响更为明显（李涛，2006）。

最后，信任作为社会资本的一部分，也引起了学者们的重视。吉索等（Guiso et al.，2008）研究发现信任程度高的家庭股市参与可能性及股票投资比例相对较高。巴特勒（Butler et al.，2016）考察了投资者的信任水平和投资收益的关系，认为信任水平较高的投资者对于市场过于乐观，从而过度投资使得收益下降。吴卫星和沈涛（2015）认为人际信任关系的增加减少了因信息不对称而导致的合同签署前的逆向选择风险以及签署后的道德风险，较高的信任程度能够提高信息传递的数量和质量，从而利于金融行业发展。

6. 其他因素

除上述因素外，相关研究还发现金融可得性（尹志超等，2015）、数字普惠金融发展（周雨晴和何广文，2020）、社会医疗保险（曹兰英，2019）、个人经历（江静琳等，2018）、政治背景（GE et al.，2022）等因素也会影响家庭的风险市场参与和金融资产选择。

慕克吉和卡利皮奥尼（Mookerjee and Kalipioni, 2010）率先以"每10万人中银行网点数量"作为衡量金融可得性的指标，以发达国家和发展中国家作为研究对象，发现银行数量的增加可以有效地减少各国之间的收入不平等，而银行准入障碍显著加剧了收入不平等。根据这一衡量标准，尹志超等（2015）利用中国家庭金融调查（CHFS）的数据研究发现，金融供应增加有助于家庭更多地参与正规金融市场并进行资产配置，同时减少了家庭参与非正式金融市场并提供支持的情况。周广肃和梁琪（2018）利用中国家庭追踪调查2010年和2014年的面板数据分析认为，互联网使用可以通过降低市场摩擦，提高金融可得性，从而提高家庭风险金融资产投资的概率。周雨晴和何广文（2020）运用中国家庭金融调查和北京大学数字金融研究中心的数据研究发现，数字普惠金融发展促进了农户参与金融市场的概率和金融资产持有比例，农户的金融素养或智能化素养能够强化这一正向影响。

曹兰英（2019）基于2012年中国家庭追踪调查数据，研究发现新型农村社会养老保险（新农保）的参与能够提升农村户籍家庭风险金融资产的配置比例和参与风险金融市场的比率。卢亚娟等（2018）基于2015年中国家庭金融调查研究中心（CHFS）数据，采用倾向得分匹配法克服自选择偏误后，得到相似的结论。研究认为社会养老保险的参与能够降低家庭未来收入的不确定性，进而提升家庭金融资产持有量。

江静琳等（2018）运用中国家庭追踪调查数据，以居民是否有农村成长经历作为解释变量，结果表明，与"本地人"相比，具有农村经历的城镇居民在股票市场上的参与明显偏低，并且这种关系无法通过社会互动、信任水平、金融知识、家庭社会、经济地位、对风险的态度等方面的差异来解释。陈虹宇和周倬君（2021）研究发现政治精英身份对家庭风险金融市场参与及配置水平均产生显著正向影响。葛永波和陈虹宇（2022）研究发现劳动力转移提高了农户风险金融市场的参与广度（风险金融市场参与概率）与深度（风险金融资产持有比例）；劳动力转移主要通过缓解需求端金融排斥对农户风险金融资产配置行为产生影响，供给端金融排斥的中介效应并不显著。户主从事非农行业可有效促进农村家庭参与金融市场，并显著提升投资性金融资产的配置水平；非农就业可以通过缓解农村家庭需求端金融排斥程度对其资产配置产生影响，并且农户的社会信任程度越高，非农就业的促进作用越强

（葛永波等，2021）。

综上所述，近年来国内外从人口统计学特征、家庭经济情况、背景风险、认知能力和社会资本等多角度，对影响家庭金融资产配置的因素进行了广泛研究，但是尚未有从劳动力转移视角进行的相关分析。

2.1.3 家庭金融资产配置有效性的研究

已有研究对家庭资产组合有效性的关注相对较少，参考其相关文献可以看出，当前衡量家庭资产配置有效性的方法可以分为两类。

一类是以家庭资产组合多样化为视角，对居民家庭资产组合有效性进行间接研究；家族资产组合的多样性一直受到国内外学者的关注。理性投资者应进行多元化投资。但是家庭金融领域的研究发现，这一现象并不符合理论预期。凯利（Kelly，1995）根据消费者金融调查（SCF）的数据研究发现，美国超过一半的股票持有者仅持有一只公开交易的股票，这表明家庭股票投资组合严重缺乏多样性。对这一现象的成因，学者们试图从以下方面加以解释。（1）市场摩擦理论认为，交易成本、信息成本等是金融市场摩擦的因素之一，也是导致家庭投资多样化不足的重要原因。罗兰（Rowland，1999）发现随着交易成本的增加，投资组合的多样性也在减少。纽沃博格和威尔得坎普（Nieuwerburgh and Veldka，2009）研究发现，信息成本过高可能导致投资者持有更多的资产。（2）错误投资决策理论认为，投资者的错误投资决策也是影响投资多样化的重要因素（Huberman，2001）。休伯曼（Huberman，2001）发现投资者往往倾向于投资有很大相关性的股票，或者是在熟悉的领域过度投资，导致投资缺乏多样性。科沃尔和莫斯科维茨（Coval and Moskowitz，1999）发现由于存在信息不对称问题，投资者更倾向于投资当地企业。（3）投资偏好理论则认为，投资者对投资行业、投资种类的偏好，会使他们的投资范围缩小，造成多样化不足（Barberis et al.，2008）。曾志耕（2015）利用中国家庭金融调查 2013 年的数据，通过构建风险资产类别、风险资产投资多样性指数、股票持有只数和股票资产占证券资产比重等指标，利用有序 Probit 和 OLS 方法研究发现，具有较高金融知识水平的家庭更倾向于投资较多种类的金融产品，同时金融知识水平也有助于股票投资组合的多样性。吴卫星等（2016）运用倾向得分匹配法（PSM）研究发现，自我效能对居民家庭资产性具有显著的正向影响，根据财务素养对居民家庭进行分组后，上述结论仍然成立。

另一类是以夏普比率为度量直接研究居民家庭资产组合有效性。格林布拉特（Grinblatt et al.，2011）运用芬兰家庭投资组合的账户数据，采用 HEX 指数收益率近似替代持有基金的收益率，研究发现高智商的投资者更有可能持有共同基金和股票，所承受的风险相对较小，夏普比率较高。吴卫星（2015）运用奥尔多投资中心 2009 年数据，基于股票、基金、债券和房产四种资产所占权重以及该类资产的平均收益率计算夏普比率，运用 Heckman 两步修正模型研究家庭投资组合有效性的群体性差异，研究发现影响居民家庭参与风险市场的变量也显著影响家庭投资组合的有效性，而且方向基本一致。利用同样的方法，柴时军（2017）研究发现，基于亲缘关系的社会资本可以提升家庭资产的配置效率。与农村家庭相比，城市家庭的投资更加有效，但是中西部家庭的资产配置效率与东部家庭相比没有显著差异。与此同时，社会资本水平提高对中西部地区及农村家庭投资效益的边际效应较大。此后，吴卫星（2018）对衡量有效性的方法作了进一步改进，将房产收益率的衡量仅限于非自住房屋，同时考虑未来收益率和历史收益率，主要结论是具有较高金融素养的家庭资产组合的有效性较高。

综合以上文献可以看出，目前国内外对家庭资产配置效率的衡量方法还不是很成熟。多样性无法作为衡量效率的唯一标准，同时，由于无法获取家庭投资股票的数据，只能用社会平均数据来衡量家庭风险资产投资的有效性，无法体现家庭投资差异和风险承受能力的差异。具体来看，后续研究可以从两个方面寻找突破口：第一是通过问卷调查的方式获取家庭各类资产投资收益率的准确数据。第二是寻找是否有比夏普比率更合适的衡量指标。

2.1.4 家庭金融资产配置效应的研究

就资产对经济影响的研究而言，庇古（Pigou，1943）首先提出了资产对消费的财富效应，认为当消费者所持货币和金融资产的实际价值上升时，财富的增值会增加消费支出。莫迪利安尼和布伦伯格（Modigliani and Brumberg，1954）基于生命周期假说认为，消费者根据生命周期计划收入和财产，从财产中获得的收入是影响消费的可变因素，消费者通过积累或消耗其财富来平衡生命周期内的消费，而当前消费则线性地取决于当前生命周期的平均收入预期和现有资产持有量。弗里德曼（Friedman，1957）提出持久收入假说，认为家庭消费水平与持久收入相关，不会对收入的短期变动有较大的反应，从而消费比收入更加平滑。收入分配对家庭消费结构也产生了异质性影响（宿玉海等，2021；李成友等，2021）。之后的研究大多基于莫迪利安尼和布伦伯格（Modigliani and Brumberg，1954）的生命周期理论和弗里德曼（Friedman，1957）的持久收入假说构造资产对消费影响的分析框架。戴维斯等（Davis et al.，2001）、梅赫拉（Mehra，2001）针对家庭总资产对消费的影响进行了研究，结果发现，消费水平随着家庭总资产的增长而提高。

　　但随着研究的深入，对金融资产与非金融资产进行区分的研究结论却截然不同。对现有的研究结果进行梳理后发现，同一种资产对不同类型的家庭消费具有异质性，不同类型的资产对家庭消费的影响及其作用机制存在差异。目前，国内外学者对这一问题的研究主要集中在三个方面：一是金融资产对消费者支出的影响；二是固定资产对消费者支出的影响；三是金融资产和固定资产（如房产）对居民消费支出的影响。

1. 金融资产对消费的影响

　　大多数学者以生命周期理论为基础，以持久收入假说为框架进行了分析研究，他们发现金融资产的增长对消费水平的提高有促进作用，而股票市场的财富效应则扩大了消费支出（Boone and Girouard，2002）。戴南和梅基（Dynan and Maki，2001）利用 1983～1989 年消费者支出调查的数据研究发现，当股价变动时，有股票资产的家庭的消费也会改变，而无股票资产的家庭的消费不受影响。运用中国家庭金融调查的微观数据，李波（2015）分别从财富效应和风险效应两个方面论证了城镇家庭金融风险资产对消费支出的影响，并对城镇样本进行了研究，发现二者存在替代关系，即资产财富的边际消费倾向随家庭金融资产持有比重的增加而增大，预防性资产风险储蓄倾向随家庭金融资产持有比重的增加而增大；从年龄角度看，随着户主年龄的增长，金融资产财富效应逐渐增强，风险效应先降低后增大，呈现"U"型。成党伟（2019）借鉴 RCK 经典模型，分析了农民家庭金融资产结构对消费支出的理论机制，并利用中国家庭金融调查的微观数据和分位数回归方法进行了研究，发现家庭持有高流动性金融资产带来的预防性储蓄倾向显著，能够有效地促进农户消费，但不同金融资产对家庭消费的影响存在差异，且农户持有高流动性金融资产的消费边际效应大于银行信贷、一般金融资产和预防性金融资产的消费边际效应。罗娟和文琴（2016）利用1992~2013年的数据建立了VAR模型，用宏观数据研究了我国城镇居民家庭持有的三种金融资产类型的变化对居民消费的影响及其差异性，发现不同类型的金融资产的变化都会对消费产生影响，但变化的幅度和方式差异较大。

也有部分学者从信号传递效应出发，运用宏观数据分析发现股市价格变动能够在一定程度上反映经济发展程度，能够提高居民对未来收入预期的乐观程度，进而通过信号传递影响消费水平（Jansen and Nahuis，2003；胡永刚和郭长林，2012），但也有学者发现这一信号传递效应并不显著（Apergis and Miller，2006）。

2. 房产对消费的影响

在家庭资产中，固定资产所占比例最大，远大于金融资产（李涛和陈斌开，2012）。大部分学者以房产作为主要研究对象，研究房产对家庭消费的影响。房产价格上升能够增加财富持有量，也为投资者获得信贷提供财富保障（Juster et al.，1999），这种效应对消费的影响甚至大于股票资产变化对家庭消费的影响（Carroll et al.，2011）。李涛和陈斌开（2014）明确了对"资产效应"和"财富效应"的定义，就家庭生产性固定资产与非生产性住房对家庭消费的影响进行了比较，发现房产具有较弱的资产效应。但不存在消费效应，住房价格上升对提高我国居民消费没有作用，而生产性固定资产则具有明显的资产效应和财富效应。

3. 对比金融资产与固定资产对消费的影响

关于金融资产与固定资产对消费影响大小的判断和形成机制，许多学者做了探索研究，得出了不同的结论。

第一种观点认为，金融资产的财富效应小于固定资产的财富效应。从波特巴（Poterba，2000）的一个观点来看，自有住宅房产通常被看作一种长期资产而不能兑现，具有较低的边际消费倾向。博斯蒂克等（Bostic et al.，2009）和萨洛蒂（Salotti，2010）将CEX（Consumer Expenditure Survey）调查和 SCF（Survey of Consumer Finances）调查的数据结合起来，利用家庭匹配技术分析了房产、金融资产与消费之间的关系，发现了耐用和非耐用商品的家庭消费行为差异；通过对比发现房屋财富效应大于金融资产对消费的影响，即房产的消费弹性比金融资产大很多。田青（2011）认为金融资产对当前居民消费具有挤出效应，而实物资产则具有较强的拉动作用。凯斯（Cas et al.，2005）对 16 个OECD 美国州和联邦层面进行研究后发现，来自房地产的边际消费倾向远大于金融资产的消费倾向。解垩（2012）利用中国健康与养老追踪调查的微观数据，研究了住房和金融资产对消费的影响，发现金融资产的消费弹性远低于住房资产，而在城市和农村地区，老年家庭的住房消费弹性则分别高于年轻家庭和农村家庭。张五六和赵昕东（2012）也认为，金融资产对消费支出的抑制作用较弱，而实物资产的长期刺激有限，但在短期内却具有较强的促进作用。张大永和曹红（2013）研究发现，拥有房产、金融资产规模等对家庭消费均有显著影响，但房产总财富效应大于金融资产，无风险资产对非耐用品消费的影响更大，而风险资产对耐用品消费的影响更大。

第二种观点认为，金融资产的财富效应比固定资产更大。一部分学者通过对居民金融资产与住房财富效应的比较发现，金融资产财富效应大于住房资产财富效应，其消费弹性明显大于房产（Ludwig，2004；骆祚炎，2008），沃拉克（Dvornak，2003）研究澳大利亚整体经济发现，金融资产的消费效应大于房地产。陈训波和周伟（2013）在对生命周期理论进行扩展的基础上，研究发现金融财富的边际消费倾向高于房地产财富。但是金融资产只有投资属性，而房地产有投资性和消费性两种属性，二者财富效用的对比不能准确反映家庭资产结构对消费决策的影响。根据中国家庭金融调查数据研究，卢建新（2015）发现金融资产对农村家庭消费的促进作用大于对住房资产的促进作用，而金融资产的增加会导致非耐用消费支出的增加，这对风险金融资产和社会保障金融资产而言，效果更明显，因此通过开发农村金融市场来促进家庭消费具有很强的现实意义。

综上所述，目前国内家庭资产配置与消费的研究还处于起步阶段，针对农村家庭的研究更为缺乏，因此研究农村居民消费行为，对提高农村家庭对于金融资产配置重要性的认识和进一步探讨提高农村居民消费能力的策略具有重要的现实意义。

2.2 劳动力转移相关研究及文献综述

二元经济结构发展过程中出现了农业劳动力从传统农业向现代工业转移，或从农村向城市转移的现象。针对这一问题，国内外学者从多个角度进行了相关研究，国外在这方面的理论研究形成了一些经典学说。一般而言，相关理论可分为两大类：一类是基于宏观角度的解释，如路易斯、兰尼斯—费景汉、托达罗、乔根森等；另一类是基于微观角度的个人或家庭行为解释，如舒尔茨的成本—收益理论、贝克尔的家庭理论、斯塔克的新迁移经济学理论、波特斯和梅西的移民网络理论等。

2.2.1 劳动力转移的影响因素研究

外国多数学者研究认为，地区间收入差异是影响个人转移决定的重要因素（Sjaastad，1962；Hatton and Williamson，1998），除此之外，城市租金的上升（Brueckner et al.，1999）、风险多样化及收益最大化（Richard，2004）、农村个体企业的发展（Ratha and Mohapatra，2007）等因素也是影响劳动力转移的重要因素。

大多数国内学者得出与国外基本一致的结论，也认为收入差距是影响个人转移决策的主要原因（高国力，1995；蔡昉，1996），此外，如个人特点、家庭特点、输入和输入地的特点、迁移成本以及制度因素等经济和非经济因素（苗瑞卿等，2004），也是影响劳动力转移的原因。

1. 关于个人特征的因素

劳工迁移受个体特性的影响。程名望等（2006）关于劳动力流动状况的 Logit 模型分析发现，年轻人、男子和未婚者都是渴望转移的。年轻人（16～35岁）更倾向于外出打工；男性比女性更倾向于外出打工，这不仅表现在男性劳动力的流动人数远高于女性劳动力，而且还表现在人数的增加速度更快；未婚者更倾向于外出打工（都阳和朴之水，2003）。由于所使用的调查资料不一致，学者们的研究结果在一定程度上存在差异。教育程度是否对外出打工的决定有显著影响？大多数研究认为，受教育程度越高，就越有可能外出工作（Du et al.，2005）。都阳、朴之水（2003）通过农民调查还发现，农村劳动力中接受过初中教育的比例最高。赵（Zhao，1999a）认为，受教育程度较高的人反而更愿意留在农村从事非农业工作，而不愿外出打工。朱农（2002）通过对迁移者与非迁移者的比较发现也得到了类似的结论。这可能是因为那些非移民中有较高文化水平的人能够从事家庭非农业经营或进入乡镇企业，这大大增加了他们的收入。蔡昉（2000）也有类似的解释，他认为农村中有高中以上文化程度的人，一般已经在农村有了较好的工作，因此迁移的动机较弱。陈永正和陈家泽（2007）以"成都模式"为例，研究结果表明，在短期内技能对劳动力转移的影响最大，在长期内教育程度对劳动力转移的影响最大。与此同时，个人所拥有的社交网络关系对于他们寻找工作的成功率也起着重要作用，他们大多是通过亲属和朋友的介绍找到工作的（蔡昉，1997；罗明忠，2009）。

2. 家庭特征因素

黑尔（Hare，1999）认为，男性劳动力向外迁移的可能性比女性高。赵（Zhao，1999b）研究发现人均拥有土地较少，未成年子女较少，更倾向于选择外出工作。杜等（Du et al.，2004）利用国家统计局公布的中国贫困监测调查数据和作者对中国农村贫困的调查结果，研究发现家庭资源禀赋与劳动力转移趋势呈倒"U"形关系，而且这一转折点非常接近贫困标准。这表明，有成员外出打工的家庭必须拥有一定的现金财富或生产资料，而由于迁移成本和风险相对较高，最贫困人口不愿外出打工，而收入较高的家庭也不愿意外出打工。张晓辉等（1999）基于农业部农村固定点调查数据也得出类似结论。

3. 输出地特征因素

输出地的地理环境、交通运输等方面的发达程度、当地非农就业机会的多少、处于平原或山区等因素也会影响劳动力的转移。赵（Zhao，1999a）利用道路交通和电话网络发达的程度来表示当地非农就业机会的多少，研究发现交通越不发达，农村劳动力得到的当地非农就业机会越少，他们就越有可能迁移。罗泽尔等（Rozelle et al.，1999）还发现远离大城市的内地农村劳动力更有可能转移。赵树凯（1995）利用1993 年15 个省份28 个村劳动力流动的调查数据，认为外出务工人口的规模与当地经济发展水平成反比关系。地方的经济越发达，吸收就业的能力就越强，而外出的劳动力就越少。

4. 输入地特征因素

移民网络、输入地的就业机会、输入地的失业状况和输入地政府提供公共产品的能力也是影响劳动力转移的重要因素。外出劳动力在农村主要依靠"三种关系"——"血缘、人缘、地缘"向外转移，由相关部门组织外出的比例较小。其原因是，在输入地形成的移民网络可以减少寻找工作所需的信息成本、心理成本和失业风险，对农村劳动力转移具有显著的推动作用（Zhao，2003）。蔡昉（1997）发现，在济南市流动人口中，75%以上是通过老乡或亲戚的帮助找到进城后的第一份工作。蔡和王（Cai and Wang，2003）认为，输入地非正规经济部门的失业率对农村劳动力转移有显著影响，而正规经济部门的失业率则无此影响。另外，制约农村劳动力转移的主要因素实际上是那些供给价格弹性较小的产品和服务，这些产品和服务集中体现在运输能力不足、城市基础设施拥挤、住房紧张等方面。

5. 迁移成本

迁移成本包括交通费用、生活费用、求职培训费用、心理成本、迁移造成的机会成本等。赵（Zhao，1999a）将农村劳动力的迁移成本分为直接成本和间接成本，研究发现，这一成本仅能解释大约30%的城乡工资差异，其中包括"三证费用"、交通和住房费用等。其中心理成本是间接成本，特别是对人身安全和离家孤立无援的心理成本的担忧，对人们外出打工的决策有显著影响。

6. 制度因素

尽管近几年来，制度因素对农村劳动力转移的限制有所减缓，但当今中国政策的特点依然是尽可能地保留原有制度，不断推出新的限制措施，特别是户籍制度（Cai and Wang，2003），而维持这一制度的主要原因是为经济转型提供保障（蔡昉等，2001）。石等（Shi et al.，2002）利用1997年中国健康与营养调查的数据，发现约77%的城乡收入差距可由户籍制度和有关分配制度造成的城乡分割因素加以解释。王美艳（2005）利用五城市劳动力调查数据研究发现，户籍制度和其他歧视造成了外来劳动力和城市本地劳动力每小时工资差距的43%。不同的户籍制度以及相关的分配制度反映了户籍地位不同、劳动力市场准入不同以及更好的就业机会、住房、医疗保险和养老金等待遇方面受到歧视

（Wang and Zuo，1999）。

此外，土地所有权的不确定性使农民害怕因放弃土地使用权而造成土地收入的损失。农村土地承包制下，农民只有土地使用权而无所有权，使用权不能自由流动，农民离开农村放弃土地所造成的损失与未来农业收入流的折现大致相当。因此，农民将一部分家庭劳动力用于家庭农业，另一部分则用于非农业活动以增加收入（Kung，2002）。罗泽尔等（Rozelle et al.，1999）使用多元回归模型，将农村中存在的体制障碍（公粮、社会保障、自由租赁土地和非正规的信用市场）作为自变量，发现减少公粮、建立社会保障制度、发展土地租赁市场和非正规信贷市场对农村劳动力转移具有积极作用。赵（Zhao，1999b）还发现，诸如农业税等负担严重影响着农村劳动转移决策，这不同于通常所说的农村土地制度对农村劳动力转移的促进作用。龚（Kung，2002）认为农村劳动力的大规模转移将加速土地租赁市场的形成。

2.2.2　劳动力转移对农村家庭经济状况影响的研究

劳动力转移是我国城乡二元结构面临的突出问题。一般认为，农村劳动力的转移有两种类型：一种是产业转移，指的是从农业到第二、三产业的转移，即"离土不离地"；另一种是地区转移，指的是一个区域内的农村劳动力的转移，即"离土离地"。基于地区转移的定义，粟芳和方蕾（2016）研究发现外出务工能够缓解农村地区家庭的银行排斥、保险排斥和互联网排斥，这说明人口流动带来的资金及文化交流对金融需求的影响是不容忽视的。但目前关于劳动力转移影响农村家庭资产配置行为的研究还不多见，涉及的少量文献也并非是针对家庭金融资产选择与配置的专门研究。相关研究主要集中于以下劳动力转移对家庭收入及储蓄、消费和风险承受能力三方面的研究。

1. 对家庭收入及储蓄的影响

大多数学者的研究发现，劳动力转移对增加农村居民的收入，减轻农民家庭的贫困，提高农民家庭的福利有积极的作用（刘华珂等，2017）。

国外研究聚焦于劳动力转移汇款对农村地区的农业生产和家庭收入有积极作用。卢卡斯和斯塔克（Lucas and Stark，1985）认为家庭成员外出工作是农村生产和经营活动中一种有效的自我融资方式。亚当斯（Adams，1998）以巴基斯坦为例，研究表明汇款（尤其是国际移民汇款）有助于增加对农村的资产投资，如旱地和稻田投资。布朗和里夫斯（Brown and Leeves，2007）对斐济和汤加的研究发现，汇款为家庭提供了更大的资源配置空间，并在推动农村经济从传统农业生产活动和以工资为基础的就业活动转向以创业为导向的经济活动方面发挥了重要作用。泰勒和洛佩兹—费尔德曼（Taylor and Lopez‐Feldman，2010）也发现，在美国的墨西哥农村家庭中，劳动力转移对家庭收入、土地生产率和人力资本投资回报的影响也显著增加。沃特斯（Wouterse，2010）对布基纳法索劳动力转移活动的研究还发现，劳动力转移能够提高农民的农业生产效率。以上研究都支持劳动力转移能促进农村生产经营活动发展的观点。也有学者认为，劳动力转移对输出地经济发展产生消极影响，辛迪和卡里米（Sindi and Kirimi，2006）在使用肯尼亚农户调查面板数据检验 NELM 理论时发现，劳动力转移对输出地农村经济发展具有显著的劳动力流失效应，而转移数量对农户作物产量和农业总收入具有消极影响，汇款只能部分弥补这种消极影响。

而国内研究大多聚焦于劳动力转移对收入产生的直接影响。张鹏（2010）从转移强度（转移规模和转移距离）和转移结构（教育年限、平均技能、平均年龄）两方面在宏观层面上分析了劳动力转移对农民收入的影响，认为农村劳动力转移规模、农民受教育程度对农民收入增长有正向影响，但在转移距离和劳动技能方面没有明显影响。万晓萌（2016）以非城镇从业人员占全部劳动力的比例为劳动力转移指标，发现"邻里"地区城乡居民收入可以通过空间溢出效应间接影响劳动力转移给农村家庭带来的收入。潘泽瀚等（2018）以家庭外出打工人数和外出打工收入作为解释变量，加入是否为山区作为交互项，进一步研究发现山区农业收入受到劳动力减少的负面影响较非山区更大；山区农村劳动力打工汇款对农业收入具有替代效应，致使农业收入减少，而非山区农村劳动力打工汇款却能促进农业收入的增长。还有学者就劳动力转移对家庭储蓄水平的影响进行了研究。张勋（2014）通过构建一般均衡模型分析得出由于进城打工的农民工的边际储蓄倾向比农民和城镇居民高，从而推动了家庭储蓄率和国民储蓄率的上升。

2. 对家庭消费水平的影响

大部分研究表明农村劳动力的外出收入可以改善家庭福利和提高家

庭消费水平（Egger et al.，2017；Awan et al.，2015；官永彬，2006），这对贫困地区家庭影响更为显著（De Brauw and Giles，2018）。李强等（2008）研究表明劳动转移所带来的汇款大部分用于购买衣食、装修房屋等日常消费支出，用于生产性投资的数额很少，因此，对农业生产活动的直接促进作用较小。王子成（2015）基于常年外出、循环流动两种外出模式进行多元 Logit 模型分析，并以村庄迁移率作为工具变量，分析得出参与外出务工可以显著提升农户家庭消费性支出的边际份额，常年外出对家庭消费性支出边际份额的影响更大。

3. 对家庭风险承受能力的影响

劳动力转移有分散风险、增强家庭风险承受能力的作用（De Weerdt and Hirvonen，2012），从而推动了家庭参与高风险、高回报的农业活动（Kinnan et al.，2017）。另外，劳动力的转移和减少会强化家庭劳动力约束（Taylor，1992），其行为本身存在风险，因此会减少家庭对风险活动的参与（Bryan et al.，2014）。

4. 对家庭社会资源的影响

邹杰玲等（2018）通过 2016 年在山东省和河南省的调查数据发现，外出务工等非农化行为的出现，为农民积累了经济资本、人力资本和社会资本。这种资本的积累，一方面提高了非农就业市场上劳动力的工资率，使农民在劳动分配中的最佳决策点更多地倾向于外出务工，导致农民工作重心的进一步改变；另一方面，这种资本的积累，改变了农民的禀赋，可能通过扩大信息获取渠道，提高农民对技术的认识程度，从而影响农民家庭的经济行为。

综上所述，大部分学者基于转移人数与收入作为劳动力转移的测量指标，且多从宏观角度进行分析，很少有学者基于微观家庭视角进行分析，更鲜有文献从劳动力转移的转移时间、转移距离、转移地点、产业结构等方面进行综合分析，在劳动力转移对农村家庭金融资产配置影响方面的研究也是空白。同时，劳动力转移是否可以通过促进家庭金融资产配置，增加农户财产性收入，从而进一步促进消费支出？这些是我们要进一步研究的问题。

2.3　研　究　评　述

综上所述，近年来"家庭金融资产选择"成为国内外学者关注的焦点问题，学者们在该研究领域中取得的丰富研究成果为本书的研究打下了基础。举例来说，家庭金融资产选择涉及多个因素，学者们对这一问题的研究，揭示了这些因素的影响机制和作用，并对它们之间的相关关系进行了深入的研究。本书主要是关于劳动力转移与农村家庭金融资产选择关系的研究，探讨了劳动力转移的作用途径和作用渠道，而劳动力转移的作用不能脱离其他因素的传导。因此，家庭金融资产选择对家庭金融资产影响的其他因素的研究为本书对家庭金融资产选择的作用效应的分析奠定了直接的基础。关于劳动力转移对农户行为影响的研究也从一定程度上揭示了劳动力转移的影响途径，从而为本书对影响渠道的研究奠定了基础。

虽然相关研究对本书的研究有一定的借鉴作用，但也存在一些不足。国内外学者在家庭金融资产选择方面的研究成果比较丰富，并从多个角度对家庭投资行为作出了不同程度的解释，但对农村家庭金融资产选择的研究还不多见。因为发达国家城乡之间差异较小，所以没有学者单独对农村家庭金融行为进行研究，而发展中国家和我国国内对农村家庭金融的研究主要集中在农民信贷行为方面。虽然国内一些学者参考了当前的研究，对我国农村家庭金融资产配置的影响因素进行了分析，但是这些研究还不够深入，大多参考城镇家庭的研究来分析城镇家庭金融资产选择的影响因素是否对农村家庭也有影响，而没有结合我国农村经济社会特点，考虑农村的特殊性，有针对性地研究农村家庭金融资产选择行为。

就我国农村特点而言，农村金融发展程度不高，在获得金融服务方面存在着较为严重的金融排斥现象，这必然也会反映在农村家庭对金融资产的选择和配置上。另外，我国城镇地区市场化程度较高，市场在信息获取和资源配置方面发挥着主导作用，而农村地区是一个传统的封闭的社会，由于其市场化程度较低、信息渠道狭窄，农村居民对信息的分析处理能力有限，因此，家庭经济决策和行为都是建立在信息收集和分析的基础上的。但劳动力选择从事非农产业或进城务工，不仅会影响到农民的收入，还会引起农民的思想观念、经济行为等方面的变化，进而影响到农民家庭的金融资产配置。因此，鉴于农村经济社会的这一特点，有必要结合金融排斥与劳动力转移的现状，探讨农村家庭的金融资产选择行为。

2.4　本 章 小 结

本章在对当前学者观点分析的基础上，结合本书的研究内容和当前学者的观点，从家庭金融资产配置行为和劳动力转移两个方面对相关文献进行梳理和详细分析，为后面的分析打下基础。

第3章 劳动力转移与家庭金融资产配置现状

首先，本章从农村家庭金融资产配置的现状入手，从时间、空间和城乡三个层面对农村家庭金融市场参与度、各类金融资产配置情况进行深入分析，探寻农村家庭金融资产配置的现实问题；其次，深入分析问题存在的原因；最后，结合农村地区劳动力转移现状，探讨转移就业人群的家庭资产配置情况与农村地区家庭有何不同。此外，在第9章，我们也对山东省的调研样本进行了更为深入的分析。

3.1 农村家庭金融资产配置现状

从发达国家居民对金融资产的选择行为演变来看，居民的资产配置已不再仅限于储蓄和消费，而是初步呈现多元化趋势。具体表现为现金所占比例不断下降，理财、股票、债券和基金资产所占比例不断上升，风险金融资产所占比例不断上升。坎贝尔（2006）指出无论家庭风险厌恶程度如何，只要风险溢价为正，家庭都应或多或少地持有部分风险资产。近年来，中国家庭财富的积聚与成长正处于高峰期（韦宏耀，2017），然而与发达国家相比，我国家庭（尤其是农村家庭）面临金融排斥状况仍然较为严重（董晓林和徐虹，2012），金融资产选择的风险化程度依然较低。中国家庭金融调查统计数据显示，2017年，农村家庭风险金融市场的参与率仅为2.84%，全国总体水平为22.03%，城镇达到了32.21%，农村家庭的参与比例不足城镇家庭的1/10。西南财经大学中国家庭金融调查（CHFS）对全国城乡家庭的金融资产（包括现金、活期存款、定期存款、债券、股票、基金、金融理财产品、金融衍生品、黄金和非人民币资产等）持有情况进行了面访。在这些资产中，风险金融资产主要包括股票、基金、风险债券（企业债券、金融债券等）、金融理财产品、金融衍生品、黄金、非人民币资产。无风险金融资产则主要包括现金、活期存款、定期存款无风险债券（国债和地方政府债），考虑到研究的目的是关注家庭配置金融资产的投资与获益属性，而家庭持有现金和活期存款主要是满足流动性的需要，因此本书只选取定期存款、国库券和地方政府债券作为衡量无风险资产的指标。本部分将从家庭参与金融市场情况、配置金融资产比例和家庭资产配置多样化程度入手，纵向对比 2013 年、2015 年和 2017 年三年数据，横向对比城镇家庭数据，进一步分析农户家庭金融资产配置情况。

　　近年来，随着国内外家庭金融的发展以及家庭金融调查的深入，为我们从微观角度进行实证研究提供了大量的依据。国外相关文献应用较多的数据库主要有：由美国联邦储备委员会（Federal Reserve Board）开展的美国消费者金融调查（Survey of Consumer Finances），该调查每三年进行一次，以统计美国家庭的财产状况，包括信贷获取和行为、储蓄、退休、经济脆弱性、教育和学生贷款等。由芝加哥大学开展的美国综合社会调查（GSS），包括 1972 ~ 2016 年个人数据，从文化、健康、家庭、劳动力、就业、消费、教育、心理、个性等角度反映了美国社会变迁。

　　就国内而言，多数学者基于如下数据库进行了大量研究。如：由西南财经大学开展的中国家庭金融调查（CHFS），从 2011 年开始每两年调研一次，覆盖 29 个省份，涵盖家庭金融状况、收入支出、社会保障、商业保险等方面。由北京大学中国社会科学研究中心进行的中国家庭追踪调查（CFPS），2010 年开始每两年开展一次调研，该调研覆盖中国 25 个省份，包括个人和家庭问卷，涵盖了中国社会、经济、人口、教育和健康的变迁等多方面数据。中山大学社会科学研究中心对中国劳动力市场的动态调查——中国劳动力动态调查（CLDS），覆盖 29 个省份，调研核心是系统地监测社区社会结构和家庭、劳动力个体的变化与相互影响。由北京师范大学中国收入分配研究院开展的中国家庭收入调查（CHIP），覆盖 22 个省份，主要涵盖了中国家庭收入水平、劳动就业、消费储蓄等方面问题。由北京大学中国社会科学调查中心开展的我国人口老龄化问题进行的中国健康与养老跟踪调查（CHARLS）。

3.1.1　家庭金融市场参与情况

本部分基于西南财经大学中国家庭金融调查（CHFS）的数据就家庭金融市场参与情况进行了分析。当家庭持有任意一种及以上风险金融资产时，该家庭将被视为有风险金融市场的参与者；当家庭持有任意一种及以上无风险金融资产时，该家庭将被视为无风险金融市场的参与者。

从表3-1中可以看出，2013年到2015年城镇和农村家庭风险金融市场参与呈现波动上升趋势。分城乡来看，2017年城镇家庭参与风险金融市场的比例为32.21%，而农村家庭仅为2.84%，农村家庭的参与比例不足城镇家庭的1/10，说明农村家庭对风险金融市场的参与存在严重不足。

表3-1　　　　　　　　　　　家庭金融市场参与情况　　　　　　　　单位：%

	2013年			2015年			2017年		
	农村	城镇	全国	农村	城镇	全国	农村	城镇	全国
现金	91.23	96.26	94.66	90.48	95.19	93.72	86.20	91.88	89.92
活期存款	39.74	68.64	59.46	54.59	77.08	70.08	71.14	80.27	77.11
无风险金融资产	10.94	22.89	19.09	11.38	24.05	20.08	10.00	21.39	17.45
定期存款	10.72	22.03	18.43	11.29	23.32	19.55	9.92	20.71	16.97
无风险债券	0.22	0.86	0.66	0.09	0.73	0.53	0.08	0.68	0.48
风险金融资产	1.20	25.18	18.14	3.42	41.71	32.04	2.84	32.21	22.03
风险债券	0.01	0.18	0.13	0.01	0.06	0.05	0.01	0.09	0.06
股票	0.29	11.39	7.86	1.18	18.35	14.60	0.49	11.63	7.77
基金	0.24	5.38	3.74	0.57	6.69	5.44	0.15	4.28	2.85
金融衍生品	0.03	0.21	0.15	0.00	0.10	0.07	0.00	0.09	0.06
贵金属	0.31	1.34	1.01	0.18	0.67	0.51	0.18	0.60	0.45
非人民币资产	0.22	1.50	1.10	0.04	0.27	0.20	0.04	0.24	0.17
金融理财产品	0.09	5.19	4.15	1.44	15.57	11.17	1.97	15.28	10.67

从家庭参与各类金融市场的情况来看，农户持有活期存款的比例由2013年的39.74%上升到2017年的71.14%，增幅显著，说明近年来随着乡村振兴战略的实施和普惠金融的发展，正规金融机构在农村地区的分布逐渐增多，使农户财富积累提升显著，有更多资本参与到金融市场中来。而农村地区家庭股票市场参与率从2013年的0.29%上升至2015年的1.18%，又下降到0.49%，远落后于城镇家庭18.35%的参与比例，说明绝大部分农村家庭对股票市场还是比较陌生以及排斥的，这可能是信息不对称、风险态度偏好等多方面原因造成的结果。同时股票市场参与率的波动性也同2015年之后股市的不稳定有较大关系。但值得注意的是，农户对金融理财产品市场的参与率由2013年的0.09%上升至2017年的1.97%，甚至超过了农户对股票市场的参与比例，可见近年来各大银行、农信社等金融机构在农村地区大力宣传推行金融理财产品产生了积极的效果。此外农村家庭对风险债券市场、金融衍生品市场、非人民币市场的参与率依旧很低甚至有所下降，可能的原因是受限于投资资金有限，以及相对匮乏的金融知识，农村地区家庭较少参与此类风险金融市场。

进一步，我们又对金融理财产品市场进行了更深入的研究。金融理财产品包括银行理财产品、互联网理财产品以及其他金融理财产品等。其中，银行理财产品指传统银行的理财产品，认购起点一般在5万元以上，有固定期限的，在期限内资金被冻结，不能提前兑现；也有可以随时申赎的、随时兑现的。互联网理财产品指余额宝、微信理财通、京东小金库、百度百赚、掌柜钱包等。其他理财产品指除银行理财产品和互联网理财产品之外的理财产品。

如表3-2所示，截至2017年底，我国拥有金融理财产品的家庭由2013年的4.15%上升至10.67%，其中农村地区家庭参与金融理财产品市场的比例由0.09%上升至1.97%。具体来看，农村家庭参与比例最高的为互联网理财产品市场（1.62%），其次是银行理财产品市场（0.35%）。可见，移动互联网金融的发展，在一定程度上弥补了正规金融机构的不足，为农村家庭进入风险金融市场提供了更多的机会和途径。

表 3 – 2 　　　　　　　　家庭金融理财产品市场参与情况 　　　　　单位：%

	2013 年			2015 年			2017 年		
	农村	城镇	全国	农村	城镇	全国	农村	城镇	全国
金融理财产品	0.09	5.19	4.15	1.44	15.57	11.17	1.97	15.28	10.67
银行理财产品	0.09	3.26	2.25	0.52	6.66	4.75	0.35	5.66	3.82
互联网理财产品	—	—	—	0.88	8.31	6.00	1.62	9.62	6.85
其他理财产品	0.00	1.92	1.90	0.04	0.60	0.42	—	—	—

3.1.2 家庭持有各类金融资产比例情况

如表 3 – 3 所示，从家庭持有各类金融资产比例情况来看，相较于 2013 年，农村地区家庭现金和无风险金融资产的持有均呈显著下降趋势，而对于活期存款和风险金融资产的持有比例均有所上升。

表 3 – 3 　　　　　　　　家庭金融资产配置情况 　　　　　单位：%

	2013 年			2015 年			2017 年		
	农村	城镇	全国	农村	城镇	全国	农村	城镇	全国
现金	68.17	45.16	53.36	61.53	37.22	44.53	49.97	35.08	40.23
活期存款	23.46	33.19	29.72	29.60	39.16	36.29	32.65	39.10	36.87
无风险金融资产	7.98	14.73	12.32	8.20	14.26	12.44	6.77	12.98	10.83
定期存款	7.94	14.47	12.14	8.18	14.03	12.27	6.72	12.74	10.66
无风险债券	0.04	0.26	0.19	0.01	0.23	0.17	0.05	0.24	0.17
风险金融资产	0.39	6.92	4.59	0.68	9.35	6.74	1.02	10.78	7.4
风险债券	0.00	0.04	0.03	0.00	0.01	0.01	0.00	0.03	0.02
股票	0.07	3.30	2.15	0.14	3.62	2.57	0.09	2.68	1.78
基金	0.08	1.62	1.07	0.07	1.41	1.00	0.04	1.10	0.73
金融衍生品	0.02	0.05	0.04	0.00	0.03	0.02	0.00	0.02	0.02
贵金属	0.13	0.38	0.29	0.06	0.11	0.10	0.05	6.79	0.09
非人民币资产	0.05	0.25	0.18	0.02	0.04	0.04	0.03	0.12	0.04
金融理财产品	0.05	1.29	0.85	0.39	4.13	3.01	0.81	0.05	4.72

从风险金融资产的配置比例看，风险金融资产持有比重的上升主要体现在金融理财产品的增幅上。2013 年农村地区家庭持有股票的比例为 0.07%，2015 年提升两倍至 0.14%，但在 2017 年下跌至 0.09%。涨跌幅度与城镇家庭一致，但就比例而言仍然存在一定差距。而农村家庭持有金融理财产品的比例在 2013 年仅为 0.05%，到 2017 年这一指标上升至 0.81%，可以看出，相较于股票投资，大部分村民更偏向于选择金融理财产品作为主要投资对象。

进一步，从金融理财产品的持有比例看（见表 3 - 4），我们发现 2017 年农村家庭银行理财产品的持有比例最高（0.48%），其比例相较 2013 年增加了近十倍。其次是互联网理财产品，在 2015 年到 2017 年期间也呈现了翻倍增长。对比农村家庭金融理财产品市场参与率和持有比例可以发现，越来越多农户持有互联网理财产品，但仍会把大部分资金配置在传统银行理财产品上。这一方面说明互联网金融的普及，让村民可以足不出户购买理财产品，大大简化了参与金融市场的手续，降低了参与金融市场的成本，提升了农户对金融市场的参与度。而另一方面，随着农村家庭投资理财观念的转变以及金融机构网点的增设，村民由于观念保守，依然希望通过较为安全稳妥的方式合理配置部分闲置资金获取收益。

表 3 - 4　　　　　　　　　家庭金融理财产品配置情况　　　　　　　　单位：%

	2013 年			2015 年			2017 年		
	农村	城镇	全国	农村	城镇	全国	农村	城镇	全国
金融理财产品	0.05	1.29	0.85	0.39	4.13	3.01	0.81	6.79	4.72
银行理财产品	0.05	1.27	0.84	0.22	2.76	2.00	0.48	4.67	3.22
互联网理财产品	—	—	—	0.16	1.20	0.89	0.33	2.12	1.50
其他理财产品	0.00	0.01	0.01	0.01	0.17	0.12	—	—	—

3.1.3 家庭金融资产多样化情况

家庭金融资产多样化通常表现为家庭持有金融资产种类的多少。家庭投资金融资产的种类越多，投资越分散，越具有多样性。家庭持有金融资产多样化能够避免投资者做出"把所有鸡蛋放在一个篮子里"的非理性投资决策，从而导致家庭承受巨大风险。因此，为了获得预期收益最大化的同时降低不确定带来的风险，理性家庭需要对金融资产进行多样化配置。

表3－5给出了2013年至2017年城镇及农村家庭金融资产多样化配置的情况。风险金融资产主要包括股票、基金、风险债券（企业债券、金融债券等）、金融理财产品、金融衍生品、黄金和非人民币资产。无风险金融资产则主要包括定期存款和无风险债券（国债、地方政府债），使用金融资产种类数来衡量投资多样化的程度。

表3－5　　　　　　　家庭金融资产配置多样化情况　　　　　　单位：%

	2013 年			2015 年			2017 年		
	农村	城镇	全国	农村	城镇	全国	农村	城镇	全国
风险资产	1.07	1.34	1.33	1.12	1.39	1.38	1.01	1.17	1.11
无风险资产	1.00	1.02	1.01	1.00	1.01	1.01	1.00	1.02	1.02

可以看出2013年农村地区家庭持有风险金融资产的种类平均为1.07，2015年这一指标略有上升（1.12），相较于城镇家庭（1.39）存在较小差距，而在2017年受市场影响呈现小幅回落。可以看出，无论是城镇地区，还是农村地区，家庭金融资产投资的多样化程度都不高，普遍缺乏多样性。

3.2　中国农村家庭资产配置
存在的问题及原因分析

惠及全民金融体系的建立对于现代社会具有重要意义。但金融服务具有明显的排斥性，大量高质量的金融资源集中在城镇、大企业和富裕人群身上，而农村地区、中小企业和低收入人群却被排斥在外。

金融排斥（Financial Exclusion）通常被定义为：经济主体受到主流金融的排斥。金融排斥问题的研究起源于20世纪90年代国外，并在此之后不断升温，引起各国学者的广泛关注，研究视角逐渐从最初的地域接近性转向社会文化。金融排斥的概念最初由莱申和思里夫特（Ley-

shon and Thrift，1993）基于金融地理学视角提出。凯普森和怀利
（Kempson and Whyley，1999a，1999b）指出了金融排斥的五种表现形
式：（1）渠道排斥，即金融机构关闭服务网点或对客户进行不利于客
户的风险评估，使客户无法获得金融服务；（2）条件排斥，即金融机
构对金融产品附加各种条件，限制客户获得金融产品和服务；（3）价
格排斥，即金融机构对金融产品设定了客户无法承受的价格，限制客户
获取金融产品和服务；（4）营销排斥，即金融机构在制订产品营销计
划时主观上忽视部分客户，限制其获取金融产品和服务；（5）资源排
斥，即客户缺乏获得金融服务所需的资源，造成金融排斥。帕尼吉拉基
斯等（Panigyrakis et al.，2002）认为，由于无法有效获得适当的金融
服务渠道，部分群体无法利用主流金融系统提供的金融服务，因而无法
获得适当的途径，是金融排斥的基本特征。查克拉瓦蒂（Chakravarty，
2006）发现金融排斥最终会导致社会排斥。安代洛尼和巴约特（Ander-
loni and Bayot，2008）认为金融排斥会加剧贫富分化和区域发展不平
衡，从而引发区域金融体系不对称问题。

　　供给和需求失衡是造成中国农村地区金融排斥的主要原因（田力
等，2004），目前已有研究大多从农民面临的信贷需求角度出发，对农
村地区金融排斥进行了实证研究。本书将从宏观环境因素、供给端金融
排斥和需求端金融排斥三个维度（见图3-1），结合农村地区经济、社
会、居民家庭特征对农户金融资产选择排斥形成的原因进行分析，力图
挖掘与剖析其内在运行规律。

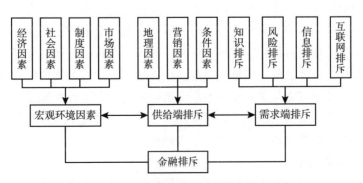

图3-1　农村家庭金融排斥的演化路径分析

3.2.1 宏观环境因素

1. 经济因素

区域经济发展对当地金融发展具有重要作用，也对区域金融排斥程度具有重要影响。经济的运行状况对金融发展具有重要影响，地区经济发展越快则得到的金融支持就越多，相对而言这个地区金融排斥程度就会降低。

2. 社会因素

地区金融发展状况与其所处的社会环境也密切相关。因此，当地的农业发展水平、非农就业状况、外出务工比例、信息技术水平等也会对农村地区的金融排斥程度产生一定的影响。如果当地非农就业情况好、外出务工比例高，相对而言地区家庭收入水平就有所提高，则金融排斥程度降低。农村信息通信技术发展关系到居民家庭的通信及网络使用情况，这些将直接影响金融服务的便利性问题，因此当地信息技术水平越高，则金融排斥程度可能越低。

3. 制度因素

我国农村地区金融服务现状为正规金融机构和非正规金融机构长期并存的状态，非正规金融机构所提供的服务比例远高于前者。正规金融机构运行效率不高是我国农村地区金融市场普遍存在的问题之一，究其原因，是正规金融机构所提供的金融服务与农村地区居民需求之间存在严重的不对称，而非正规金融机构则能提供相对灵活的、符合村民要求的金融服务。但非正规金融机构存在着一定的社会问题，我国金融监管机构对非正规金融机构存在的合法性一直未予承认，导致其发展长期游离于农村金融体系的整体框架之外。一方面是正规金融机构服务有效性的缺失，另一方面是非正规金融服务机构发展的合法性保障受阻，二者使得农村地区缺少既能满足农民金融服务需求，又能不断提升自身发展的金融服务供给主体，最终产生了金融排斥。

4. 市场因素

很多家庭难以获取自身需要的投资信息，其原因之一就是欠缺专业有效的市场信息中介（对理财产品评价、评估、评级），信息不对称迟迟不能解决；征信体系、支付体系等金融市场基础设施不健全，也会导致金融排斥；与此同时，在金融发展的初级阶段，许多商业金融产品功能和创新不足，无法适应长尾群体的需求。

3.2.2　供给端金融排斥

我国农村地区金融市场是现代金融体系的重要构成部分，也是判断我国普惠金融发展程度的重要标准之一。银行、农村信用社等金融机构为农村地区的家庭提供了最基本的金融服务，对农村地区金融发展供给端存在的金融排斥进行分析，能够更准确地反映农村地区金融服务的发展现状与趋势。

1. 地理排斥

地理排斥指经济主体由于地理因素（距离、地理条件等）很难获取金融服务或者完全无法获取金融服务的现象。从供给方成本收益角度进行分析，可能的原因是农村市场地处偏远地区，人口分布往往比较分散，人口密度低，因此农村地区金融机构提供金融服务的成本较高，导致在农村地区设立的金融机构普遍较少。

近几年，随着农村地区基础金融服务覆盖面持续扩大，金融机构通过设立网点、布设机具，以及设置便民服务点、流动服务站、助农取款服务点等多种手段，创新覆盖方式。2017 年 CHFS 数据显示，有88.83% 的家庭表示银行或农信社网点柜台离家最近，7.08% 的家庭表示自助银行或自助终端服务离家最近，1.34% 的家庭表示"村村通"惠农金融服务网点离家最近。从家庭距离金融服务点距离来看，平均距离为 5.83 公里，最远为 200 公里，说明仍有少部分地区面临着可及性排斥。

从村/小区范围内银行的网点数量来看，2013 年农村地区平均每个村/小区的银行网点数量为 0.7 个，城镇地区为 2.6 个。而 2015 年农村地区平均每个村/小区的银行网点数量为 0.5 个，城镇地区为 2 个，城乡金融服务设施水平仍存在一定差异，且相较于 2013 年，农村、城镇地区的银行网点平均数都在降低。分东中西部来看，2015 年东部地区村（社区）附近的银行网点数为 0.6 个，略高于中西部地区（分别为0.5 个和0.4 个），中西部地区的地理排斥程度要略高于东部。

2. 营销排斥

营销排斥指部分群体被排除在营销范围或者营销目标之外，如金融机构的营销目标大多是城镇高收入人群，对农户的关注度较低，很少对农户进行有效宣传，或安排适合农户的金融服务等。

对金融服务评价情况一定程度上反映了村民是否获得了他们所需要的金融服务，有助于判断普惠金融是否真正保证了农民应有的权利。对比 2017 年和 2015 年数据发现，对银行服务不满意的最主要原因是银行机构服务质量差（占比 46.84%），较 2015 年的 74.34% 呈大幅度下降，这可能与近年来电子服务的提升有更大关系，这种服务方式不仅提升了金融机构的工作效率，也增加了农户接受服务的便利性。此外，其他占比较高的原因分别为营业网点数少（18.52%）、位置不便利（16.49%）、手续费较高（7.45%）、没有适合自己的产品或服务（6.6%）。

3. 条件排斥

金融机构将各种条件附加在金融产品上，限制了客户获取金融产品和服务。如大部分银行理财产品的起购金额至少 5 万元，购买时间较长且在购买期间内禁止赎回。对于农户来说，受限于没有固定工资收入，因此对资金流动性要求较高，很少会购买此类产品。金融机构应根据农户自身情况或条件设计合适的理财产品，降低目标群体的定位，满足农户多样化的理财需求。

3.2.3 需求端金融排斥

1. 知识排斥

农村地区家庭参与金融市场的重要原因是金融知识匮乏，投资意识薄弱。虽然金融机构在开展业务时会进行金融知识宣传、开展金融知识普及、开设金融课程等，但相对来说还非常有限。CHFS 为了更好地了解我国家庭的金融知识水平，从利息计算、通货膨胀、金融风险三个角度出发，设计了一系列关于金融知识的问题，包括银行年利率、通货膨胀率、投资风险等问题，以便我们能从客观的角度了解居民家庭金融知识水平。相关问题设置如下：

如表 3-6 所示，2013 年农村地区家庭对利息计算问题回答的正确率仅为 10.60%，2017 年上升至 21.88%，但远低于城镇水平 37.15%，可以看出，我国大部分地区农村家庭把钱存入银行，但是对利息的计算并不了解。农户对通货膨胀问题回答的正确率则由 2013 年的 15.20% 下降到 11.03%，可见大部分农村家庭对通货膨胀的理解问题依然薄弱。农村地区家庭关于金融风险问题的回答正确率呈现波动上升趋势，由 2013 年的 11.80% 提高至 22.00%，可见我国近几年对金融风险防范方面的宣传工作还是取得了较大进展，农村家庭对金融风险的了解及防范意识都有所增强。

表 3 - 6　　　　　正确回答金融问题的情况　　　　　　单位：%

地区	利息计算			通货膨胀			金融风险		
	2013 年	2015 年	2017 年	2013 年	2015 年	2017 年	2013 年	2015 年	2017 年
全国	14.10	28.50	32.05	15.60	16.20	21.69	26.90	51.40	44.66
城镇	16.70	35.80	37.15	16.00	18.50	26.95	38.00	66.20	50.33
农村	10.60	16.40	21.88	15.20	12.40	11.03	11.80	27.40	22.00

2. 信息排斥

农户获取金融知识和投资信息的渠道有限，也会增加金融市场参与成本。我国居民家庭对经济、金融问题的关注情况，如表 3 - 7 所示。

表 3 - 7　　　　　对经济、金融的关注程度　　　　　　单位：%

地区	关注		一般关注		不关注	
	2015 年	2017 年	2015 年	2017 年	2015 年	2017 年
全国	11.00	9.32	22.30	17.06	66.70	73.61
城镇	12.80	10.08	26.30	18.88	60.90	71.04
农村	8.00	6.29	15.50	9.83	76.50	83.87

值得注意的是，2017 年数据为新增受访户的关注度数据，因此和 2015 年可比性较低。但也可以发现，农村地区对经济、金融问题关注度较低，大多数家庭平时几乎不关注经济、金融问题。这可能也是农村地区对金融问题回答正确率较低的原因之一。

3. 风险排斥

风险排斥指的是家庭对于风险厌恶程度较高，不愿意承担投资风险，因而缺乏对金融产品的需求，从而产生风险排斥。农村地区家庭普遍思想态度保守，同时由于未来收入和消费的不确定性使家庭预防储蓄动机较大，风险厌恶程度普遍较高，因此存在较高的风险排斥。

4. 互联网排斥

移动互联网的出现和普及弥补了传统金融机构营业网点覆盖率低、服务效率低等诸多弊端，使居民（尤其是农村居民）能够通过更方便快捷的方式获得所需要的金融服务，使得金融服务的便利性不断提升。我们利用 2015 年农村家庭网上银行和手机银行的开通情况、使用频率、主要用途等数据进行进一步分析，以了解移动互联网金融在我国农村地区的发展现状。

如表 3 - 8 所示，农村地区开通网上银行的家庭占比仅为 6.48%，开通手机银行的比例为 4.43%，相较于全国水平（25.4% 和 15.1%）仍存在一定差距。说明我国农村地区家庭移动互联网普及率并不高，农村家庭开通网上银行的比例要比手机银行略高。

表 3 - 8　　　　　农村家庭网上银行、手机银行使用情况　　　单位：%

	网上银行	手机银行
是否开通	6.48	4.43
使用频率：		
经常使用	41.05	31.88
很少使用	54.15	57.50
没有使用过	4.80	10.62
不经常使用网上银行原因：		
不会使用	14.18	19.44
操作复杂，不愿意使用	12.69	16.67
担心网上银行安全性	23.88	22.22
没有需要的功能	32.09	30.56
其他	17.16	11.11

从使用频率来看，对于已经开通网上银行的家庭来说，41.05% 的家庭经常使用网上银行，54.15% 的家庭很少使用网上银行，仅有

4.80%的家庭没有使用过网上银行；对于已经开通手机银行的家庭来说，有57.50%的家庭很少使用手机银行，31.88%的家庭经常使用手机银行，仅有10.62%的家庭没有使用过手机银行。可以看出手机银行的使用频率是明显高于网上银行的。而从很少使用或不使用网上银行和手机银行的原因来看，超过30%的家庭认为没有需要的功能，超过20%的家庭担心网上银行和手机银行的安全性问题，19.44%的家庭是因为不会使用而没有选择手机银行。

随着移动支付业务的兴起，2017年问卷对样本的支付方式进行了调查，结果表明，大多数家庭（98.46%）一般使用现金进行支付；8.95%的家庭通过手机、Pad等移动终端支付（包括支付宝APP、微信支付、手机银行、Apple Pay等）；5.85%的家庭通常使用刷卡方式（包括银行卡、信用卡等）进行支付；2.76%的家庭通过电脑支付（包括网银、支付宝等）。

综上所述，手机银行无论是从使用的便利性还是频率来看，都是未来几年金融机构重点发展的新趋势。但与此同时，农村地区家庭所面临的互联网排斥问题也应受到重视。手机银行、网上银行等新型金融模式的出现，一方面，克服了地域限制和空间障碍，具有准入门槛低、金融服务价格低、服务对象更广、金融服务覆盖面和可得性高等优点，大大降低了农村地区金融排斥的程度。另一方面，互联网金融进一步加剧了新工具缺乏与使用障碍人群的金融排斥，反而对弱势群体不利。因此，要更加重视针对农村地区居民群体开发一些更加便于他们使用的、满足农村居民群体需求的新功能。此外，也要注意互联网金融的安全问题，加强网络安全、金融安全监管，重视各类投资产品的合法性，避免非法集资产品侵害家庭投资者的利益。

3.3　劳动力转移现状

改革开放以来，中国经济制度由计划经济走向市场，供求关系由短缺走向过剩，农业增加值从1/3降至1/10，农业劳动力从2/3降至1/4，城镇化率由20%提高到58%，城乡关系由城乡分割走向一体化。

劳动力转移是我国城乡二元结构面临的突出问题。张红宇（2011）

将农村劳动力转移分为产业转移和地区转移。产业转移指的是由农业向第二、第三产业转移，即"离土不离地"；地区转移则指某一地区的农村劳动力向另一地区转移，即"离土离地"。农村劳动力转移就业的发展经历了由就地转移到异地转移，再到现在鼓励农民就近城镇化、市民化三个阶段。本书参考蔡昉（2001）的研究，将研究重点放在劳动力的地区转移上。

从宏观数据来看，农民工（尤其是外出农民工）人数在 2008 ~ 2019 年呈逐渐上升趋势（见图 3 - 2）。这从侧面反映出随着城镇化和乡镇企业的兴起，为农村地区成员提供了更多就业和择业的机会，进一步提高了农村地区就业比例。

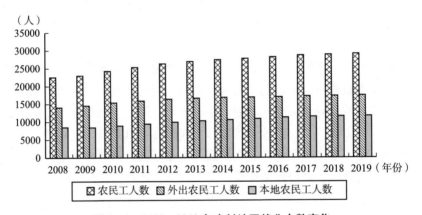

图 3 - 2　2008 ~ 2019 年农村地区就业人数变化

资料来源：Wind 数据库。

图 3 - 3 为年农村地区转移就业人员从事行业分布。就我国农村地区而言，村民受限于自身的人力资本和社会资本，从事的职业具有较高的同质性，大部分进入制造业、建筑业或服务业从事体力劳动（分别占比 33%、22% 和 15%），很难实现在不同行业或者产业之间的灵活就业转换，就业行业较为稳定。2019 年就业数据表明，制造业和建筑业是农村地区转移就业从事率最高的两类职业。

如表 3 - 9 所示，根据 2017 年 CHFS 微观数据得到的结果表明，从全国层面看，有 18.30% 的劳动力外出转移就业。从区域层面来看，西部地区比例最高，中部次之，东部地区最低，分别为 19.93%、18.72%

和17.26%。进一步，从转移劳动力的年龄及性别结构来看，外出劳动力的男性数量要显著高于女性，这在中部地区尤为明显。

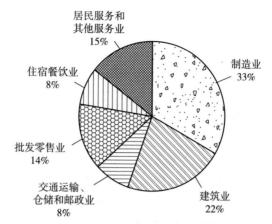

图3-3 2019年农村地区外出就业人员行业分布

资料来源：Wind 数据库。

表3-9	劳动力转移的性别结构			单位：周岁
	全国	东部	中部	西部
劳动力转移	18.30	17.26	18.72	19.93
男性	78.34	83.25	86.97	83.77
女性	21.66	16.75	13.03	16.23

从转移劳动力的受教育水平来看（见表3-10），外出劳动力的整体学历水平不高，大多在初中及以下水平，其中初中学历者占比为32.37%，小学学历者占比为20.61%。东部地区的文盲比例较中西部地区显著降低，这与东部地区经济发展程度有较大关系。

表3-10	转移劳动力的学历结构			单位：%
学历	全国	东部	中部	西部
文盲	3.93	2.79	4.97	4.85
小学	20.61	14.78	25.50	25.82

学历	全国	东部	中部	西部
初中	32.37	30.02	36.16	32.55
高中	13.68	14.92	13.50	11.66
中专或职高	5.66	6.35	4.64	5.50
大专或高职	8.79	10.28	6.81	8.21
本科	12.37	16.83	7.44	9.65
硕士	2.03	3.14	0.84	1.31
博士	0.56	0.89	0.13	0.44

从转移劳动力从事工作性质来看（见表 3 - 11），转移就业主要是受雇于他人或单位和从事临时性工作，比例分别为 36.28% 和 26.94%。东部地区受雇于他人或单位的比例明显高于中西部，而经营个体、私营企业或自主创业人员却显著低于中西部。

表 3 - 11　　　　　　　农村居民转移就业工作性质　　　　　　单位：%

工作性质	全国	东部	中部	西部
受雇于他人或单位	36.28	46.92	26.35	30.09
从事临时性工作	26.94	22.01	34.16	27.06
经营个体、私营企业或自主创业	18.43	11.84	21.49	25.51
其他	14.31	15.38	13.56	13.44

3.4　本章小结

本章对本书研究的金融产品进行了界定，在此基础上运用西南财经大学中国家庭金融调查（CHFS）的数据就家庭参与金融市场的情况进行了分析。

我国农村地区家庭风险金融资产参与比例和投资水平虽然较 2013 年有所上升，但是整体水平依然很低，不足城镇家庭的十分之一。首先，从金融市场参与情况看，农户现金和定期存款的参与率下降，活期存款和风险金融资产的参与率呈上升趋势。尤其是农户对金融理财产品市场的参与率由 2013 年的 0.09% 上升至 2017 年的 1.97%，甚至超过了农户对股票市场的参与率。受投资门槛所限，农村家庭对互联网理财产品的持有率显著高于银行理财产品。其次，从资产持有比例来看，农村家庭对风险金融资产持有比重的上升也主要体现在金融理财产品的增幅上。对比农村家庭金融理财产品市场参与率和持有比例可以发现，越来越多农户持有互联网理财产品，但仍会把大部分资金配置在传统银行理财产品上。最后，从多样性的角度来看，无论是城镇地区，还是农村地区，家庭金融资产投资的多样化程度都不高，普遍缺乏多样性。

从宏观环境因素、供给端金融排斥和需求端金融排斥三个维度，结合农村地区经济、社会、居民家庭特征及数据库数据，对农户金融资产选择排斥形成的原因进行分析发现，我国农村地区家庭仍然面临着较为严重的金融排斥。

从我国劳动力转移现状来看，农村地区外出转移就业人数在 2008 ~ 2019 年呈逐渐上升趋势，从事的职业具有较高的同质性，大部分进入制造业、建筑业或服务业从事体力劳动。从区域层面来看，西部地区比例最高，中部次之，东部地区最低。从转移劳动力的个体特征来看，外出劳动力的整体学历水平不高，男性数量要显著高于女性，这在中部地区尤为明显。从转移劳动力从事工作性质来看，转移就业主要是受雇于他人或单位和从事临时性工作。

第4章 劳动力转移影响农村家庭金融资产配置的理论模型与理论分析

农村劳动力转移不仅对居民家庭收入、生产方式均带来了显著的影响，同时也通过视野拓展与素养提升、信息与交流延伸等途径对家庭金融资产配置行为产生影响。基于此，本章基于期望效用最大化目标，将劳动力转移内生于最优投资组合决策模型中，通过构建数理模型揭示劳动力转移与家庭金融资产配置直接的内在联系，同时，就劳动力转移对农村家庭金融资产配置影响的作用机理进行深入分析，提出相关研究假设。

4.1 劳动力转移影响农村家庭金融资产配置的理论模型

4.1.1 基准模型

本书参考洪等（Hong et al. , 2004）的分析框架构建了一个单期家庭投资决策模型。假定家庭可以选择投资于两种金融资产：一种是无风险金融资产，收益率为 r_f；另一种是风险金融资产，收益率为 $\tilde{r}$。风险金融资产收益率服从二项分布，有 p 的概率风险收益为 r；$(1-p)$ 的概率收益为 R，且 $r-c<r_f<R-c$（不存在套利机会），$p(r-c)+(1-p)(R-c)>r_f$（市场上的预期超额收益为正）。

假定投资者的初始财富水平是 W，风险资产投资比例为 α，无风险资产投资比例则为 $1-\alpha$。为使期望效用函数单调递增，需满足条件 $\alpha(r-c-r_f)+r_f>0$（以保证取效用函数正数段）。假设投资者具有常数相对风险厌恶（constant relative risk aversion，CRRA）的偏好，则效用函数有形式 $U(X)=\dfrac{1}{1-\theta}X^{1-\theta}$，其中 $\theta>0$ 且 $\theta\neq1$。则投资者效用函数如下：

$$U=\frac{1}{1-\theta}\left[\alpha(\tilde{r}-c)W+(1-\alpha)r_fW\right]^{1-\theta} \tag{4.1}$$

$$EU=\frac{p}{1-\theta}\left[\alpha(r-c)W+(1-\alpha)r_fW\right]^{1-\theta}$$
$$+\frac{1-p}{1-\theta}\left[\alpha(R-c)W+(1-\alpha)r_fW\right]^{1-\theta} \tag{4.2}$$

投资者的最优选择即给出期望效用最大时的风险投资比例 α，即 $\max_{\alpha}EU$。其一阶条件为：

$$W^{1-\theta}\{p(r-c-r_f)\left[\alpha(r-c-r_f)+r_f\right]^{-\theta}+(1-p)$$
$$(R-c-r_f)\left[\alpha(R-c-r_f)+r_f\right]^{-\theta}\}=0 \tag{4.3}$$

得到最优投资比例为：

$$\alpha^*=\frac{p(1-p)r_f(A^{-\frac{1}{\theta}}-B^{-\frac{1}{\theta}})}{pB^{1-\frac{1}{\theta}}+(1-p)A^{1-\frac{1}{\theta}}} \tag{4.4}$$

其中，$A=-p(r-c-r_f)$，$B=(1-p)(R-c-r_f)$。

4.1.2　劳动力转移的引入

在前文模型基本假设前提下，本书将劳动力转移因素纳入模型中，进一步分析劳动力转移对风险金融资产配置的影响。

首先，劳动力转移会影响金融市场参与成本 c，包括信息获取成本、参与成本和交易成本等。转移就业能够拓宽农户信息获取途径（徐超等，2017），不但让投资者更容易获得金融知识和投资理财信息，而且降低了信息参与的成本；此外，外出到金融更加发达的地区就业，缩小了投资者与金融机构的距离，降低了参与成本。因此，c 是关于劳动力转移的减函数。

其次，劳动力转移会影响风险厌恶程度 θ。一方面，劳动力转移就业能够缓解农业生产受到的外部冲击，从而实现家庭内部保险（Stark，

1991）。另一方面，转移就业还能够通过提升信息获取能力，降低风险厌恶程度（张世虎和顾海英，2020），提升风险金融市场的参与概率，即 θ 是关于劳动力转移的减函数。

4.1.3　影响分析

首先，考察风险金融资产投资的单位参与成本 c 变动时，家庭投资决策的变化，即：

$$\frac{\partial \alpha^*}{\partial c} = \frac{-\frac{1}{\theta}p(1-p)r_f}{(pB^{1-\frac{1}{\theta}} + (1-p)A^{1-\frac{1}{\theta}})^2}\{[pA^{-\frac{1}{\theta}-1} + (1-p)B^{-\frac{1}{\theta}-1}]$$
$$[pB^{1-\frac{1}{\theta}} + (1-p)A^{1-\frac{1}{\theta}} - p(1-p)(1-\theta)(A^{-\frac{1}{\theta}} - B^{-\frac{1}{\theta}})^2]\}$$

$$(4.5)$$

式（4.5）中，$-\frac{1}{\theta}p(1-p)r_f < 0$。由于 $r-c-r_f < 0$，$R-c-r_f > 0$，$A = -p(r-c-r_f) > 0$，$B = (1-p)(R-c-r_f) > 0$，可得：$[pA^{-\frac{1}{\theta}-1} + (1-p)B^{-\frac{1}{\theta}-1}] > 0$。

因此，只需证明 $[pB^{1-\frac{1}{\theta}} + (1-p)A^{1-\frac{1}{\theta}} - p(1-p)(1-\theta)(A^{-\frac{1}{\theta}} - B^{-\frac{1}{\theta}})^2] < 0$，即可得到 $\frac{\partial \alpha^*}{\partial c} < 0$。

令 $M = pB^{1-\frac{1}{\theta}} + (1-p)A^{1-\frac{1}{\theta}}$，$N = (A^{-\frac{1}{\theta}} - B^{-\frac{1}{\theta}})^2$，则：$M - p(1-p)(1-\theta)N < 0$，解得 $\theta > 1 - \frac{M}{p(1-p)N}$。又已知 $\frac{M}{p(1-p)N} > 0$，因此 $\theta > 1$。已有研究表明，中国居民相对风险厌恶系数在 $3 \sim 6$ 之间（王晟和蔡明超，2011），这一结果与已有研究相符合。因此，随着单位参与成本 c 减少，风险资产投资比例 α 增加，劳动力转移能够减少风险金融市场参与成本，提升家庭风险金融资产持有比例。

其次，考察风险厌恶系数 θ 变动时，家庭投资决策的变化，即：

$$\frac{\partial \alpha^*}{\partial \theta} = \frac{p^2(1-p)^2 r_f}{[pB^{1-\frac{1}{\theta}} + (1-p)A^{1-\frac{1}{\theta}}]^2 \theta^2}(A^{-\frac{1}{\theta}} \cdot \ln A - B^{-\frac{1}{\theta}} \cdot \ln B)$$
$$[pB^{1-\frac{1}{\theta}} + (1-p)A^{1-\frac{1}{\theta}}] - (A^{-\frac{1}{\theta}} - B^{-\frac{1}{\theta}})$$
$$[pB^{1-\frac{1}{\theta}}\ln B + (1-p)A^{1-\frac{1}{\theta}}\ln A]$$

$$(4.6)$$

可以得到 $\left[pB^{1-\frac{1}{\theta}} + (1-p)A^{1-\frac{1}{\theta}} \right] > 0$。其他部分讨论如下：

①对于 $\left(A^{-\frac{1}{\theta}} \cdot \ln A - B^{-\frac{1}{\theta}} \cdot \ln B \right)$ 的符号判定如下：

令 $G = A^{-\frac{1}{\theta}} \cdot \ln A - B^{-\frac{1}{\theta}} \cdot \ln B$，若想判断 G 的符号，需证明 $x^{-\frac{1}{\theta}} \cdot \ln x$ 为递增函数还是递减函数。

$$f'(X) = x^{-\frac{1}{\theta}} \cdot \ln x = \left(-\frac{1}{\theta}\ln x + 1 \right) x^{-\frac{1}{\theta}-1} \tag{4.7}$$

其中，因为 $0 < x < 1$，可得 $\ln x < 0$，因此 $1 - \frac{1}{\theta}\ln x > 0$，$f'(x) > 0$，$f(x)$ 为增函数。又因为 $A - B = -p(r - c - r_f) - (1-p)(R - c - r_f) = -\left[E(\hat{\gamma} - c) - r_f \right] < 0$，即：$A < B$，可得 $f(A) < f(B)$。综上所述，$A^{-\frac{1}{\theta}} \cdot \ln A - B^{-\frac{1}{\theta}} \cdot \ln B < 0$。

②对于 $\left(A^{-\frac{1}{\theta}} - B^{-\frac{1}{\theta}} \right)$，由于 $A < B$，因此，$A^{-\frac{1}{\theta}} < B^{-\frac{1}{\theta}}$，$\left(A^{-\frac{1}{\theta}} - B^{-\frac{1}{\theta}} \right) < 0$。

③对于 $pB^{1-\frac{1}{\theta}}\ln B - (1-p)A^{1-\frac{1}{\theta}}\ln A$，由于 $A < B < 1$，可得 $\ln A < \ln B < 0$，所以 $pB^{1-\frac{1}{\theta}}\ln B - (1-p)A^{1-\frac{1}{\theta}}\ln A < 0$。

综上所述，可得 $\frac{\partial \alpha^*}{\partial \theta} < 0$，$\theta$ 是关于 α^* 的严格递减函数，即随着风险厌恶程度 θ 降低，风险资产投资比例 α 增加。劳动力转移能够降低投资者风险厌恶程度，进而提升家庭风险金融资产持有比例。

4.2　劳动力转移影响农村家庭金融资产配置的理论分析与研究假说提出

前文分析了劳动力转移与家庭金融资产配置的理论模型。对于农村家庭而言，其中具体的影响途径如何，本部分将结合可能存在的影响途径进行理论分析并提出研究假说。

4.2.1　劳动力转移对农村家庭金融资产配置的影响

首先，从参与成本视角来看，农民职业从农业转移到第二、第三产业，工作地点从农村转移到城镇，提高了农村居民主动寻找信息的能力和被动获取信息的能力，降低金融市场参与成本。一方面，较发达地区金融机构营业网点分布更为密集，缩小了投资者与金融机构的距离，外出就业人员更容易从正规金融机构直接获得更多金融信息、知识和服务，降低了金融信息获取成本。另一方面，转移就业使劳动者在兼具传统的亲缘和地缘关系的基础上，扩大了社会网络建立起新的业缘关系（张玉昆和曹广忠，2017），获取金融信息的渠道进一步拓宽。此外，随着互联网金融的发展，越来越多的金融信息及金融交易可以通过互联网平台获取和操作。相较于较少使用通信设备的农村家庭而言，转移就业人群因为工作与生活需要，智能通信设备往往已经成为他们生活中的必需品，家庭参与金融市场的信息搜索和处理成本降低，从而进一步扩大了他们获取金融信息的渠道。

其次，从风险态度的转变来看，农户外出转移就业能够改善农户的风险态度。农村地区传统保守观念和小农思想根深蒂固，由社会保障体系不足、城乡信息不对称而催生出"模糊风险厌恶"导致农村地区家庭对风险和损失的表现更为敏感（Ahsanuzzaman，2015）。此外，农业生产本身具有较强的不确定性，容易受到自然灾害、农产品市场不稳定等较高的风险冲击，从而降低农户的风险承担意愿，偏向于采取保守行为来规避风险（马小勇和白永秀，2009），因此更倾向于选择持有现金或银行存款。而转移就业不仅使农户有更大概率接触城镇的社会环境，改善原本保守的思想观念（粟芳和方蕾，2016），还会提供多种收入渠道以及一些附加福利，如医疗保险、退休和养老金计划以及额外的收入保障等（Mishra et al.，2002），可在一定程度上起到规避风险的作用（艾春荣和汪伟，2010）。风险态度可以对投资选择行为尤其是股票投资行为产生显著影响，风险偏好较强的家庭，往往更容易持有风险金融资产（肖忠意等，2018）。因此，劳动力转移能够通过改善农户的风险态度，优化家庭金融资产配置行为。

基于以上分析，我们提出如下假说：

假说1a：劳动力转移能够促进农村家庭对风险金融市场的参与意愿。

假说1b：劳动力转移能够促进农村家庭风险金融资产的持有比例。

假说1c：劳动力转移能够促进农村家庭风险金融资产配置的有效性。

4.2.2 金融排斥对劳动力转移影响家庭风险金融资产配置的中介效应

从金融地理角度出发，雷尚恩和思里夫特（Leyshon and Thrift，1993）首先提出了金融排斥的概念。凯普森和怀利（Kempson and Whyley，1999）构建了一个动态的综合指标来衡量金融排斥，包括地理排斥、条件排斥、评估排斥、价格排斥、市场排斥和自我排斥六个方面。帕尼吉拉基斯等（Panigyrakis et al.，2002）认为金融排斥最基本的特征是某些群体难以通过适当的渠道获得必需的金融产品和服务，对此的研究视角由最初的地理接近性逐渐转向社会文化。查克拉瓦蒂（Chakravarty，2006）认为金融排斥最终会导致社会排斥。安代洛尼和巴约特（Anderloni and Bayot，2008）认为金融排斥会加剧贫富分化和区域发展不平衡，从而引发区域金融体系的不对称问题。

田力等（2004）通过对我国农村地区金融容量进行测算，发现我国农村地区金融排斥主要由供需不平衡导致。已有研究发现，由于缺乏金融知识、信息不对称、交易成本高等问题，金融排斥在我国农村地区普遍存在（王修华等，2013）。

金融排斥最基本的特征是某些群体难以通过适当的渠道获得必需的金融产品和服务（Panigyrakis et al.，2002），该领域的研究视角由最初的地理接近性逐渐转向社会文化。与我国经济、金融二元发展结构相适应，对金融排斥的研究主要集中于农村地区与农村家庭。由于缺乏金融知识、信息不对称、交易成本高等问题，金融排斥在我国农村地区普遍存在（王修华等，2013），且金融排斥主要由供需不平衡导致（田力等，2004），而家庭投资决策受到金融排斥的负向影响（吕学梁和吴卫星，2017）。

对于金融排斥程度及具体原因等问题的研究，国内外学者大多基于供给端视角，一方面，从地理排斥、评估排斥、条件排斥、价格排斥、营销排斥等多个层面，通过构建指标对金融排斥现象进行分析（Kempson and Whyley，1999；许圣道和田霖，2008）；另一方面，基于德米尔古茨—昆特等（Demirgüç–Kunt et al.，2007）提出的使用度和渗透度两维度模型构建金融排斥程度指标进行测量（Rahman，2013；粟芳和方蕾，2016）。也有少数学者从需求端出发，认为某些群体由于不具备相应的金融知识、无法获得金融信息等原因也会导致金融排斥，并通过构建自我排斥指标对农村家庭互联网金融排斥（何婧等，2017）、银行服务等方面面临的金融排斥（王修华等，2013）进行了研究。已有研究大多从宏观层面入手，将供给端排斥作为主要研究方向，对农村家庭需求端的考察较为单一，但即使供给端差异消失，中国家庭依然会把大量资金用于储蓄（Cooper and Zhu，2018）。对需求端金融排斥问题的研究应该更加深入。有别于传统的金融排斥衡量方法，本书同时考虑需求端和供给端的不同影响，分析金融排斥作为劳动力转移影响农户家庭金融资产配置行为的中介变量的独特属性：

1. 劳动力转移与需求端金融排斥

国内外学者从金融产品和服务的需求方出发，从个人特征（年龄、教育程度、风险态度等）、家庭特征（收入、资产、家庭规模、抚养比等）多方面对影响家庭参与金融市场的因素进行分析。CHFS 数据表明，农户没有参与金融市场的原因主要包括以下几个方面（多选）：70% 家庭选择"不了解"，42.71% 家庭选择"没有闲置资金"，31.78% 家庭选择"风险高，担心得不到偿还"，仅有 1.12% 家庭选择"金融机构太远不方便"。可见投资意识不足、金融知识缺乏、流动性约束、相对保守的风险态度仍是制约农户投资的主要原因，需求端金融排斥状况不容忽视。

第一，劳动力转移能够通过缓解金融知识和信息排斥，降低金融市场参与成本，从而提升家庭金融资产配置水平。农村地区家庭大多对投资理财概念与功能认知比较模糊，且存在诸多误区；普遍存在获取金融信息渠道狭窄、对金融知识理解程度较低、金融知识匮乏等问题。很少有农村居民能够将投资理财与规避风险、合理规划生命周期的财产配置、家庭资产保值增值等功能联系起来，忽视了投资理财对家庭增收的促进作用。即使是经济条件较好的农村家庭，也更倾向于将富余资产用于购买或建造房屋、为子女结婚操办等用途，造成家庭资产结构配置畸形。对于转移就业群体而言，一方面，他们在兼具传统的亲缘和地缘关系的基础上，扩大了社会网络建立起新的业缘关系（张玉昆和曹广忠，2017），获取金融信息的渠道进一步拓宽，能够了解和学习更多金融知识与投资技巧。另一方面，转移就业人群（如打工、个体经营等）的人员流动产生了资金流动性需求，更可能因为工资发放或转账而和银行等金融机构接触，更容易从正规金融机构直接获得更多金融信息、知识和服务，例如投资开户、理财规划和建议、投资交易等。这些知识和信息有利于家庭了解金融产品的收益与风险，减少家庭参与金融市场时的信息搜寻和处理成本（Dohmen et al.，2010），从而提高家庭对金融市场的参与程度和配置有效性。

第二，劳动力转移能够改善农户的风险排斥，从而提高家庭金融资产配置水平。一方面，农村地区较为封闭，缺乏与外界的交流，传统保守观念和小农思想根深蒂固。此外，由于农村地区社会保障体系不足、城乡信息不对称而催生出"模糊风险厌恶"进一步导致农村地区家庭对风险和损失的表现更为敏感（Ahsanuzzaman，2015）。另一方面，农业生产本身具有较强的不确定性，容易受到自然灾害、农产品市场不稳定等较高的风险冲击，从而降低农户的风险承担意愿。收入的不可预期风险是阻碍居民金融资产总量快速增长的重要因素之一。多数农户具有较强的风险规避意识，偏向于采取保守行为来规避风险（马小勇和白永秀，2009），因此更倾向于选择持有现金或银行存款。而转移就业不仅使农户有更大概率接触城镇的社会环境，改善原本保守的思想观念（粟芳和方蕾，2016），还会提供多种收入渠道以及一些附加福利，如医疗保险、退休和养老金计划以及额外的收入保障等（Mishra et al.，2002），可在一定程度上起到规避风险的作用（艾春荣和汪伟，2010）。风险态度可以对投资选择行为尤其是股票投资行为产生显著影响，风险偏好较强的家庭，往往更容易持有风险金融资产（肖忠意等，2018）。因此，劳动力转移能够通过改善农户的风险态度，优化家庭金融资产配置行为。

第三，劳动力转移能够改善农户面临的互联网排斥，从而提高家庭金融资产配置水平。渠道排斥表现为农户不会使用新型金融工具。随着互联网金融的发展，越来越多的金融交易可以通过互联网平台进行操作。一方面，手机银行、网上银行等金融新模式的出现克服了地理区域限制和空间障碍，具有准入门槛低、金融服务价格低的优势，金融服务对象更加广泛，金融服务覆盖面和可得性得到提高，农村地区金融排斥程度大大降低（马九杰和吴本健，2014）；另一方面，互联网金融进一步加剧了新工具缺乏与使用障碍人群的金融排斥，反而对弱势群体不利

（Kempson and Atkinson, 2004），存在渠道排斥现象。而转移就业人群因为工作需要与外界联系更加紧密，智能通信设备已成为工作生活的必需品（张景娜和朱俊丰，2020），极大缓解了他们面临的互联网排斥程度，并通过降低市场摩擦、提高金融知识和服务的可得性来优化家庭金融资产配置水平（周广肃和梁琪，2018）。

基于以上分析，可以从金融知识排斥、信息排斥、风险排斥和互联网排斥四个维度构造金融排斥指标，并提出如下假说：

假说2a：劳动力转移能够通过降低农户需求端金融排斥程度，从而促进农村家庭对风险金融市场的参与意愿。

假说2b：劳动力转移能够通过降低农户需求端金融排斥程度，从而促进农村家庭风险金融资产的持有比例。

假说2c：劳动力转移能够通过降低农户需求端金融排斥程度，从而提升农村家庭风险金融资产配置的有效性。

2. 劳动力转移与供给端金融排斥

家庭投资决策受到金融排斥的负向影响，这很大程度上制约了农户对金融市场的参与程度。随着城镇化的发展，较发达地区不仅对周边区域经济发展具有带动作用，对周边区域劳动力也逐渐形成虹吸效应，农村劳动力向发达县市大规模转移。对于转移就业群体而言，一方面，县市等较发达地区金融机构营业网点分布更为密集，金融服务可得性更高（尹志超等，2014），劳动力转移群体更容易从正规金融机构直接获得金融相关服务和金融产品信息，例如投资开户、理财规划和建议、投资交易等，从而提升家庭对金融市场的参与程度和资产配置的有效性；另一方面，随着金融机构之间的竞争加剧，营销宣传活动也日益增加，如进入社区家庭宣传金融产品、免费提供金融知识讲座等，但其目标群体往往集中于城市或区县家庭，较少进入乡镇尤其是农村家庭。换言之，劳动力转移提高了金融产品和知识的可得性，享受到的金融服务质量也明显改善，金融排斥程度得到缓解，家庭资产配置水平得到提升。基于此，我们提出如下假说：

假说3a：劳动力转移能够通过降低农户供给端金融排斥程度，从而促进家庭风险金融市场的参与意愿。

假说3b：劳动力转移能够通过降低农户供给端金融排斥程度，从而促进家庭对风险金融资产的持有比例。

假说3c：劳动力转移能够通过降低农户供给端金融排斥程度，从而提升家庭风险金融资产配置的有效性。

4.2.3　不确定性风险对劳动力转移影响家庭风险金融资产配置行为的调节效应

收入和支出的不确定性是阻碍居民金融资产总量快速增长的重要因素之一（Guiso et al.，1996）。已有研究大多基于预防性储蓄理论和缓冲存货模型对家庭储蓄率高而投资消费不足的问题进行了探讨。居民在教育、医疗、住房、就业等方面的收入和支出不确定，导致预防性储蓄增加。居民在不确定因素背景下趋向风险承受度降低、预防性储蓄动机强烈（田岗，2005）；而不确定性低的家庭，其风险市场参与通常较高（韩卫兵等，2016）。

1. 收入不确定性

预防储蓄理论认为，除长期收入，影响居民消费和投资水平的因素还包括未来收入的不确定性（Friedman，1957）。居民对不同类型金融资产的参与程度随他们的收入和财富水平而改变（Calvet et al.，2010）。当家庭收入或财富增加时，预防性储蓄占整个家庭总资产的比例将下降，从而使家庭持有的非存款类金融资产比例相应上升（Campbell and Cocco，2007）。此外，收入不确定性的增加也将使投资者降低对较高风险金融资产的需求，相比较而言，对未来就业、住房、医疗保健和教育等领域的预期越稳定，投资者就越愿意持有较高风险金融资产。因此，收入不确定性越大，家庭就越倾向于预防性储蓄，从而把投资重点放在存款等低风险金融资产（Barberis et al.，2008）。

对于农村地区家庭而言，收入不确定性可能会抑制劳动力转移对家庭投资行为的促进作用。这是因为农村家庭成员相比于城市高技能劳动者，人力资本水平较低，未来收入不确定性较高。对于务农家庭而言，大多以农业收入作为家庭主要收入来源。而务农收入极易受到天气灾害、农产品市场不稳定的影响，进而增加家庭未来收入的不确定性（Chang and Mishra，2008）。伴随城镇化发展，我国农村地区家庭普遍具有土地经营规模小和非农就业收入占比大的特征，这也使农民成为一个集农业生产者和非农劳动者于一体的兼业农民（陆文聪和吴连翠，

2011）。一方面，兼业劳动力受限于农业生产，往往选择就近打零工，很少选择远距离跨区流动，因此其接触的人群、获取的信息相对有限，工作的稳定性很难得到保障；另一方面，有兼业行为的劳动力可能会因为兼顾农业生产，而无法投入更多精力在非农工作中，导致其中断对雇主的劳动力供给、降低非农工作质量等问题，工资水平和稳定性相较于全职非农就业的人群来说往往较低（刘进等，2017）。尤其对于那些以工资收入为主要来源的转移就业群体而言，由于工资拖欠事件频发，工作地点变动频繁，劳动合同规范，劳动权益保障不到位，失业保险参与率低等原因，其收入的不确定性增加，预防性储蓄的动机增强，在一定程度上削弱了劳动力转移对家庭风险金融市场参与的促进作用。

基于此，我们提出如下假说：

假说4a：收入不确定性风险能够弱化劳动力转移对农村家庭风险金融市场参与意愿的促进作用。

假说4b：收入不确定性风险能够弱化劳动力转移对农村家庭风险金融资产持有比例的促进作用。

2. 支出不确定性

与城市相比，农村地区的教育和就业体系还不完善，养老、医疗等社会保障制度还不够健全，导致农村家庭支出存在较大的不确定性。因此，农村家庭不仅面临着较高的收入不确定性，而且深受消费不确定性的困扰。再者，劳动力转移本身就是一个充满风险和不确定性的过程。劳动转移使家庭面临更大的不确定性，为了应对收入波动、失业、医疗保健、教育等不确定性事件，家庭积极进行预防性储蓄，住房、交通等生活费用的固定支出以及医疗保健和教育支出的不确定性进一步加剧。一方面，外出务工人员由于不能在自家居住、无法用田地里的农作物代替基本生活花费。同时，他们在城镇较弱的社会资本也难以像本村乡亲邻里那样为其提供生活扶助。另一方面，由于我国城乡社会保障制度的差异，部分农村劳动力既不能享受城市社会保障，同时也给农村社会保障带来不便，使农村劳动力处于社会保障的灰色地带，进而面临更大的不确定性风险（钱文荣和李宝值，2013）。此外，工作地点经常变动，劳动合同中规定的劳工权益保障不充分，失业保险参与率较低，也使他们不得不以现金支付城镇中较高的开销，从而增加了其不确定性，导致来自劳动力流动的收入增加更多地转化为家庭预防性储蓄，并抑制了劳动力转移对投资行为的推动作用。其中，教育支出不确定性和医疗支出不确定性是农户面临不确定性支出的两个重要方面。

在教育支出方面，越来越多的农村家庭意识到人力资本的重要性。父辈被"再苦不能苦孩子，再穷不能穷教育"等观念所影响，他们希望通过提高他们孩子的教育水平来实现"跳出农门"的愿望，这会更激励他们通过增加储蓄以减缓未来子女教育支出不确定性带来的冲击。

在医疗支出方面，由于劳动力市场的分割，农村地区的劳动力受到人力资本水平低的制约，往往从事重体力劳动和高风险工作。同时，他们又面临收入较低、保险制度不健全等问题。所以，在无法享受基本社会保障和工作福利保障的情况下，农民往往通过大量储蓄以减轻医疗费用不确定带来的影响。

基于此，我们提出如下假说：

假说5a：医疗和教育支出不确定性会弱化劳动力转移对农村家庭风险金融市场参与意愿的促进作用。

假说5b：医疗和教育支出不确定性会弱化劳动力转移对农村家庭风险金融资产持有比例的促进作用。

4.2.4　风险分担对劳动力转移影响家庭风险金融资产配置行为的调节效应

为应对不确定性风险，家庭可能会通过社会保障、商业保险、社会关系网络、预防性储蓄几种手段来应对风险。其中，社会保障和商业保险属于正式风险分担制度，而社会关系网络则属于非正式风险分担机制（王晓全等，2016）。家庭通过以上手段平滑各阶段消费，缓解家庭面临的不确定性，提高家庭风险应对能力。

在正式风险分担方面，社会保险一方面能在很大程度上稳定收入，减少家庭开支的不确定性（谢勇和沈坤荣，2012）。但另一方面，社会保险制度覆盖范围广，受益人群多，主要用于保障居民的基本生活。商业保险是对社会保险的有力补充，可以向被保险人提供最大限度的经济保障，达到社会保险无法达到的保障标准，在很大程度上减少了家庭面临的不确定性，增强了家庭应对风险的能力。

在非正式风险分担方面，基于血缘亲属的非正式风险分担网络作为应对风险冲击的重要方式,能够增强家庭应对风险的能力,促进劳动力转移对家庭投资行为的影响。

1. 基于正式风险分担制度

作为我国社会保障重要组成部分的医疗保险和养老保险制度是家庭应对不确定性风险的重要途径。商业类保险则是对社会保险的有力补充,不但能保障居民的基本生活,而且还能大大减少家庭所面临的不确定性,增强家庭应对风险的能力,促进家庭投资于风险金融资产。

如果健康保险的保障程度有限,不能弥补健康风险可能造成的更大损失,那么家庭在风险金融市场上的参与可能也是有限的(Gormley et al.,2010)。在家庭成员患重大疾病后,家庭的医疗支出往往大幅增加,不仅储蓄和财富减少,而且未来的劳动收入水平也会急剧下降,这就导致家庭资产减少(朱铭来和于新亮,2017)。而在新型农村合作医疗保险(以下简称"新农合")覆盖下的农户只需要承担部分医疗支出,确保家庭未来的财务状况稳定,能够有效保障健康资本。一方面,医疗保险通过减少居民家庭的自付医疗费用,减轻了其医疗费用负担,从而减少了家庭的预防性储蓄动机(Atella et al.,2005);另一方面,医疗保险保障了家庭人力资本稳定,有助于稳定家庭收入,同时可以改变家庭对风险的偏好,提高家庭的风险承受力,鼓励家庭持有风险金融资产。

新型农村社会养老保险在农村地区作为保障老年人基本生活或退休福利的社会制度,虽然会因为养老保险缴费导致居民可支配收入的下降,但从长远来看,养老保险的存在可以减少农民因未来收入或其他事件的不确定性而造成的风险冲击,从而减少人们预防性储蓄(宗庆庆等,2015)。因此,养老保险与储蓄之间存在替代关系,养老保险可刺激居民在现有风险资产上的投资(李昂和廖俊平,2016),对劳动力转移影响投资行为产生促进作用。

作为社会保险的补充,商业保险具有兼具保险增值与保障风险的特点,有效降低了家庭在未来可能面临的不确定风险。家庭的信心会随着未来生活不确定性的降低而增加,预防性储蓄也会减少,家庭会在风险金融市场投入更多资产。因此,商业保险可能会加强劳动力转移对投资行为的推动作用。

基于上述,我们提出如下假说:

假说6a：正式风险分担能够强化劳动力转移对农村家庭风险金融市场参与意愿的促进作用。

假说6b：正式风险分担能够强化劳动力转移对农村家庭风险金融资产持有比例的促进作用。

2. 基于非正式风险分担制度

基于非正式制度的风险分担机制在农村地区较为普遍，受限于农村地区金融市场发展不完善，家庭会因为物质资本和人力资本相对贫乏，缺乏持有正规保险的机会和成本，从而难以获得有效的保障。因此，建立以社会网络为基础的非正规风险分担机制，已成为农户平滑消费、提高风险应对能力、促进家庭投资风险金融资产的重要途径。

在家庭面临投资失败风险时，社会网络可以提供物质和精神支持。家庭可以得到亲友的帮助，冲减其遭受损失的消极效用，减少家庭对风险的厌恶程度，提高农户承担风险的能力，从而可以推动家庭参与金融投资（孙武军和林惠敏，2018）。以社会网络为主要表现形式的非正式风险分担制度与正式制度之间存在相互替代、相互补充的关系，具有风险分担的功能。基于此，我们提出如下假说：

假说7a：非正式风险分担能够强化劳动力转移对农村家庭风险金融市场参与意愿的促进作用。

假说7b：非正式风险分担能够强化劳动力转移对农村家庭风险金融资产持有比例的促进作用。

67

4.3　本　章　小　结

本章首先基于效应最大化分析框架下，采用幂函数效用函数，将风险态度和参与成本引入到数理模型中，构建了劳动力转移对家庭金融资产配置的理论模型。具体思路为：劳动力转移能够降低投资者的参与成本和风险厌恶水平，进而影响投资者的最优投资比例。在此基础上，根据劳动力转移的特征，进一步分析了劳动力转移对家庭资产配置行为和资产配置有效性的可能影响机制，以及不确定性风险与风险分担的调节作用，并提出了相关的研究假说。

第5章 劳动力转移对农村家庭金融资产配置行为的影响

中国曾经是一个典型的农业主导的发展中国家，在相当长的一段时间内农业人口占中国人口比重中的绝大部分。随着规模农业的产生和乡镇企业的兴起，越来越多农民选择转移就业。劳动力转移就业的发展为农户积累人力资本、经济资本和社会资本创造了条件。劳动力转移就业不仅意味着职业身份的改变，对于个体思想观念的转变、投资意识的提升以及风险承担能力增强都会带来独特的影响。

本部分主要就劳动力转移影响家庭参与风险金融市场和金融资产持有比例的作用进行实证分析。首先，本书基于参与意愿、配置水平两个维度检验劳动力转移对农村家庭金融资产配置的影响；其次，克服了模型可能存在的内生性问题、自选择偏误、时间不一致等问题，并对以上问题进行了稳健性检验；最后，就其异质性进行了进一步分析。

5.1 样本和数据来源

本书所用数据主要来自西南财经大学中国家庭金融调查与研究中心发布的 2017 年中国家庭金融调查（China Household Finance Survey，CHFS），数据质量高，代表性强。

5.1.1 基本情况

CHFS 从微观层面收集了家庭相关信息，包括：住房资产和财富、负债和信贷约束、收入和消费、社会保障和保险、转移支付、人口特征和就业等方面的信息。家庭样本 2011 年为 8438 户，2013 年为 28141户，2015 年至 2017 年样本规模扩大到 40000 多户，分布在全国除新疆维吾尔自治区、西藏自治区和港澳台地区外 29 个省份、355 个区县、1428 个社区，具有全国、省级和副省级城市代表性（甘犁等，2013）。

5.1.2　抽样设计

CHFS 的抽样设计包括整体抽样方案和绘图与末端抽样方案。为确保样本的随机性和代表性，达到研究家庭资产配置、消费储蓄等行为的目的，抽样同时要满足以下三个条件：第一，经济发达地区的样本比例较高；第二，城镇地区的样本比例较高；第三，样本地理分布较为均匀。因此，CHFS 的整体抽样方案采用了分层、三阶段与规模度量成比例（PPS）的抽样方案。

（1）第一阶段抽样。

第一阶段抽样的目标是在 2585 个市县中抽样调查 80 个市县。为了实现地理分布均匀、富裕地区样本不能过少的目标，将 2585 个市县按人均 GDP 分为 10 个层次，每一层次以市县人口数为权重，用 PPS 抽取8 个市县，共抽取 80 个市县，样本覆盖全国 25 个省份。

另外，为评估样本在上述抽样方案下的地理分布，上述分层 PPS 抽样流程通过随机模拟方法重复 1000 次，得到样本的平均地理分布（以东部、中部和西部城市占样本总体的比例衡量）。最后抽取的样本覆盖25 个省份的 80 个市县，其中东部、中部和西部各占比例为 32∶27∶21。

（2）第二阶段抽样。

第二阶段抽样的目标是从市县抽取居委会/村委会样本。合理分配城乡样本比例是抽样工作的关键所在。鉴于我国非农业人口众多，如果按非农业人口所占比例等额分配城乡样本，就会出现城镇样本不足的现象。鉴于 CHFS 项目的研究主题是居民资产配置等家庭金融行为，因此样本的分配必须遵循一定的原则，以达到多点抽样的目的。实施方法为：①以各市县非农业人口比例为单位，按非农人口比重 20%、40%、60% 和 80% 比重的分位数将各市县分为 4 组。②在市县非农业人口比例最高的群体中，居委会和村委会的抽样比例为 4∶1。③非农人口比重较大的市县组，居委会和村委会分配样本的比例为 3∶1。④在非农人口比例最

69

低的市县组中，居委会和村委会的抽样比例为1∶4。

在此基础上，在既定市/县内建立了城镇和农村两个抽样框。居委会和村委会的样本数是已知的，因而可根据各居委会（村委会）的户数分别进行 PPS 抽样。最终在 320 个居委会/村委会中，城镇和农村的抽样比例分别为 181∶139 和 181∶139。

（3）第三阶段抽样。

第三阶段是末端抽样阶段。目标是从给定居委会/村委会的家庭名单中抽取所访问家庭。本阶段抽样时，农村抽样调查户数统一设为 20户。在城市地区，以社区的平均房价信息作为衡量该社区富裕程度的指标。基于此，根据房价高低，社区被分为四个群体，50 户样本分配给房价最高的群体，25 户样本分配给房价最低的群体，以便进一步抽取富裕家庭。

末端抽样是在绘制住宅分布图和编制住户清单的基础上，以"住宅分布地理信息"为抽样框，采用等距抽样的方法。在此基础上计算抽样间隔，确定随机起点，确定抽样调查对象，最后抽取终端样本。

5.2 模型与变量

5.2.1 模型构建

为验证前文所提出的假设，本书将对劳动力转移与农村家庭风险金融市场参与情况及风险金融资产持有比例进行实证分析，对此本书将分别采用如下模型进行验证。

1. Probit 模型

在分析农村地区家庭对金融市场参与概率的问题时，考虑到这是一个二值选择问题，因此按照多数文献的方法，本书运用 Probit模型分析劳动力转移对家庭金融资产参与概率的影响，构造 Probit模型如下：

$$\text{pro}(Y_i = 1) = \Phi(\alpha_1 \text{Job}_i + \beta_1 X + \mu_{1i}) \tag{5.1}$$

在式（5.1）中，Y_i 是反映农户风险金融市场参与的虚拟变量，如果受访农户家庭参与了风险金融资产投资则取值为 1，否则取值为 0。Job$_i$ 表示户主是否发生转移就业，如果发生就取值为 1，否则为 0；X 是一组控制变量，μ_{1i} 为随机扰动项。

2. Tobit 模型

关于金融资产持有比例问题，只有在家庭持有金融资产的情况下，才能观察到风险金融资产占家庭金融资产的比重。如果家庭没有持有，那么这个值就不能被观察到，即为零。所以当这种具有截断特征的变量作为解释变量时，传统的线性回归模型不再适用，需要采用截断回归模型。因此，本书采用 Tobit 模型分析劳动力转移对农户家庭金融资产占比的影响。构造 Tobit 模型如下：

$$Y_i^* = \alpha_2 Job_i + \beta_2 X + \mu_{2i}, \quad Y_i^* = \max\{0, \ Y_i^*\} \tag{5.2}$$

在式（5.2）中，Y_i^* 表示家庭风险金融资产占金融资产的比重，Job$_i$ 和 X 的含义与 Probit 模型相同，μ_{2i} 为随机扰动项。

5.2.2　变量选取

1. 被解释变量

本书以农村家庭金融市场参与概率和金融资产配置状况为研究对象，主要研究了家庭风险金融资产，特别是股票、基金、公司债券、金融债券、理财产品和外汇产品等家庭风险金融资产。鉴于此，考察的变量包括"风险金融市场参与意愿""风险金融资产持有比例"。风险金融市场参与意愿是指家庭是否参与风险金融市场，风险金融资产持有比例为风险金融资产占金融资产的比重。

2. 解释变量

劳动力转移是我国城乡二元结构面临的突出问题。张红宇（2011）将农村劳动力转移分为产业转移和地区转移。产业转移指的是由农业向第二、第三产业转移，即"离土不离地"；地区转移则指某一地区的农村劳动力向另一地区转移，即"离土离地"。本书参考蔡昉（2001）的研究，将研究重点放在地区转移上。以户主是否发生过地区转移就业（含现在外出就业及曾经外出就业经历）作为解释变量，如果有则取值为 1，否则取值为 0。

3. 控制变量

本书所选择的控制变量主要是户主特征变量、家庭特征变量和地区特征变量（见表5–1）。

表5–1   变量列表

变量名	说明
风险金融资产参与	持有风险金融资产取1，否则取0
风险金融资产占比	风险金融资产/金融资产
劳动力转移	户主现在或曾经外出就业取1；否则取0
年龄	户主的年龄
教育年限	根据户主的受教育程度折算成受教育年限
健康程度	与同龄人相比，身体健康状况如何，分为非常不好、不好、一般、好、非常好，分别赋值1~5
婚姻状况	已婚取值为1，否则取0
性别	男性取1，女性取0
少儿抚养比	14岁以下子女在家庭人口中所占比例
老年抚养比	65岁以上老年人在家庭人口中所占比例
创业	针对问题"家庭是否从事个体经营或工商业经营项目"，如果回答"是"，则视为有创业行为并赋值1，反之，赋值为0
家庭收入（万元）	家庭人均收入取对数
家庭总资产（万元）	家庭总资产取对数
地区GDP（亿元）	地区生产总值（省级）

户主特征变量包括户主的年龄、教育年限（根据户主的受教育水平折算成年限）、健康程度（根据主观回答分为不健康、一般健康、比较健康、很健康、非常健康五个等级，分别赋值1~5）、婚姻状况（已婚取值为1）、性别（男性为1）。家庭特征变量包括少儿抚养比（家庭中14岁以下成员占家庭总人数的比重）、老年抚养比（家庭中65岁以上成员占家庭总人数的比重）、家庭是否有自主创业行为、家庭人均收入和家庭总资产。地区特征变量为家庭所在省份的地区生产总值。此外，考虑极端值的影响，对家庭总收入和总资产变量进行了取对数处理，并在1%和99%的水平上进行了缩尾。此外，数据处理中剔除了相关缺失值，最终筛选出9346个农户家庭样本用于进一步的实证检验分析。

5.2.3　描述性统计

为了方便比较，表 5 - 2 列出了全样本和劳动力转移样本相关变量的描述性统计结果。从表 5 - 2 中可以看出，户主转移就业的样本占比为 19.35%，但在全样本中有家庭成员外出务工的家庭占比为 38.65%，表明中国大部分农村地区，农村家庭户主仍选择留守在当地，外出打工多为家庭其他成员（或更年轻的成员）。户主未发生劳动力转移样本中的风险金融资产参与率及风险金融资产占比仅为 2.54% 和 0.71%，劳动力转移样本中这两项指标上升近两倍至 5.71% 和 1.30%，反映出户主转移就业的家庭风险金融市场参与比例及风险金融资产配置水平相较于普通农村家庭有所提升。

表 5 - 2　　　　　　　　　变量描述性统计结果

变量名	均值比较			全样本标准差	全样本最小值	全样本最大值
	全样本 N = 9346	劳动力转移 N = 1808	未转移 N = 7538			
风险金融资产参与	0.0314	0.0571	0.0254	0.17	0.00	1.00
风险金融资产占比	0.0083	0.0130	0.0071	0.07	0.00	1.00
年龄	52.45	49.54	53.13	8.88	18.00	65.00
教育年限	7.50	7.97	7.39	3.31	0.00	19.00
健康程度	3.21	3.27	3.20	1.04	1.00	5.00
婚姻状况	0.90	0.92	0.89	0.31	0.00	1.00
性别	0.90	0.95	0.89	0.30	0.00	1.00
少儿抚养比	0.09	0.11	0.08	0.15	0.00	0.80
老年抚养比	0.26	0.29	0.25	0.40	0.00	1.00
是否创业	0.11	0.12	0.10	0.31	0.00	1.00
家庭收入（万元）	10.07	10.29	10.01	1.34	6.62	12.14
家庭总资产（万元）	11.87	12.08	11.82	1.57	7.44	16.21
地区 GDP（亿元）	32.39	33.29	32.18	23.12	2.62	89.71

从其他变量来看，户主年龄均值为 52.45 岁，平均受教育年限为 7.5 年，大约是初中水平，可见样本中农村地区户主受教育程度普遍较低且年龄以中年为主。对比发生劳动力转移家庭和未发生劳动力转移样本，我们可以明显看出，劳动力转移样本在年龄和教育程度上相对于未发生劳动力转移样本来说更具优势。但是，家庭人均收入和资产均略高于未发生转移就业家庭，且发生转移就业家庭在少儿抚养比上略高，可能的原因可以从两方面来分析：一方面是外出动机，户主外出务工家庭普遍家庭抚养压力较大，虽然拥有土地但无法依靠务农而获取更多的收入以满足家庭基本消费需求，因此可能被动选择转移就业，而不是因为自身能力强而主动外出务工；另一方面是劳动力转移成本，传统理论认为劳动力发生转移是因为地区间存在工资差异，但是如果考虑发生转移的成本，那么转移就业人员的收入对家庭经济的影响可能就变得不那么显著。

5.3 劳动力转移对农村家庭金融市场参与意愿的影响

表 5-3 给出了户主转移与家庭风险金融资产参与概率的关系。第（1）列到第（4）列逐步加入户主特征变量、家庭特征变量和地区特征变量，用 Probit 模型对家庭风险金融市场参与概率进行了估计，最终得到回归结果。此外，考虑到可能存在的多重共线性问题，本书采用方差膨胀因子诊断进行解决。结果表明，单个变量的方差膨胀因子最大为 1.34，膨胀因子的均值为 1.16，低于一般建议的水平值 10，说明变量之间不存在多重共线性问题。

表 5-3　　劳动力转移对农户家庭金融市场参与概率的影响

	（1）	（2）	（3）	（4）
	Probit	Probit	Probit	Probit
劳动力转移	0.026 *** (0.005)	0.021 *** (0.006)	0.020 *** (0.006)	0.020 *** (0.006)

	（1）	（2）	（3）	（4）
	Probit	Probit	Probit	Probit
年龄		-0.001 *** (0.000)	-0.001 *** (0.000)	-0.001 *** (0.000)
教育年限		0.004 *** (0.001)	0.002 *** (0.001)	0.002 *** (0.001)
健康程度		0.008 ** (0.003)	0.002 (0.002)	0.001 (0.002)
婚姻状况		0.013 (0.009)	-0.001 (0.008)	-0.001 (0.008)
性别		-0.006 (0.008)	-0.005 (0.007)	-0.005 (0.007)
少儿抚养比			-0.012 (0.015)	-0.012 (0.015)
老年抚养比			-0.005 (0.005)	-0.006 (0.005)
是否创业			0.017 *** (0.006)	0.017 *** (0.006)
家庭收入			0.010 ** (0.005)	0.010 ** (0.005)
家庭总资产			0.013 *** (0.003)	0.013 *** (0.003)
地区 GDP				0.000 (0.000)
N	9346	9346	9346	9346
R	0.09	0.16	0.25	0.25

注：*、**、*** 分别表示在 10%、5%、1% 水平上显著，括号内为聚类异方差稳健标准误（按省级层面聚类分析，避免异方差和组内自相关），表中报告的是估计结果的边际效应，本章以下表格中 * 含义相同，不再赘述。

　　首先，对解释变量进行分析。表 5~3 第（1）~（4）列的结果表明，当模型中只有自变量时，劳动力转移的回归系数为 0.026，在 1% 水平上显著。加入控制变量后，劳动力转移的估计系数为 0.020，在 1% 水平上显著。说明户主转移就业对风险金融市场参与概率具有显著的正向影响，假说 1a 得到验证。

　　其次，对其他控制变量进行进一步分析。从户主个人特征来看，年龄的估计系数为负，表明随着户主年龄的增长，家庭会降低对风险金融资产的配置水平。户主的教育程度同家庭风险金融资产配置行为成正比，说明随着户主受教育程度的提高，更容易学习金融知识和全面理解金融产品，家庭面临的自我金融排斥现象也会减少。同时，教育水平的提高使家庭更有能力与信心参与风险金融市场，力图获得较高的投资收益，从而促进了家庭资产配置多元化，提高了投资意识和资产配置水平。

　　从家庭特征来看，抚养比对是否参与金融市场产生负向影响，但并不显著。家庭是否创业对风险金融市场参与产生正向影响，从投资者的风险偏好角度出发分析，创业者往往具有较高的风险偏好（尹志超等，2015），有创业行为的家庭往往会增加对股票等风险资产的投资（肖忠意等，2018），因此有创业行为的转移劳动力可能会由于风险偏好而进一步增加对风险金融市场的参与。家庭收入和资产都对家庭风险金融资产配置行为产生显著正向影响，这也与现有大多数研究结论一致（郭士祺，2014），家庭财富的增加使家庭能够承担进入金融市场发生的固定成本（Vissing – Jorgensen，2002），进而提高家庭参与风险金融市场的可能性；此外，收入和资产的增加也会通过缓解财富约束进而提高家庭对风险资产的配置比例。

　　从地区特征来看，地区 GDP 水平与家庭风险金融市场参与概率的估计系数均为正。一方面，经济发达地区的农村居民总体收入水平较高，财富水平较高。另一方面，经济发达地区的金融市场发展更好，能够提供良好的投资环境，便利的金融服务，金融机构金融产品创新能力更强，更能针对实际需要创新符合居民需要的金融产品，丰富了金融产品选择，从而提高居民参与股市的可能性。

5.4　劳动力转移对农村家庭金融资产配置水平的影响

　　劳动力转移不但会对家庭是否参与风险金融市场产生影响，还可能会影响家庭参与的深度，即对家庭在各种金融资产上的配置比例产生影响。表 5 - 4 给出了户主转移就业与家庭资产配置占比的关系。第（1）~（4）列用 Tobit 模型进行了估计。

表 5 - 4　　　　　劳动力转移对农户家庭金融资产占比的影响

	（1）	（2）	（3）	（4）
	Tobit	Tobit	Tobit	Tobit
劳动力转移	0.294 *** （0.077）	0.233 *** （0.083）	0.220 *** （0.083）	0.216 ** （0.084）
年龄		- 0.007 *** （0.003）	- 0.006 ** （0.002）	- 0.007 *** （0.003）
教育年限		0.048 *** （0.012）	0.030 *** （0.011）	0.028 *** （0.010）
健康程度		0.078 ** （0.031）	0.009 （0.031）	0.002 （0.031）
婚姻状况		0.195 ** （0.089）	0.053 （0.082）	0.054 （0.081）
性别		- 0.058 （0.082）	- 0.040 （0.082）	- 0.039 （0.082）
少儿抚养比			- 0.157 （0.139）	- 0.155 （0.139）
老年抚养比			- 0.076 * （0.044）	- 0.079 * （0.043）
是否创业			0.180 *** （0.047）	0.173 *** （0.045）

	(1)	(2)	(3)	(4)
	Tobit	Tobit	Tobit	Tobit
家庭收入			0.113 ** (0.048)	0.111 ** (0.048)
家庭总资产			0.133 *** (0.025)	0.131 *** (0.024)
地区 GDP				0.003 * (0.002)
N	9346	9346	9346	9346
R	0.10	0.17	0.24	0.24

表5-4中数据显示，劳动力转移的估计系数在1%置信水平下显著正相关。这表明转移就业会显著提高家庭持有风险金融资产的水平。假说1b得到验证。对其他变量进行考察可以看到，户主的教育程度、家庭收入和资产对风险金融资产占比的影响均显著为正，这与已有研究结论基本一致。富裕家庭较少受到流动性约束的限制，因此有能力配置更多的风险金融资产。

5.5 稳健性检验

为了检验上述研究结论的可靠性，我们做了如下检验。第一，针对模型可能存在的内生性问题，选择工具变量估计。第二，考虑到模型可能存在的自选择偏误，我们进一步利用内生转换模型进行了估计。第三，我们合并2015年数据库，运用面板数据解决了时间不一致的问题。第四，我们从变量和样本选取的角度做了若干工作：一是采用"家庭中是否有成员外出就业"及"有转移就业经历的家庭成员占家庭总人数的比重"作为户主有外出工作经历的代理变量；二是剔除了贫困户的样本进行了进一步验证。

5.5.1　应对反向因果和遗漏变量导致的内生性问题：工具变量法

劳动力转移可能会存在反向因果问题，投资于风险金融资产的家庭往往更加偏好风险，而这也会导致家庭成员为了寻求更多发展机会而外出就业。此外，本书还可能存在遗漏变量的问题，当地居民行为习惯等问题无法准确衡量，由此可能引起内生性偏差。

因此，考虑到解释变量内生性问题，本书引入工具变量进行了估计。考虑到普通的 IVProbit 实际上只能处理解释变量是连续性的数据，难以较好地解决离散性数据的内生性问题，因此本书运用伍德里奇（Wooldridge，2014）提出的稳健模型，克服了模型设定问题。表 5 - 5 报告了劳动力转移与被解释变量的残差相关性，其系数均显著，表明模型确实存在一定的内生性问题。

表 5 - 5　　劳动力转移对农户家庭金融资产占比的影响

	(1)	(2)
	IVProbit	IVTobit
劳动力转移	0.001 *** (0.000)	0.014 *** (0.001)
年龄	- 0.001 *** (0.000)	- 0.008 *** (0.002)
教育年限	0.002 *** (0.001)	0.026 *** (0.009)
健康程度	0.001 (0.002)	0.017 (0.025)
婚姻状况	- 0.001 (0.008)	- 0.004 (0.097)
性别	- 0.005 (0.007)	- 0.060 (0.072)

续表

	（1）	（2）
	IVProbit	IVTobit
少儿抚养比	−0.012 (0.016)	−0.108 (0.168)
老年抚养比	−0.006 (0.005)	−0.066 (0.054)
是否创业	0.017 *** (0.005)	0.170 *** (0.054)
家庭收入	0.010 ** (0.004)	0.111 ** (0.050)
家庭总资产	0.013 *** (0.003)	0.141 *** (0.024)
地区 GDP	0.000 (0.000)	0.002 (0.001)
N	9346	9346
不可识别检验	464.993	464.993
一阶段估计 F 值	511.863	511.863
工具变量 t 值	25.29	63.36
残差相关性	−0.012 ***	−0.011 ***

我们选取"同县市除自身外家庭其他外出打工家庭占比的平均值"作为工具变量进行估计，同市的外出比率会影响个人作出是否外出的决定，但是和个体家庭金融资产配置行为无关。不可识别检验表明 Kleibergen – Paaprk LM 统计量 = 464.993，p = 0.000，强烈拒绝不可识别的原假设，工具变量与内生变量强相关。工具变量 t 值分别为 25.29 和 63.36，第一阶段估计的 F 值为 511.863，大于 10% 偏误下的临界值 16.38（Stock and Yogo，2005），因此不存在弱工具变量问题。在第（1）列和第（2）列的估计中，工具变量的估计系数为 0.001 和 0.014，均在 1% 的水平上显著，户主转移就业对家庭风险金融资产配置行为的正向影响得到进一步验证。

5.5.2 应对自选择偏误：内生转换模型

考虑到农户会根据自身条件选择是否转移就业，而转移就业决策可能受到某些不可预测因素的影响，这些因素又与家庭是否参与金融市场的决策相关，从而产生样本自选择问题导致的估计偏误。因此，我们参考苏岚岚和孔荣（2020）的方法，使用昌达和马达拉（Chanda and Maddala，1983）提出的内生转换模型检验家庭金融资产占比这一结果的稳健性。此外，由于"是否参与金融市场"是二元选择变量，因此，我们采用内生转化概率模型解决该问题，得到结果如表 5 - 6 和表 5 - 7 所示。

表 5 - 6　　　　劳动力转移对农户家庭金融资产行为的影响

	选择方程	结果方程：金融市场参与		选择方程	结果方程：金融资产占比	
	劳动力转移	转移	未转移	劳动力转移	转移	未转移
	（1）	（2）	（3）	（4）	（5）	（6）
年龄	- 0.024 *** (0.002)	- 0.010 (0.006)	- 0.013 *** (0.004)	- 0.002 *** (0.000)	- 0.000 * (0.000)	- 0.020 *** (0.001)
教育年限	0.010 ** (0.005)	0.029 (0.018)	0.042 *** (0.011)	0.001 ** (0.000)	0.001 *** (0.000)	0.011 ** (0.005)
健康程度	- 0.024 * (0.014)	0.089 * (0.048)	- 0.017 (0.034)	- 0.002 (0.001)	- 0.000 (0.001)	- 0.018 (0.014)
婚姻状况	0.063 (0.052)	0.374 (0.230)	- 0.171 (0.122)	0.007 (0.005)	- 0.006 *** (0.002)	0.081 (0.051)
性别	0.340 *** (0.057)	- 0.283 (0.229)	- 0.021 (0.116)	0.023 *** (0.005)	- 0.001 (0.002)	0.259 *** (0.055)
少儿抚养比	0.305 *** (0.101)	- 0.636 * (0.340)	0.014 (0.240)	0.031 *** (0.009)	0.001 (0.005)	0.350 *** (0.095)
老年抚养比	0.120 *** (0.037)	- 0.215 * (0.126)	- 0.049 (0.082)	0.008 ** (0.003)	0.000 (0.002)	0.084 ** (0.036)
是否创业	- 0.050 (0.047)	0.473 *** (0.112)	0.178 ** (0.078)	0.006 (0.004)	0.009 *** (0.002)	0.071 (0.044)

	选择方程	结果方程：金融市场参与		选择方程	结果方程：金融资产占比	
	劳动力转移	转移	未转移	劳动力转移	转移	未转移
	(1)	(2)	(3)	(4)	(5)	(6)
家庭收入	0.055 *** (0.012)	0.016 (0.039)	0.260 *** (0.034)	0.004 *** (0.001)	0.003 *** (0.001)	0.048 *** (0.011)
家庭总资产	0.030 *** (0.011)	0.192 *** (0.044)	0.204 *** (0.028)	0.003 *** (0.001)	0.003 *** (0.000)	0.031 *** (0.009)
地区 GDP	0.000 (0.001)	0.002 (0.002)	0.004 *** (0.001)	0.000 *** (0.000)	0.000 * (0.000)	0.002 *** (0.001)
同县市其他家庭转移就业	2.773 *** (0.121)			0.001 *** (0.000)		
误差项相关系数 1		− 0.311 ***			− 2.414 ***	
误差项相关系数 2			− 0.250 ***			− 2.778 ***
方程独立性检验 LR		4.45 ***			4375.65 ***	
模型拟合优度检验		886.02 ***			772.72 ***	
N		9346			9346	

表 5 – 7   劳动力转移对农户家庭金融资产行为的影响

	发生劳动力转移		未发生劳动力转移		ATT	ATU
平均金融市场参与						
发生劳动力转移	(a1)	0.057 (0.001)	(c1)	0.044 (0.001)	0.010 *** (0.009)	—
未发生劳动力转移	(d1)	0.067 (0.002)	(b1)	0.057 (0.001)	—	0.012 *** (0.001)
平均金融资产配置						
发生劳动力转移	(a1)	0.048 (0.005)	(c1)	0.122 (0.001)	0.039 *** (0.002)	—
未发生劳动力转移	(d1)	0.008 (0.009)	(b1)	0.007 (0.000)	—	0.129 *** (0.000)

表5-6为农户转移就业决策和家庭资产配置模型联立估计结果。两阶段方程独立性 LR 检验在1%的水平上拒绝了选择方程和结果方程相互独立的原假设。模型拟合优度 Wald 检验在1%水平上显著，误差项相关系数均在1%水平上显著，表明金融资产配置行为方程存在样本选择偏差。

表5-7为转移就业决策对金融资产配置行为的处理效应分析。结果表明，农户转移就业与家庭金融资产配置行为的平均处理效应均在1%水平上存在显著正向影响。在考虑反事实的假设下，当发生转移就业农户没有选择转移就业时，家庭金融市场参与概率将下降；当未发生转移就业的农户转移就业时，家庭金融市场参与概率将上升。对于家庭资产配置比例来说，该结论依然成立。

5.5.3　应对时间不一致问题

数据可能存在时间的匹配问题，即劳动力转移是当年发生的，但参与金融市场或配置金融资产行为可能是早年沿袭下来的结果，由此会导致估计有偏。鉴于此，我们参照李丁等（2019）的做法，使用2015～2017 年中国家庭金融调查（CHFS）数据，来解决由于时间匹配而产生的逻辑问题。

第一种方法是使用2015 年没有参与金融市场但是2017 年参与金融市场的子样本进行回归，从而解决时间不一致的问题。最终结果如表5-8第（1）列和第（3）列所示，可以看出劳动力转移对风险金融市场参与概率的估计系数为0.017，对风险金融资产持有比例的估计系数为0.190，均在5%置信水平上显著。结论与前文一致，检验结果是稳健的。

表5-8　劳动力转移对农户家庭金融资产配置影响的稳健性检验

	风险金融市场参与概率		风险金融资产占比	
	（1）	（2）	（3）	（4）
	Probit	xtProbit	Tobit	xtTobit
劳动力转移	0.017 ** (0.007)	0.247 *** (0.072)	0.190 ** (0.078)	0.067 * (0.035)

	风险金融市场参与概率		风险金融资产占比	
	（1）	（2）	（3）	（4）
	Probit	xtProbit	Tobit	xtTobit
年龄	−0.001 ** (0.000)	−0.016 *** (0.003)	−0.008 ** (0.003)	−0.008 *** (0.002)
教育年限	0.002 ** (0.001)	0.033 *** (0.008)	0.018 ** (0.009)	0.013 *** (0.004)
健康程度	0.002 (0.002)	0.031 (0.029)	0.032 (0.024)	−0.009 (0.014)
婚姻状况	0.006 (0.010)	−0.036 (0.118)	0.081 (0.137)	−0.066 (0.057)
性别	−0.007 (0.008)	−0.104 (0.099)	−0.067 (0.092)	−0.092 ** (0.046)
少儿抚养比	−0.017 (0.013)	−0.125 (0.179)	−0.175 (0.150)	−0.138 (0.089)
老年抚养比	−0.010 (0.007)	−0.136 (0.084)	−0.092 (0.094)	−0.177 *** (0.043)
是否创业	0.019 *** (0.005)	0.168 *** (0.060)	0.232 *** (0.069)	0.013 (0.029)
家庭收入	0.007 (0.005)	0.183 *** (0.026)	0.076 (0.056)	0.065 *** (0.012)
家庭总资产	0.011 *** (0.003)	0.333 *** (0.029)	0.141 *** (0.027)	0.118 *** (0.012)
地区 GDP	0.000 (0.000)	0.006 *** (0.001)	0.001 (0.001)	0.001 (0.001)
N	9059	17348	9059	17348
R	0.15	—	0.16	—

第二种方法是使用 2015 年和 2017 年的面板数据替代截面数据进行回归，通过控制无法观测的不随时间变化的量来消除因为遗漏变量而产

生的内生性问题，最终得到的回归结果见表 5 - 8 第（2）列和第（4）列。劳动力转移对风险金融市场参与概率的估计系数为 0.247，对风险金融资产持有比例的估计系数为 0.067，均显著为正。以上结果均表明，劳动力转移对家庭参与风险金融资产配置行为影响显著为正，结论与前文一致，检验结果是稳健的。

5.5.4 应对劳动力转移的界定问题

如前所述，地区转移指某一地区的农村劳动力向另一地区转移，即"离土离地"；产业转移指的是由农业向第二、第三产业转移，即"离土不离地"。前文主回归将研究重点放在地区转移上。本部分劳动力的产业转移作为代理变量，进一步研究。本部分以户主是否从事第二、第三产业作为解释变量，如果从事则取值为 1；否则取值为 0。得到结果如表 5 - 9 第（1）列和第（4）列所示。结果表明，劳动力转移的估计系数在 1% 置信水平下显著正相关，这表明产业转移就业也会显著提高家庭参与风险金融市场的概率和持有风险金融资产的水平。

表 5 - 9　　劳动力转移对农户家庭金融资产配置影响的稳健性检验

	风险金融市场参与概率			风险金融资产占比		
	（1）	（2）	（3）	（4）	（5）	（6）
	Probit	Probit	Probit	Tobit	Tobit	Tobit
劳动力转移	0.011 ** (0.004)	0.019 *** (0.006)	0.017 *** (0.005)	0.117 *** (0.045)	0.196 *** (0.053)	0.169 *** (0.034)
年龄	- 0.001 *** (0.000)	- 0.001 *** (0.000)	- 0.001 *** (0.000)	- 0.009 *** (0.002)	- 0.009 *** (0.002)	- 0.010 *** (0.002)
教育年限	0.002 *** (0.001)	0.002 *** (0.001)	0.002 *** (0.001)	0.023 ** (0.009)	0.026 *** (0.009)	0.027 *** (0.009)
健康程度	0.001 (0.002)	0.002 (0.002)	0.002 (0.002)	0.016 (0.023)	0.023 (0.025)	0.021 (0.027)
婚姻状况	- 0.000 (0.008)	- 0.003 (0.008)	0.001 (0.009)	0.007 (0.094)	- 0.026 (0.095)	0.009 (0.105)

	风险金融市场参与概率			风险金融资产占比		
	（1）	（2）	（3）	（4）	（5）	（6）
	Probit	Probit	Probit	Tobit	Tobit	Tobit
性别	-0.003 (0.007)	-0.004 (0.007)	-0.005 (0.007)	-0.039 (0.076)	-0.048 (0.072)	-0.059 (0.072)
少儿抚养比	-0.008 (0.014)	-0.012 (0.015)	0.000 (0.014)	-0.067 (0.157)	-0.105 (0.160)	0.020 (0.159)
老年抚养比	-0.005 (0.005)	-0.006 (0.005)	0.002 (0.005)	-0.061 (0.052)	-0.064 (0.055)	0.009 (0.057)
是否创业	0.017*** (0.005)	0.017*** (0.006)	0.017*** (0.005)	0.171*** (0.054)	0.174*** (0.053)	0.178*** (0.053)
家庭收入	0.010** (0.004)	0.009* (0.005)	0.013*** (0.003)	0.115** (0.046)	0.098* (0.054)	0.153*** (0.025)
家庭总资产	0.012*** (0.003)	0.013*** (0.003)	0.011*** (0.002)	0.130*** (0.023)	0.145*** (0.024)	0.125*** (0.018)
地区 GDP	0.000 (0.000)	0.000 (0.000)	0.000 (0.000)	0.002 (0.001)	0.002 (0.001)	0.002 (0.001)
N	9346	9346	9346	9346	9346	9346
R	0.18	0.18	0.19	0.16	0.15	0.16

5.5.5 应对变量选择问题

首先，本书采用"是否有家庭成员外出就业经历"和"有转移就业经历的家庭成员占家庭总人数的比重"作为户主有外出工作经历的代理变量，进一步检验劳动力转移对家庭金融资产配置影响结果的稳健性。

估计结果如表 5-9 第（2）列和第（5）列所示，家庭成员外出就业经历对家庭参与风险金融市场概率和风险金融资产占比的估计系数分别为 0.019 和 0.196，均在 1% 置信水平下显著。表 5-9 第（3）列和第（6）列数据显示，有转移就业经历的家庭成员占比对家庭参与风险金融市场概率和风险金融资产占比的估计系数分别为 0.017 和 0.169，均在 1% 置信水平下显著。其他变量的估计结果也与前文的估计结果相吻合，检验结果是稳健的。

5.5.6 应对样本选择问题

考虑到农村地区家庭可能因为收入低、没有存款，从而缺少投资需求。我们将问卷中贫困户样本剔除，仅考虑有投资需求的农村家庭，进行稳健性检验。最终得到结果如表 5 - 10 第（1）列和第（2）列所示，结果均显著为正，进一步验证了结果的稳健性。

表 5 - 10　　劳动力转移对农户家庭金融资产配置影响的稳健性检验

	（1）	（3）
	Probit	Tobit
劳动力转移	0.024 *** (0.008)	0.199 *** (0.069)
年龄	-0.001 *** (0.000)	-0.007 *** (0.003)
教育年限	0.002 ** (0.001)	0.019 ** (0.008)
健康程度	0.001 (0.003)	0.012 (0.024)
婚姻状况	-0.001 (0.013)	-0.012 (0.136)
性别	-0.008 (0.009)	-0.078 (0.077)
少儿抚养比	-0.011 (0.017)	-0.047 (0.167)
老年抚养比	-0.010 (0.007)	-0.090 (0.069)

	（1）	（3）
	Probit	Tobit
是否创业	0. 020 *** (0. 006)	0. 178 *** (0. 051)
家庭收入	0. 010 * (0. 006)	0. 104 * (0. 053)
家庭总资产	0. 016 *** (0. 003)	0. 147 *** (0. 024)
地区 GDP	0. 000 (0. 000)	0. 001 (0. 002)
N	8939	8939
R	0. 18	0. 19

5.6 异质性分析

第4章的回归结果表明户主转移就业对家庭参与投资性金融资产配置有着积极影响，但该结果是基于全部农村地区居民样本的平均观察。劳动力转移对家庭资产配置行为的影响是否在不同的群体中有所差异？按照劳动力的个体异质性、家庭经济状况异质性对样本分别进行回归分析有助于回答上述问题。此外，转移程度不同对家庭资产配置行为的影响也可能大相径庭，本书对此也加以关注并进行针对性分析。

5.6.1 劳动力特征的异质性分析

首先，我们考虑转移劳动力个人特征的问题，重点考察了年龄特征和教育特征两方面的不同影响。

1. 年龄特征

尽管户主转移就业对家庭金融资产的配置有显著的促进作用，但根据生命周期理论分析，不同年龄人口的自身特点和投资习惯不同，对劳动力转移与资产配置行为的关系有不同的影响。随着家庭所处生命周期阶段不同，居民持有风险金融资产的比例呈倒 "U" 型趋势（吴卫星，2010）。此外，劳动力的年龄特征在一定程度上可以反映劳动力的健康状况、风险承受能力等，年纪相对较小的劳动力体力更好、接受能力更强、风险承受能力更高，更愿意尝试新的投资方式；年长的劳动力可能在技术经验上会更胜一筹，但是投资态度相对保守且预防性储蓄动机明显，因此偏好于投资低风险资产。表 5 – 11 根据户主年龄将样本家庭进行分组，来验证这种异质性的效果。

表 5 –11　　劳动力转移对家庭金融资产配置影响的异质性检验：年龄特征

	（1）	（2）	（3）	（4）
	Panel A：风险金融市场参与概率			
	35 岁及以下	36 ~ 45 岁	46 ~ 55 岁	56 ~ 65 岁
劳动力转移	0.049 ** (0.022)	0.030 ** (0.013)	0.014 ** (0.006)	0.017 * (0.010)
控制变量	控制	控制	控制	控制
N	466	1453	3680	3747
R	0.15	0.15	0.15	0.15
	Panel B：风险金融资产占比			
	35 岁及以下	36 ~ 45 岁	46 ~ 55 岁	56 ~ 65 岁
劳动力转移	0.401 ** (0.174)	0.240 ** (0.121)	0.116 (0.074)	0.158 (0.109)
控制变量	控制	控制	控制	控制
N	466	1453	3680	3747
R	0.16	0.16	0.16	0.16

Panel A 的被解释变量为家庭风险金融市场参与概率，Panel B 的被解释变量为家庭风险金融资产占比。总体来说，从分组结果看劳动力转移与家庭风险金融资产配置行为之间的关系受年龄变化影响较

大。第（1）列为户主年龄在35岁及以下样本的回归结果，劳动力转移的估计系数均显著。随着年龄的增长，劳动力转移对风险金融市场参与的估计系数显著性呈下降趋势；劳动力转移对风险金融资产配置比例的影响在46~55岁和56~65岁样本中不再显著。可能的原因是：一方面，他们的投资意识降低、风险意识增强，对新鲜事物的接受学习能力也下降，即使参与到风险金融市场中，也不会投资太多风险金融产品；另一方面，随着年龄的增加，他们的未来预期收入水平呈下降趋势，且由于社保体系的不完善，他们可能会面临医疗、养老等问题，因此预防性储蓄动机增强，对风险金融资产的配置水平也会降低。

2. 教育特征

为了研究不同教育程度下劳动力转移对家庭金融资产配置行为的影响，我们将全样本分为"初中以下"和"初中及以上"两组进行实证检验，此处户主教育特征的衡量指标为受教育年限，结果如表5-12所示。

表5-12 劳动力转移对家庭金融资产配置影响的异质性检验：教育特征

	风险金融市场参与概率		风险金融资产占比	
	（1）	（2）	（3）	（4）
	初中以下	初中及以上	初中以下	初中及以上
劳动力转移	0.015 * （0.009）	0.023 *** （0.005）	0.190 （0.117）	0.173 *** （0.051）
控制变量	控制	控制	控制	控制
N	4402	4944	4402	4944
R	0.16	0.15	0.17	0.16

对于受教育水平在初中及以上的农户来说，转移就业对家庭资产配置的影响是显著为正的，但是对于受教育水平较低的样本来说，转移就业对家庭金融资产持有概率影响显著性降低，对风险金融资产持有比例的估计系数为正但是不显著，可以看出户主转移就业对家庭风险金融资产配置比例的影响在不同教育程度之间存在显著差异。可能的原因是，对于受教育水平较高的农户来说，转移就业是可以通过增加他们接触金

融信息的渠道、扩宽对投资理财的了解从而提高家庭对金融市场的参与程度。但是对于受教育水平较低的人群而言，即使信息渠道拓宽，缓解了供给层面的金融排斥状况，但其受限于自身能力对金融市场参与的影响依然有限。

5.6.2　家庭经济特征的异质性分析

考虑到农户家庭财富和收入水平差异性带来的不同影响，表 5 - 13 根据财富水平和收入水平将样本进行了分组，其中财富水平以家庭总资产来衡量，收入水平以家庭人均收入来衡量。

表 5 - 13　劳动力转移对家庭金融资产配置影响的异质性检验：家庭经济状况

	（1）	（2）	（3）	（4）
	Panel A：风险金融市场参与概率			
	低财富	高财富	低收入	高收入
劳动力转移	0.004 （0.003）	0.036 *** （0.012）	0.014 ** （0.006）	0.021 *** （0.006）
控制变量	控制	控制	控制	控制
N	4740	4606	4753	4593
	Panel B：风险金融资产占比			
	低财富	高财富	低收入	高收入
劳动力转移	0.060 （0.090）	0.219 *** （0.078）	0.123 ** （0.054）	0.292 *** （0.102）
控制变量	控制	控制	控制	控制
N	4740	4606	4753	4593

对财富水平和收入水平的分组回归结果显示，劳动力转移对家庭风险金融市场参与和持有比例的影响在高财富和高收入组最为显著。对于财富水平较低的农户而言，转移就业对家庭风险金融市场参与的影响不显著；而对于收入水平较低的家庭，转移就业对家庭风险金融市场参与促进作用的显著性呈下降趋势。可以看出，家庭的风险金融资产配置受

财富水平影响较大，随着财富水平增长，家庭投资行为呈现出动态调整的规律（徐佳和谭娅，2016），且可能存在某个门槛。当低于某个门槛值时，受财富水平的制约，财富的少量增加更多地解决了生活与日常开销，很难对投资行为产生实质性改变，劳动力转移对家庭风险金融资产的选择影响不大；而当家庭财富达到一定水平时，劳动力转移更易突破金融排斥的瓶颈与制约，从而提高风险金融资产配置，收入和财富状况仍然是家庭参与风险金融市场的基础。

5.6.3　劳动力转移就业特征的异质性分析

1. 职业特征

劳动力转移后的就业状态主要有受雇和自雇两种。从投资者的风险偏好角度出发分析，创业者往往具有较高的风险偏好（尹志超等，2015），有创业行为的家庭往往会增加对股票等风险资产的投资（肖忠意等，2018），因此有创业行为的转移劳动力可能会由于风险偏好而进一步增加对风险金融市场的参与。从创业风险的投资替代效应出发分析，创业家庭因为已经面临了较大的风险，因此会降低家庭持股比例或对风险资产的投资（Heaton and Lucas，2000），那么有创业行为的劳动力可能出于风险替代的角度从而降低对风险市场的参与程度。

此外，考虑到大部分农户的就业状态为打零工，即农忙时务农，农闲时从事非农行业，因此，我们将户主的职业特征分为长期受雇（固定职工和签订一年以上合同）、临时工作（短期/临时合同和没有合同）和创业，进行分组检验，结果见表5-14。对于固定职工和签订了长期合同的受雇农户来说，转移就业对家庭参与风险金融市场和持有风险金融资产存在显著的促进作用，但对于从事临时性工作或创业的家庭而言，转移就业对家庭风险金融市场参与的影响并不显著。说明当户主的职业较为稳定，对未来收入预期较为乐观的情况下，风险承担能力更强，转移就业对家庭风险金融市场参与的促进作用更加显著。

表 5 – 14   转移劳动力的职业差异

	风险金融市场参与概率			风险金融资产占比		
	（1）	（2）	（3）	（4）	（5）	（6）
	长期受雇	临时工作	创业	长期受雇	临时工作	创业
劳动力转移	0. 022 *** (0. 007)	0. 018 * (0. 009)	0. 017 ** (0. 008)	0. 217 *** (0. 072)	0. 178 * (0. 099)	0. 161 ** (0. 080)
长期受雇	0. 022 *** (0. 006)			0. 236 *** (0. 065)		
劳动力转移 * 长期受雇	0. 028 ** (0. 012)			0. 259 ** (0. 127)		
临时工作		– 0. 004 (0. 005)			– 0. 033 (0. 054)	
劳动力转移 * 临时工作		0. 007 (0. 011)			0. 045 (0. 116)	
创业			0. 012 (0. 008)			0. 129 (0. 086)
劳动力转移 * 创业			0. 012 (0. 012)			0. 107 (0. 148)
控制变量	控制	控制	控制	控制	控制	控制
N	9346	9346	9346	9346	9346	9346
R	0. 19	0. 17	0. 13	0. 20	0. 18	0. 15

2. 转移时间

转移时间长短对外出人员收入水平、综合素质等都会带来较大影响。通常，外出工作时间越长，对新事物的接受能力更强，认知能力获得提高。而随着经验越丰富，工作稳定性和工资水平也会更高。而认知能力和收入的提高，都会有利于提高家庭金融资产配置水平（孟亦佳，2014）。因此，我们以户主转移就业的时间作为交互项进行分析，结果如表 5 – 15 所示。

表 5 - 15 转移劳动力的时间差异

	（1）	（2）
	风险金融市场参与概率	风险金融资产占比
劳动力转移	0.019 ** （0.009）	0.115 *** （0.044）
转移时间	0.002 （0.002）	0.007 （0.009）
劳动力转移 * 转移时间	0.041 *** （0.011）	0.215 *** （0.065）
控制变量	控制	控制
N	9346	9346
R	0.13	0.14

第（1）列和第（2）列中交互项系数均在1%水平上显著，结果表明户主外出就业时间越长，家庭持有风险金融资产的概率越高。可能的原因是资金与知识的积累、观念的改变是一个循序渐进的过程，家庭经济行为的改变更需要一定的周期，外出工作一段时间后，这种影响作用才会显现出来，从而对家庭资产配置行为产生更大影响。

5.7 本章小结

本章在理论分析的基础上，利用CHFS 2017 年调查数据，结合劳动力转移特征、农村家庭特征和地区特征，运用 Probit 和 Tobit 模型就劳动力转移对家庭金融资产配置行为的影响进行了实证分析，结果表明，农村家庭转移就业能够促进家庭参与金融市场的概率和水平。此外，我们也进行了一系列稳健性检验：第一，考虑到模型可能存在的内生性问题，我们选择工具变量进行估计。第二，考虑到模型可能存在的自选择偏误，我们进一步利用内生转换模型进行了估计。第三，我们合并2015 年数据库，运用面板数据解决了时间不一致的问题。第四，我们从变量和样本选取的角度做了若干工作：一是采用"家庭中是否有成员外出就业"及"有转移就业经历的家庭成员占家庭总人数的比重"作为户主有外出工作经历的代理变量；二是剔除了贫困户的样本进行了进一步验证。上述结果均表明本章的实证结果是稳健的。

通过劳动力转移对家庭金融资产配置的异质性研究，从转移劳动力的特征看，中青年人群更会因为转移就业而提升家庭风险金融资产配置水平，转移就业对教育水平较高的家庭边际影响更大。从家庭经济特征看，收入和财富水平较高的家庭更倾向于持有风险金融资产。从转移劳动力就业情况来看，当户主的职业较为稳定，对未来收入预期较为乐观的情况下，风险承担能力更强，转移就业对家庭风险金融市场参与的促进作用更显著；而转移时间能强化劳动力转移对家庭风险金融资产持有比例的正向影响。

第6章 劳动力转移对农村家庭金融资产配置有效性的影响

前文发现劳动力转移对风险金融市场的参与意愿、风险金融资产持有比例均有显著的正向影响。那么，作为农村现在和未来长期发展趋势，劳动力转移在影响家庭金融资产选择行为的同时，是否提高了家庭资产配置的有效性？劳动力转移对家庭资产配置效率的作用是否会因为个人特征和家庭特征而不同？这是本章的研究重点。

6.1 农村家庭投资组合有效性指标设计

6.1.1 农村家庭投资组合有效性的概念

经典投资组合理论认为，综合考虑预期收入以及风险因素后，理性投资者所选择的投资组合应该是最有效的。当加入无风险资产后，有效边界成为一条直线，投资者仅根据自身偏好，在无风险资产和市场组合之间配置自身财富。但是在现实中，居民家庭的资产配置与经典理论有较大差距，居民资产组合差异较大，甚至许多家庭并不持有风险金融资产。对于持有资产组合的居民家庭来说，其所收获的超额回报与所承担的投资风险之间相匹配的程度，可视为家庭资产配置的有效性。在风险一定的情况下，如果获得更大的超额回报，则其资产配置的有效性也更高。

6.1.2 测量方法

已有研究可分为两类：一是以家庭资产组合多样化为视角，对居民家庭资产组合有效性进行间接研究。如通过构建风险资产类别数和投资比例、风险资产投资多样性指数、股票持有只数和股票资产占证券资产比重等指标（曾志耕，2015；吴卫星等，2016）。二是以夏普比率为度量直接研究居民家庭资产组合有效性。格林布拉特等（Griblatt et al.，2011）运用芬兰家庭投资组合的账户数据，采用 HEX 指数收益率近似替代持有基金的收益率，计算得到夏普比率。综合以上文献可以看出，目前国内外对家庭资产配置效率的衡量方法还不是很成熟，多作为衡量效率的唯一标准，同时，由于无法获取家庭投资股票的数据，只能用社会平均数据来衡量家庭风险资产投资的有效性，无法体现家庭投资差异和风险承受能力的差异。具体来看，后续研究可以从两个方面寻找突破口：第一是通过问卷调查的方式获取家庭各类资产投资收益率的准确数据。第二是寻找是否有比夏普比率更合适的衡量指标。

本书参考佩利宗（Pelizzon，2008）、格林布拉特等（2011）、吴卫星等（2018）的研究，用夏普比率作为农村家庭资产配置有效性的测度工具。夏普比率是一个可以同时对收益与风险加以综合考虑的经典指标，由威廉·夏普于 1966 年最早提出。夏普比率代表投资人每多承担一份风险，可以拿到几份超额报酬；若为正值，代表报酬率高过波动风险；若为负值，代表风险高过报酬率。较高的夏普比率表明在配置某一资产时，单位风险获得了更多的超额回报。其公式如下：

$$\text{Sharpe\_ratio}_i = \frac{E(R_{p_i}) - R_f}{\sigma_{p_i}}, \ i = 1, 2, \cdots, n \qquad (6.1)$$

$$E(R_{p_i}) = \sum_{j=1}^{m} w_j R_j \qquad (6.2)$$

$$\sigma_{p_i} = \sqrt{\sigma_{p_i}^2} = \sqrt{\sum_{j=1}^{m} w_j^2 \sigma R_j^2 + \sum_{l=1}^{m} \sum_{k=1}^{m} w_l w_k \sigma(R_l, R_k)} \qquad (6.3)$$

其中，$E(R_{p_i})$ 表示家庭投资组合的期望收益率，R_f 为无风险利率，σ_{p_i} 为投资组合的标准差，$\sigma(R_l, R_k)$ 为各资产收益率之间的协方差。$j = 1, 2, \cdots, m$；$l \neq k$。w_i 代表家庭投资组合中每种资产在总投资中所占比重；m 为抽样家庭投资组合中包含的资产类别；n 为抽样家庭数。

本书基于 CHFS 调查项目中的样本家庭资产配置状况以及所持有各类资产的风险与收益状况，计算出不同家庭资产组合的不同夏普比率。具体如下：

（1）计算每户家庭资产组合的各类资产权重；

（2）计算各类风险资产的月收益率和确定相应的无风险利率；

（3）计算每户家庭资产组合的标准偏差；

（4）根据公式得到每户家庭资产组合的夏普比率。

6.1.3　指标构建

因为在调查数据中明确给出了居民家庭配置于各类资产的具体数值，所以可以很方便地计算居民家庭配置于各类风险资产的权重向量。但为了进一步估算居民家庭投资组合的夏普比率值，仍需获得特定资产收益率的时间序列数据。但是，目前存在两个问题。第一，缺乏关于家庭资产配置样本的详细账户数据，我们只有家庭资产构成数据，没有关于特定家庭资产类别及其收益的数据。例如，我们知道样本家庭拥有的股票和基金的总数，但不知道持有哪一只，更不知道不同类别资产的收益率，标准差以及相互间的协方差。第二，根据不同的家庭资产分别构造方差协方差矩阵来计算组合风险，过程十分复杂，不利于对问题进行分析。因此，为了克服上述问题，在相关研究中更多地采用指数替代法来适当简化问题。指数替代方法是采用市场指数收益率来代表某一家庭特定资产的走势，如：一个家庭如果在股票市场上投资了一部分财富，那么这些资产的收益数据就会被股票指数的收益所取代。

本书基于两点考虑。首先，市场指数本身对相应的市场行情变化具有较好的响应性，如果指数选择得当，其走势就会具有一定的市场代表性，是在家庭资产数据获取受限的情况下可以找到的最佳代理变量。此外，更重要的是，我们的研究并非以个体为研究对象，而是以群体为研究对象。因此，当样本群体足够大时，在特定类别资产细分上的配置差异就会有效地分散，而不会再有显著影响。这样，我们研究的问题就能得到适当的简化，从而能够抓住矛盾的主要方面。

风险资产包括股票、基金、房地产、政府债券和公司债券。类比于这一分类，吴卫星和沈涛（2015），吴卫星、吴锟和张旭阳（2018）将家庭风险资产分为四个类别，即房地产、股票、基金、债券。谭浩（2018）进一步拓展了这一方法的应用范围，将外汇、黄金两种类型的风险资产纳入家庭风险资产类别，将房产、股票、基金、外汇、黄金、债券等六种资产组合构成居民家庭的代表资产。还有一些家庭资产，如期货、收藏等，由于多空双方很难确定或很难获得具体的市场指标，无法纳入现有的研究。

但是，上述指标构建均是对于城镇家庭而言。对于农村家庭来说，由于投资资金不足、金融知识匮乏等原因，大多农户往往选择银行理财产品、股票等作为主要配置项目，而较少会选择房产作为投资方式。此外，债券可细分为风险债券和无风险债券，风险债券主要包括金融债券和企业债券；无风险债券则主要指国库券和地方政府债券。而本书所指风险金融资产仅包括金融债券和企业债券。而样本家庭中，对金融债券和企业债券的投资比例为 0。因此，在计算夏普比率时不将风险债券考虑在内。

综上，本书考虑的风险资产组合包括：银行理财产品、股票、基金、外汇和黄金五类，构成居民家庭的代表性资产组合。从家庭资产总量角度而言，本书研究的五大类家庭资产，加上现金、银行存款等无风险金融资产，占样本家庭总财富的比例达 99.82%，具有很强的代表性。

具体指数选择如下：

（1）股票收益率——选择深证指数和深成指数的当月收盘点位为基础，计算得到月收益率，然后以月成交额为权重进行加权平均，最终得到股票资产收益率；

（2）理财产品收益率——银行理财产品预期收益率；

（3）基金收益率——选择深证基金指数和深证基金指数的当月收盘点位为基础，计算得到月收益率，然后以月成交额为权重进行加权平均，最终得到基金收益率；

（4）外汇收益率——名义人民币汇率指数；

（5）黄金收益率——上海金交所黄金现货收盘价。

关于数据的时间段选择问题，西南财经大学家庭金融调查与研究中心 2017 年的调研数据是在 2017 年 7～9 月完成的。因此，本章把存量数据的统计截止时间定位于 2017 年 6 月。首先，由于当前资产组合的有效性取决于资产组合未来的夏普比率，因此，本章采用各类资产未来收益率构造夏普比率，即 2017 年 7 月至 2021 年 1 月的收益率。

此外，已有研究认为对于金融市场而言历史会重演，很多模型往往以历史数据作为检验基础。因此，本章也选择了历史收益率数据和周期性收益率数据作为稳健性检验，进一步验证劳动力转移对家庭资产配置有效性的影响。其中，历史收益率数据的区间为 2004 年 11 月至 2017 年 6 月。周期性收益率包括各类资产的历史收益率数据和未来收益率数据，区间为 2004 年 11 月至 2014 年 11 月。

有关资料来源于 Wind 数据库并进行整理。采用无风险家庭投资利率时，参照了相关研究报告，如吴卫星等（2015）将家庭较易获取的 1 年期定期存款利率为参考，2012 年末该数值为 3%。无风险利率来自锐思数据库。最终得到夏普比率如表 6-1 所示。

表 6-1　　　　　　　　变量描述性统计结果

变量	N	平均值	标准差	最小值	最大值
夏普比率	9346	0.00	0.02	0.00	0.60
股票夏普比率	9346	0.02	0.35	0.00	8.35
基金夏普比率	9346	0.01	0.41	0.00	12.56
理财产品夏普比率	9346	0.25	1.59	0.00	10.65
黄金夏普比率	9346	0.01	0.21	0.00	6.08
外汇夏普比率	9346	0.01	0.87	0.00	59.57

6.2　模型构建

考虑到农户会根据自身条件选择是否转移就业，而转移就业决策可能受到某些不可预测因素的影响，这些因素又与家庭是否参与金融市场的决策相关，从而产生样本自选择问题导致的估计偏误。针对这个问题，本书采用 Heckman 二步法修正模型，将参与决策方程作为选择方程，其回归方程为劳动力转移与控制变量夏普比率的回归。

第一步，参与决策方程：

$z_i^2 = X_i'\gamma + u_i$，若 $z_i^* > 0$，则 $z_i = 1$。其中，X_i 为影响决策的变量。

$$\text{Pro}(z_i = 1 \mid x_i) = \Phi(X'\gamma) \tag{6.4}$$

$$\text{Pro}(z_i = 0 \mid x_i) = 1 - \Phi(X'\gamma) \tag{6.5}$$

Φ 为标准正态分布的累积分布函数。

第二步，回归模型：

$$Sharpe\_Ratio_i = Y_i'\beta + \varepsilon_i \tag{6.6}$$

当 $z_i = 1$ 时，Y_i 为影响夏普比率的变量。假设 $(u_i，\varepsilon_i) \sim N(0，0，1，\sigma_\varepsilon，\rho)$，则 $E(Sharpe\_Ratio_i \mid z_i = 1，X_i，Y_i) = Y_i'\beta + \rho\sigma_\varepsilon\lambda(X_i'\gamma)$。$\lambda$ 为逆米尔斯比，$\lambda(X_i'\gamma) = \dfrac{\varphi(X_i'\gamma)}{\Phi(X_i'\gamma)}$，$\varphi$ 是标准正态分布的概率密度函数。

本章所使用的解释变量依然是将户主是否发生过劳动力转移就业（含现在外出就业及曾经外出就业经历），如果有则取值为 1；否则取值为 0。控制变量主要为户主特征变量、家庭特征变量和地区特征变量，具体选择同上一章相同。

6.3　劳动力转移对农村家庭金融资产配置有效性的影响

6.3.1　相关关系

表 6 - 2 是风险金融资产组合中各项资产和夏普比率的关系。可以看出，理财产品的表现最好，黄金的表现最差。从各项资产的相关关系来看，黄金和股票、基金均呈负相关，和理财产品正相关，但相关性较弱。外汇和股票、基金、理财产品以及黄金均呈负相关。金融理财产品、基金和股票有着更强的联动性，但是金融理财产品比股票和基金的夏普比率要高得多，可能原因是股票和基金的波动风险更大。

表 6 - 2　　　　　　　　　各资产夏普比率与相关系数

资产	夏普比率	股票	基金	理财产品	黄金	外汇
股票	0.194	1				
基金	0.228	0.041	1			
理财产品	0.835	0.005	0.01	1		
黄金	0.114	- 0.002	- 0.001	0.003	1	
外汇	0.454	- 0.001	- 0.001	- 0.002	- 0.001	1

6.3.2 回归分析

表6-3为劳动力转移对农户家庭金融资产配置有效性的影响。第（1）列是 Tobit 模型的回归结果。第（2）列是 Heckman 两步法的第一步参与决策方程的结果，第（3）列是 Heckman 两步法的回归结果。逆米尔斯比在 1% 水平上显著，表明样本存在自选择问题，因此，Heckman 两步法比 Tobit 模型更合适。

表6-3　　劳动力转移对农户家庭金融资产配置有效性的影响

	（1）	（2）	（3）	（4）
	Tobit	Probit	Heckit	IV – Heckit
劳动力转移	0.074 *** (0.015)	0.020 *** (0.007)	0.065 *** (0.018)	0.073 *** (0.003)
年龄	− 0.002 ** (0.001)	− 0.001 *** (0.000)	− 0.002 ** (0.001)	− 0.002 ** (0.001)
教育年限	0.008 *** (0.002)	0.002 *** (0.001)	0.007 *** (0.003)	0.007 *** (0.003)
健康程度	0.001 (0.007)	− 0.000 (0.002)	0.001 (0.007)	0.001 (0.007)
婚姻状况	0.017 (0.030)	0.002 (0.007)	0.019 (0.029)	0.019 (0.029)
性别	− 0.005 (0.026)	− 0.001 (0.007)	− 0.005 (0.026)	− 0.005 (0.026)
少儿抚养比	− 0.062 (0.049)	− 0.016 (0.013)	− 0.054 (0.050)	− 0.060 (0.050)
老年抚养比	− 0.030 * (0.018)	− 0.008 * (0.004)	− 0.027 (0.018)	− 0.026 (0.018)
是否创业	0.059 *** (0.017)	0.016 *** (0.005)	0.049 ** (0.020)	0.048 ** (0.021)
家庭收入	0.035 *** (0.006)	0.009 ** (0.004)	0.032 *** (0.008)	0.032 *** (0.008)

续表

	（1）	（2）	（3）	（4）
	Tobit	Probit	Heckit	IV - Heckit
家庭总资产	0.043 *** (0.006)	0.011 *** (0.003)	0.038 *** (0.008)	0.038 *** (0.008)
地区 GDP	0.001 *** (0.000)	0.000 * (0.000)	0.001 ** (0.000)	0.001 ** (0.000)
IMR			- 0.004 *** (0.000)	- 0.003 *** (0.000)
N	9346	9346	9346	9346
不可识别检验				501.154
一阶段估计 F 值				427.368
工具变量 t 值				22.09
残差相关性				- 0.153 ***
R	0.21	0.15	0.22	—

注：* 、** 、*** 分别表示在 10% 、5% 、1% 水平上显著，括号内为聚类异方差稳健标准误（按省级层面聚类分析，避免异方差和组内自相关），表中报告的是估计结果的边际效应，本章以下表格中 * 含义相同，不再赘述。

实证结果表明，劳动力转移的估计系数为 0.065，在 1% 的水平上显著，即劳动力转移能够促进夏普比率的提高。这表明在风险相同的情况下，转移就业家庭更有可能通过金融市场获得更多的财产性收入。这可能因为发生转移就业的家庭能够更好地权衡风险与收益之间的关系，并且能够由于外出金融知识、信息获取增多而作出更好的金融决策。假说 1c 得到验证。

此外，考虑到模型可能存在遗漏变量等原因导致的内生性问题，第（4）列加入工具变量"同县市除自身外家庭其他外出打工家庭占比的平均值"得到回归结果。不可识别检验表明 Kleibergen - Paaprk LM 统计量 = 501.154，p = 0.000，强烈拒绝不可识别的原假设，工具变量与内生变量强相关。工具变量 t 值为 22.09，第一阶段估计的 F 值为427.368，大于 10% 偏误下的临界值 16.38 （Stock and Yogo，2005），因此不存在弱工具变量问题。工具变量的估计系数为 0.073，在 1% 的水平上显著，户主转移就业对家庭风险金融资产配置有效性的正向影响得到进一步验证。

从控制变量结果来看，户主年龄对投资组合的夏普比率存在显著的负向影响，这与城镇家庭样本的研究结果相反（吴卫星等，2018），可能的原因是，城镇家庭对金融知识信息的接受程度较高，随着年龄增长投资经验也在增加。而在农龄较大的群体，往往受教育程度越低，金融知识掌握更是空白，因此，二者存在负相关。户主教育程度和夏普比率存在显著正相关，这和已有大多研究结论相同。学历越高的群体，认知能力越好。家庭财富和收入水平、地区 GDP 也对资产组合的夏普比率产生显著正向影响。这表明收入和财富水平较高的家庭往往能作出更为理性的投资组合选择，他们受到的流动性约束较小，资产配置能力更强，更容易得到相对较优的投资组合。

6.4　稳健性检验

6.4.1　应对收益率时间段选取问题

投资者在信息有限的情况下，往往也会依据历史收益率来构造投资组合的有效性。表 6-4 的第（1）列和第（2）列为历史性收益率（回归结果数据区间为 2004 年 11 月至 2017 年 6 月），第（3）列和第（4）列则考虑到中国经济发展的周期性规律，将周期性收益率区间设定为 2004 年 11 月至 2014 年 11 月。上述结果均与前文回归结果一致，表明回归结果是较为稳健的。

表 6-4　　劳动力转移对农户家庭金融资产配置有效性的稳健性检验

	历史性收益率		周期性收益率	
	（1）	（2）	（3）	（4）
	Probit	Heckit	Probit	Heckit
劳动力转移	0.020 *** （0.007）	0.016 *** （0.004）	0.020 *** （0.007）	0.015 *** （0.004）

	历史性收益率		周期性收益率	
	（1）	（2）	（3）	（4）
	Probit	Heckit	Probit	Heckit
年龄	-0.001 *** (0.000)	-0.000 ** (0.000)	-0.001 *** (0.000)	-0.000 ** (0.000)
教育年限	0.002 *** (0.001)	0.002 *** (0.001)	0.002 *** (0.001)	0.002 *** (0.001)
健康程度	-0.000 (0.002)	0.000 (0.002)	-0.000 (0.002)	0.000 (0.002)
婚姻状况	0.002 (0.007)	0.004 (0.007)	0.002 (0.007)	0.004 (0.006)
性别	-0.001 (0.007)	-0.001 (0.006)	-0.001 (0.007)	-0.001 (0.006)
少儿抚养比	-0.016 (0.013)	-0.013 (0.012)	-0.016 (0.013)	-0.012 (0.011)
老年抚养比	-0.008 * (0.004)	-0.007 (0.004)	-0.008 * (0.004)	-0.006 (0.004)
是否创业	0.016 *** (0.005)	0.011 ** (0.005)	0.016 *** (0.005)	0.011 ** (0.005)
家庭收入	0.009 ** (0.004)	0.008 *** (0.002)	0.009 ** (0.004)	0.007 *** (0.002)
家庭总资产	0.011 *** (0.003)	0.009 *** (0.002)	0.011 *** (0.003)	0.009 *** (0.002)
地区 GDP	0.000 * (0.000)	0.000 ** (0.000)	0.000 * (0.000)	0.000 ** (0.000)
IMR		-0.004 *** (0.000)		-0.004 *** (0.000)
N	9346	9346	9346	9346
R	0.15	0.09	0.16	0.07

6.4.2　应对变量选择问题

本部分首先以"有无家庭成员外出就业经历"和"有无转移就业经历的家庭成员占家庭成员总数的比例"作为户主转移就业的代理变量，考察家庭金融资产配置影响结果的稳定性。表 6 - 5 第（1）、（2）列为变量"是否有家庭成员外出就业经历"的估计结果，第（3）、（4）列为变量"有转移就业经历的家庭成员占家庭总人数的比重"的估计结果。数据显示，上述代理变量对家庭风险金融资产配置有效性的估计系数分别为 0.073 和 0.054，均在 1% 置信水平下显著。其他变量的估计结果也与前文的估计结果相吻合，检验结果是稳健的。

表 6 - 5　　劳动力转移对农户家庭金融资产配置有效性的稳健性检验

	（1）	（2）	（3）	（4）	（5）	（6）
	Probit	Heckit	Probit	Heckit	Probit	Heckit
劳动力转移	0.023 *** (0.006)	0.073 *** (0.017)	0.016 *** (0.005)	0.054 *** (0.007)	0.011 ** (0.004)	0.038 *** (0.013)
年龄	- 0.001 *** (0.000)	- 0.002 ** (0.001)	- 0.001 *** (0.000)	- 0.002 ** (0.001)	- 0.001 *** (0.000)	- 0.003 *** (0.001)
教育年限	0.002 ** (0.001)	0.007 *** (0.003)	0.002 *** (0.001)	0.006 ** (0.002)	0.002 *** (0.001)	0.007 *** (0.002)
健康程度	0.000 (0.003)	0.003 (0.007)	0.000 (0.003)	0.003 (0.007)	0.001 (0.002)	0.006 (0.006)
婚姻状况	0.000 (0.007)	0.009 (0.029)	0.005 (0.008)	0.026 (0.029)	- 0.000 (0.008)	0.011 (0.025)
性别	- 0.000 (0.007)	- 0.003 (0.026)	- 0.001 (0.007)	- 0.006 (0.026)	- 0.003 (0.007)	- 0.012 (0.022)
少儿抚养比	- 0.017 (0.013)	- 0.055 (0.050)	- 0.003 (0.013)	0.004 (0.048)	- 0.008 (0.014)	- 0.031 (0.043)
老年抚养比	- 0.007 * (0.004)	- 0.026 (0.018)	0.000 (0.004)	0.005 (0.018)	- 0.005 (0.005)	- 0.024 (0.015)

	（1）	（2）	（3）	（4）	（5）	（6）
	Probit	Heckit	Probit	Heckit	Probit	Heckit
是否创业	0.016 *** (0.005)	0.048 ** (0.020)	0.016 *** (0.005)	0.037 * (0.019)	0.017 *** (0.005)	0.060 *** (0.018)
家庭收入	0.008 * (0.004)	0.027 *** (0.007)	0.012 *** (0.002)	0.040 *** (0.008)	0.010 ** (0.004)	0.037 *** (0.007)
家庭总资产	0.012 *** (0.003)	0.039 *** (0.008)	0.010 *** (0.002)	0.026 *** (0.007)	0.012 *** (0.003)	0.042 *** (0.007)
地区 GDP	0.000 ** (0.000)	0.001 ** (0.000)	0.000 * (0.000)	0.001 ** (0.000)	0.000 (0.000)	0.000 * (0.000)
IMR		− 0.004 *** (0.000)		− 0.008 *** (0.003)		− 0.004 *** (0.000)
N	9346	9346	9346	9346	9346	9346
R	0.15	0.09	0.16	0.07	0.18	0.18

其次，我们也考虑到衡量劳动力的产业转移，以户主是否从事第二、第三产业作为解释变量，如果从事则取值为1；否则取值为0。得到结果如表6-5第（5）列和第（6）列所示。结果表明，劳动力转移的估计系数显著正为正，即产业转移就业也会显著提高家庭风险金融资产配置有效性。

6.4.3　应对样本选择问题

考虑到农村地区家庭可能因为收入低、没有存款，从而缺少投资需求。为了更加精准地测度非农就业对家庭资产配置的影响，我们将问卷中贫困户样本剔除，仅考虑有投资需求的农村家庭，进行稳健性检验。最终结果如表6-6所示，结果均显著为正，进一步验证了结果的稳健性。

表6-6　　劳动力转移对农户家庭金融资产配置有效性的稳健性检验

	（1）	（2）
	Probit	Heckit
劳动力转移	0.018 *** （0.005）	0.055 *** （0.007）
年龄	-0.001 *** （0.000）	-0.002 ** （0.001）
教育年限	0.002 ** （0.001）	0.005 ** （0.003）
健康程度	-0.001 （0.003）	-0.000 （0.007）
婚姻状况	0.011 （0.015）	0.035 （0.034）
性别	-0.004 （0.008）	-0.011 （0.027）
少儿抚养比	0.002 （0.013）	0.026 （0.049）
老年抚养比	-0.004 （0.006）	0.000 （0.019）
是否创业	0.021 *** （0.006）	0.041 ** （0.020）
家庭收入	0.013 *** （0.003）	0.041 *** （0.008）
家庭总资产	0.012 *** （0.003）	0.027 *** （0.008）
地区 GDP	0.000 （0.000）	0.001 ** （0.000）
IMR		-0.008 ** （0.003）
N	9346	9346
R	0.18	0.18

6.5　异质性分析

前文的回归结果表明户主转移就业对家庭投资组合有效性产生正向影响，但该结果是基于全部农村地区居民样本的平均观察。此外，本部分还将针对劳动力转移对家庭资产配置有效性在不同的群体中的影响进行进一步分析。

6.5.1　劳动力特征的异质性分析

首先，我们考虑转移劳动力个人特征的问题，重点考察了年龄特征和教育特征两方面的不同影响。

1. 年龄特征

表 6 – 7 根据户主年龄将样本家庭进行分组结果表明，仅在 36 ~ 45 岁群体中，劳动力转移能够促进家庭资产配置有效性的提升。得到这一结果可能的原因是，受限于农村地区年龄较高的群体受教育程度较低，金融知识掌握几乎空白，因此，转移就业对他们优化金融资产配置的作用不显著。而 35 岁以下群体往往面临结婚生子压力，加之投资经验不足，也无法达到最优配置水平。

表 6 –7　　劳动力转移对家庭金融资产配置影响的
异质性检验：年龄特征和教育特征

	（1）	（2）	（3）	（4）	（5）	（6）
	35 岁及以下	36 ~ 45 岁	46 ~ 55 岁	56 ~ 65 岁	初中以下	初中及以上
劳动力转移	0.083 （0.053）	0.078 ** （0.040）	0.027 （0.022）	0.081 （0.065）	0.030 （0.020）	0.118 ** （0.057）
控制变量	控制	控制	控制	控制	控制	控制
N	466	1453	3680	3747	466	1453
R	0.25	0.37	0.26	0.23	0.23	0.20

2. 教育特征

为了研究不同教育程度下劳动力转移对家庭金融资产配置行为的影响，我们将全样本分为"初中以下"和"初中及以上"两组进行实证检验，此处户主教育特征的衡量指标为受教育年限，得到结果如表6－7第（5）、（6）列所示。可见，受教育程度越高，转移就业对资产配置效率的促进作用就越明显。对于受教育较高的群体来说，他们对金融市场信息的接受和处理能力较强，也具有更强的识别能力。在转移就业带来知识、信息获取拓宽、财富积累增加等情况下，更容易达到家庭投资组合的最优配置水平。

6.5.2 家庭经济特征的异质性分析

考虑到农户家庭财富和收入水平差异性带来的不同影响，表6－8根据财富水平和收入水平将样本进行了分组，其中财富水平以家庭总资产来衡量，收入水平以家庭人均收入来衡量。

表6－8 劳动力转移对家庭金融资产配置影响的异质性检验：家庭经济状况

	（1）	（2）	（3）	（4）
	低财富	高财富	低收入	高收入
劳动力转移	0.132 ** （0.057）	0.034 * （0.020）	0.014 （0.047）	0.057 * （0.029）
控制变量	控制	控制	控制	控制
N	4740	4606	4753	4593
R	0.23	0.23	0.24	0.25

实证结果表明，财富收入水平较高的家庭，家庭投资组合的夏普比率越高。可能的原因除了家庭投资受到流动性约束和资金进入门槛的影响外（徐佳和谭娅，2016），收入和财富水平一定程度上也反映了家庭的资产配置能力。家庭资产配置能力越强，越容易达到最优资产配置水平。

6.5.3　劳动力转移就业特征的异质性分析

1. 职业特征

如上一章所述，将户主的职业特征分为长期受雇（固定职工和签订一年以上合同）、临时工作（短期/临时合同和没有合同）和创业，进行分组检验，得到结果见表 6 - 9 第（1）～（3）列。

表 6 - 9　　　　　　转移劳动力的职业和转移时间差异

	（1）	（2）	（3）	（4）
	长期受雇	临时工作	创业	转移时间
劳动力转移	0.067 ** (0.031)	0.059 (0.040)	0.048 (0.035)	- 0.087 (0.066)
长期受雇	0.079 *** (0.026)			
劳动力转移 * 长期受雇	0.101 ** (0.044)			
临时工作		- 0.004 (0.017)		
劳动力转移 * 临时工作		- 0.005 (0.042)		
创业			0.014 (0.022)	
劳动力转移 * 创业			0.043 (0.047)	
转移时间				- 0.003 (0.004)
劳动力转移 * 转移时间				0.006 * (0.003)
控制变量	控制	控制	控制	控制
N	9346	9346	9346	9346
R	0.22	0.22	0.22	0.19

111

对于固定职工和签订了长期合同的受雇农户来说，转移就业对家庭投资组合有效性存在显著的促进作用，而对于从事临时工作或创业的家庭而言，转移就业对资产配置有效性的影响不显著。职业特征一定程度上也反映了个体的认知能力，认知能力越强的群体往往更容易得到较为稳定的工作（Heckman et al.，2006）。而创业群体往往信息识别能力较强，才能把握时机进入市场（李涛，2017），但农村家庭的创业水平和门槛差异较大，可能抑制了这一作用，因而在创业样本中，劳动力转移对家庭投资组合有效性的影响虽然为正但不显著。

2. 转移时间

我们以户主转移就业的时间作为交互项进行分析，得到结果如表6-9第（4）列所示。劳动力转移与转移就业时间的交互项显著为正，说明随着外出工作时间增加，劳动力转移对家庭投资组合优化的促进作用越强。通常来说，随着外出工作时间增加，经验越丰富，工作稳定性和工资水平更高，认知能力也会有所提高，进而能够强化转移就业对家庭投资组合优化的促进作用。

6.6 本 章 小 结

本章以夏普比率为基础，构建农村家庭投资组合有效性指数，研究农村劳动力转移对其有效性的影响。有别于前人，本书针对农村家庭投资的特殊性，将理财产品纳入风险投资组合指标中进行分析。

相关关系研究发现，对于农村家庭而言，理财产品由于波动率风险较低，其夏普比率显著高于股票和基金。回归结果发现，劳动力转移能够促进夏普比率的提高。这表明在风险相同的情况下，转移就业家庭更有可能通过金融市场获得更多的财产性收入。这可能因为发生转移就业的家庭能够更好地权衡风险与收益之间的关系，并且能够由于外出金融知识、信息获取增多而作出更好的金融决策。稳健性检验进一步验证了上述结论。

异质性分析表明：（1）受限于农村地区老龄群体的知识不足，劳动力转移对家庭资产配置有效性的促进作用仅体现在36~45岁群体中。（2）对于受教育较高的群体来说，他们对金融市场信息的处理能力较强，也具有更强的识别能力。在转移就业带来知识、信息获取拓宽、财富积累增加等情况下，更容易达到家庭投资组合的最优配置水平。（3）财富收入水平较高的家庭，家庭资产配置能力越强，越容易达到最优资产配置水平。（4）对于固定职工和签订了长期合同的受雇农户来说，转移就业对家庭投资组合有效性存在显著的促进作用，而对于从事临时工作或创业的家庭而言，转移就业对资产配置有效性的影响不显著。（5）随着外出工作时间增加，经验越丰富，工作稳定性和工资水平更高，认知能力也会有所提高，进而能够强化转移就业对家庭投资组合优化的促进作用。

第7章 劳动力转移对家庭风险金融资产配置影响的机制检验

前文研究结果表明，劳动力转移对家庭参与风险金融市场的参与程度和资产配置的有效性产生正向影响。本章将对其中可能存在的影响机制进行进一步分析。

已有文献表明，金融排斥在农村市场普遍存在，且对家庭投资决策产生负向影响。那么，劳动转移是否可以通过缓解金融排斥而对家庭金融资产配置行为和有效性产生影响？若可以通过缓解金融排斥的中介作用实现，则供给端和需求端金融排斥所产生的作用是否有区别？从需求端金融排斥的中介效应来看，劳动力转移可能通过更新家庭投资理财观念、提升家庭金融素养、改善风险厌恶程度、增加金融信息和服务可得性等途径，促进家庭对风险金融市场的参与程度和资产配置的有效性。从供给端金融排斥的中介效应来看，转移劳动力有更多机会接触到金融机构和金融产品，获取金融专业知识和理财服务的渠道增加，提升了家庭对金融产品的持有、优化了家庭资产配置水平。

此外，家庭资产配置行为还会受到其对有关未来收入前景和支出预判的影响。如果根据现时信息，未来收入存在较大的不确定性，预期不确定性支出较多，那么家庭将会出于预防性储蓄动机，偏向于选择存款性的储蓄类资产，而不是非存款类金融资产。但如果家庭具备一定的风险分担能力，能够通过正式风险分担（如社会保障、商业保险）或非正式风险分担（如基于血缘、亲缘、地缘形成的私人互助社会网络）进行风险分担，则会降低家庭预防性储蓄动机，使家庭将部分资产投资于风险金融市场，以获取较高收益。因此，不确定性风险的存在可能会弱化劳动力转移对家庭投资行为的促进作用，而风险分担则会强化劳动力转移对家庭投资行为的积极影响。

本章将金融排斥的中介作用、不确定性风险和风险应对的调节作用纳入分析框架，并在前文研究的基础上，对其影响机制进行分析。

7.1　指标构建及测度

7.1.1　金融排斥的指标构建

已有文献对金融排斥指标的构建主要包括以下三种类型：

一是使用单一指标对金融排斥程度进行衡量，如某些金融产品和服务的绝对值或相对值。从宏观层面来说，许圣道和田霖（2008）以省份金融机构网点数作为衡量地区金融排斥的变量。董晓林和徐虹（2012）以县域金融机构网点分布情况为变量来衡量农村金融排斥状况。从微观层面来说，大部分学者采用"家庭是否拥有活期存款账户"这一指标来衡量家庭是否受到金融排斥（张号栋和尹志超，2016；吕学梁和吴卫星，2017），李涛等（2010）从储蓄、贷款、保险、基金四类金融服务对我国居民金融排斥情况进行衡量，如果居民家庭没有持有上述某个类型金融产品，即认为家庭受到了此类金融排斥。

二是从供给端或需求端构造综合指标对金融排斥程度进行测度。多数研究都是基于凯普森和怀利（Kempson and Whyley，1999）提出的可及性排斥、条件排斥、价格排斥、营销排斥和资源排斥五个维度构造综合指标。[①] 也有少数学者从需求端出发进行研究。林克（Link，2004）则将对金融排斥的分析进一步扩展到需求端，认为某些群体因为不具备相应的金融知识、无法获得金融信息等原因也会受到金融排斥。何婧等（2017）以"是否了解互联网金融产品"构造自我排斥指标，对农户是

---

① 具体包括：（a）可及性排斥，是金融机构关闭或对客户进行不利风险评估造成的金融排斥；（b）条件排斥，是金融产品排斥的各种条件的限制造成的金融排斥；（c）价格排斥，是金融产品价格难以令人接受造成的金融排斥；（d）营销排斥，是金融机构在制定营销战略时对客户的主观忽视造成的金融排斥；（e）资源排斥，是金融机构缺乏获取金融服务所需的资源造成的金融排斥。

否存在互联网金融排斥进行衡量。安巴尔卡内等（Ambarkhane et al.，2016）基于供给、需求和基础设施建设三维度构建金融排斥体系，并进一步把保险、养老金、金融知识以及人口增长率等其他因素纳入构建指标。

三是基于德米尔古茨—昆特等（Demirgüç-Kunt et al.，2007）提出的"使用度"和"渗透度"两维度体系构造综合指标，基于每千平方公里/每十万人拥有的银行分支机构数、ATM 数、人均贷款账户数、人均贷款与人均 GDP 比率等八个指标构造了金融排斥的综合指标。萨尔马和派斯（Sarma and Pais，2010）以银行账户拥有率衡量银行渗透度，以营业网点数量衡量金融服务可得性，以存贷款与 GDP 之比衡量使用效率，构造三维度体系衡量金融排斥程度。阿罗拉（Arora，2012）从金融服务可得性的角度出发，以人均分支机构数等相对性指标来衡量金融排斥在不同国家之间的差异性。古普特等（Gupte et al.，2012）进一步从渗透度、使用度、交易成本和便利程度四个维度构造指标对金融排斥进行衡量。王修华等（2013）基于全国范围内的调研数据，以"是否拥有储蓄账户及使用频率"作为衡量自我排斥的指标进行研究。张国俊等（2014）参考联合国计划开发署编制的人类发展指数（HDI），基于使用度、渗透度、承受度，从宏观层面衡量各省份的金融排斥度。粟芳和方蕾（2016）对金融排斥的表象与根源进行区分之后，采用渗透度、使用度和效用度三维度指标体系来衡量农村金融排斥。

纵观已有研究对金融排斥指标的测度方法，大多从宏观层面入手，将供给端排斥作为主要衡量指标，对农户需求端的考察较为单一。但库珀和朱（Cooper and Zhu，2018）通过构建中国和美国家庭资产配置预测模型，结果表明即使供给端差异消失，中国家庭依然会把大量资金用于储蓄，因此需求端仍是我们不能忽略的重要方面。本书把金融资产选择排斥分为供给端排斥和需求端排斥，并在此基础上对金融排斥的各维度进行了进一步的细化和量化。基于前面对金融资产选择排斥各维度的划分及具体表现，本书建立如下指标体系（见表 7-1），并赋予这些指标以不同的分值，从而可用于对家庭金融资产选择排斥程度的量化测量。

表7-1 　　　　　　　　**衡量金融排斥程度的维度体系**

类型	维度	说明
供给端		家庭是否有人民币活期存折、银行储蓄卡
需求端	金融知识排斥	从利率计算、对通货膨胀的理解、对投资风险的认识三方面,运用因子分析法构建金融知识指标
	信息排斥	对财经类信息的关注度,从不关注取0,通过一种渠道关注取1,依次累加
	风险排斥	若受访者为风险偏好,赋值为1;若为风险中性,赋值为0;若为风险厌恶,赋值为-1
	互联网排斥	是否使用过互联网,使用过取1,否则取0

1. 供给端金融排斥

我国农村地区金融体系的供给主体形成了以中国农业发展银行、中国农业银行、农村信用社、邮政储蓄机构等为主,以民间借贷与小额信贷公司为补充的格局。供给端金融排斥主要是指供方金融机构及其产品和服务不能覆盖某些家庭,因此不能满足这部分家庭的金融服务需求,从而形成供给端金融排斥。现有研究大部分以供给端排斥为切入点,对我国农村地区金融排斥进行研究。

对于我国农村地区来说,由于地处偏远落后的地区,金融机构设置较少,家庭很难接触到金融机构从而获取金融产品和服务,由此形成了地理可及性排斥(马九杰,2010)。地理可及性排斥阻碍了某些群体金融服务的获得,如部分家庭所在周围地区没有金融机构营业网点,导致低收入或者农村地区家庭到达金融机构十分不方便。因此,家庭面临金融服务的地理可及性障碍,难以从正规金融机构获得与金融资产配置相关的服务(例如账户开户、交易、理财建议等),成为了农村地区金融排斥的重要原因之一。

已有文献对可及性排斥的测量方法主要包括:第一,家庭所在地区金融机构营业网点数、股份制商业银行机构数、农村信用社数量、ATM机数量等。机构网点或ATM机数量越少,排斥程度越高(董晓林,2012);第二,家庭距离金融机构营业网点或乡镇/县市中心的距离,距离越远,排斥程度越高(李涛,2013)。但是对于劳动力转移家庭来说,运用上述指标进行衡量显然是不合理的。原因在于,在如今中国城乡金融二元化阶段，风险资产的提供者大部分都在城市，对于农村地区家庭来说，受限于金融机构开设不健全，很多家庭无法接受到相关金融服务。而劳动力转移到大城市就业，由排斥群体转变为供给群体，接触金融机构和产品、获取金融信息的概率更大，从而改善了家庭面临的金融可及性排斥。金融接触的障碍性与金融可得性之间存在密切关系，金融产品市场供给的增加能够改善家庭投资决策。但是，部分转移劳动力的家庭地址可能还在农村，并没有发生改变，如果采用家庭地理信息指标进行测量难免有失偏颇。因此，劳动力转移对家庭金融排斥的缓解作用可能是通过转移劳动力接触金融机构的概率增加而提升的，即通过改善转移劳动力的金融可及性，从而影响到整个家庭，这与家庭所在地点无关。因此，我们参考吕学梁和吴卫星（2017）的指标设定，用 CHFS 数据库中"家庭是否有人民币活期存折、银行储蓄卡"来衡量家庭是否面临的可及性排斥，如果家庭持有人民币活期存折、银行储蓄卡，则认为不存在可及性排斥，赋值为 0；否则认为家庭存在供给端排斥，赋值为 1。

值得关注的是，家庭未持有储蓄存款可能的原因除了金融机构排斥外，也有可能是农户自身对金融服务缺乏需求，因此可能会夸大其对金融排斥缓解的影响。但储蓄存款作为最基本的金融产品和服务，往往也是发展中国家家庭首选的金融服务，家庭对其无需求的可能性较小，即使存在夸大因素也较小（Honohan，2008）。因此，本书选择用这一指标来衡量家庭是否面临供给端金融排斥。

2. 需求端金融排斥

需求端排斥主要是指由于家庭自身因素导致的金融排斥，被排斥主体的心理活动、知识层面、社会习俗、生活习惯等都有直接的关系，这类金融排斥在偏远农村表现得尤为明显。比如，有些家庭具有富余的闲置资金，也意识到了家庭资产配置的重要性，但是缺乏相关的金融知识以及投资技能。再加之农村地区固有的保守态度以及风险规避意识，害怕承受投资失败带来的财产损失，因而选择不参与风险金融市场。供给端排斥和需求端排斥的联系也密不可分，供给端产生的不平衡、不公平进一步导致受排斥群体的心理障碍，如对金融机构的不信任、对社会的不满等，从而增强自我排斥程度。随着农村商品化程度和劳动力转移就业的增加，农民对支付、结算基本层次的金融服务需求将不断增加（马九杰，2014）。因此需求端排斥也是我们需要重视的一个方面。本书从金融知识排斥、风险排斥、信息排斥、互联网排斥四个维度对需求端金融排斥进行测量。

（1）金融知识排斥。

金融知识排斥主要是指由于家庭缺乏相关金融知识及投资技能，使其对金融产品不了解，进而导致家庭需求端排斥。家庭金融投资决策是一个复杂的过程，需要花费大量的时间和精力来寻找相关信息，而金融知识在这个过程中起到了重要作用，这些知识有利于家庭了解金融产品的收益与风险，减少家庭参与金融市场时的信息搜寻和处理成本，从而全面降低金融市场参与成本。农村劳动力转移就业后，不仅能够通过扩大社会网络从而拓宽金融信息获取途径，还能够更多地接触到银行服务，获得更多金融信息和知识，缓解金融知识排斥。

我们参考尹志超等（2014）的方法，从利率计算、对通货膨胀的理解、对投资风险的认识三方面，运用因子分析法构建金融知识指标。

（2）信息排斥。

金融信息排斥主要是指由于家庭由于信息不对称，难以获得金融市场的有效信息，从而导致的家庭需求端排斥。农村劳动力转移就业后，不仅能够通过扩大社会网络从而拓宽金融信息获取途径，还能够更多地接触到银行服务，获得更多金融信息，减少家庭参与金融市场时的信息搜寻和处理成本，从而全面降低金融市场参与成本。

我们采用家庭对财经类信息的关注度来衡量家庭是否面临金融知识排斥。问卷题目为："关注财经类新闻的渠道是？"选项分别有："财经类 App""互联网、手机等网页浏览""电视、报纸等传统媒介""参加财经类名人讲座、课程培训或论坛等""其他"。我们参考尹志超和仇化（2019）将对金融信息关注度作为衡量金融知识的代理指标，对此类信息更加关注（获取渠道更多）的人群，受到信息排斥的程度较小。

（3）风险排斥。

风险排斥主要是指由于一些家庭对风险的厌恶程度较高，不愿承担风险金融资产投资所带来的不确定性风险，缺乏风险资产配置的需求，从而形成了风险排斥现象。从农户的风险偏好来看，一方面，受限于农村地区较为封闭，社会保障体系不足，传统保守观念和小农思想根深蒂固；另一方面，农业生产本身具有较强的不确定性，容易受到自然灾害、农产品市场不稳定等较高的风险冲击，从而降低农户的风险承担意愿，两方面共同作用导致了农村地区家庭风险厌恶程度较高。转移就业不仅使农户有更大概率接触城镇的社会环境，还会提供多种收入渠道以及一些附加福利，如医疗保险、退休和养老金计划以及额外的收入保障等，可在一定程度上抵消收入不确定性的冲击，从而起到规避风险的作用。

本书运用 CHFS 调查问卷中受访者的主观态度及金融知识部分的问题："如果有一笔资金用于投资，最愿意选择哪种投资项目？"，对其回答进行赋值。如果家庭选择"高风险、高回报的项目"，则赋值为 1；如果家庭选择"略高风险、略高回报的项目"，则赋值为 2；如果家庭选择"平均风险、平均回报的项目"，则赋值为 3；如果家庭选择"略低风险、略低回报的项目"，则赋值为 4；如果家庭选择"不愿意承担任何风险"，则赋值为 5，综上，赋值越高则风险排斥程度越大。

（4）互联网排斥。

随着互联网金融的发展，越来越多的金融交易可以通过互联网平台进行操作。一方面，手机银行、网上银行等金融新模式的出现克服了地理区域限制和空间障碍，降低了农村地区金融排斥程度；另一方面，互联网金融进一步加剧了新工具缺乏与使用障碍人群的金融排斥，反而对弱势群体不利，引发了互联网排斥。转移就业的劳动者因为与外界联系更加紧密，对新事物的接受能力更强更快，从而极大缓解他们面临的互联网排斥程度，并通过降低市场摩擦促进家庭对金融市场的参与程度。

本书参考 CHFS 问卷中"是否使用过互联网"这一道题目的选择，如果家庭没有拥有手机或电子计算机/电脑，则认为家庭面临了互联网排斥，赋值为 1；否则，认为家庭没有面临互联网排斥，赋值为 0。

因此，基于前文理论分析，本书从金融知识排斥、信息排斥、风险排斥、互联网排斥四个维度构造需求端金融排斥指标（见表 7-1）。其中，金融知识排斥表现为农户缺乏相关金融知识，信息排斥表现为农户缺乏对金融信息了解的渠道，风险排斥表现为农户风险厌恶程度高，互联网排斥表现为农户不会使用新型金融工具。

上述指标在一定程度上反映了农村家庭金融排斥各具体维度的排斥程度，但要反映家庭金融排斥的综合程度，则需要通过客观赋权排除主观因素的影响，采用熵值法构建一个综合指标来反映金融排斥在需求端的程度。具体构建如下：

假设有 m 个样本，该指标体系包含 n 个指标，x_{ij} 表示第 i 个样本的第 j 项指标值，初始数据矩阵为 $X = \{x_{ij}\}_{m \times n}$（$0 \leqslant i \leqslant m$，$0 \leqslant j \leqslant n$），标准化后矩阵 $Y = \{x'_{ij}\}_{m \times n}$，第 j 项指标的信息熵为 $e_j = -k \sum_{i=1}^{m} y_{ij} \ln y_{ij}$，该指标的信息效用由它的相对变化程度决定，即该指标的信息熵与 1 之间的差值 $g_i = 1 - e_j$，每个指标的权重由该指标的信息效应价值决定，效用价值越高则作用越大。因此，根据差异系数可计算权数为 $w_i = g_j / \sum_{j=1}^{m} g_j$，由此计算样本中各个维度的评价得分 $S_i = \sum_{j=1}^{n} w_j x_{ij}$，最终根据熵的可加性计算得到金融排斥程度的综合得分，得分越高，表示金融排斥程度越大。这一方法的具体步骤为：

（1）指标的标准化。

因为每个指标的量纲、数量级不同，为了消除由此带来的影响，需要对指标数值 x_{ij} 进行标准化，具体处理公式如下：

$$x'_{ij} = \frac{x_j - x_{min}}{x_{max} - x_{min}} \tag{7.1}$$

$$x'_{ij} = \frac{x_{max} - x_j}{x_{max} - x_{min}} \tag{7.2}$$

其中，x_j 为第 j 项指标值，x_{max} 为第 j 项指标的最大值，x_{min} 为第 j 项指标的最小值，x'_{ij} 为标准化值。若为正向指标，即该指标的值越大越好，则选用式（7.1）；若为负向指标，即该指标的值越小越好，则选用式（7.2）。最终得到标准化后矩阵 $Y = \{x'_{ij}\}_{m \times n}$。

（2）计算第 j 项指标下第 i 个样本指标值的比重 y_{ij}。

$$y_{ij} = \frac{x'_{ij}}{\sum_{i=1}^{m} x'_{ij}} (0 \leqslant y_{ij} \leqslant 1) \tag{7.3}$$

由此建立数据的比重矩阵 $Y = \{y_{ij}\}_{m \times n}$。

（3）计算第 j 项指标的信息熵值。

$$e_j = -k \sum_{i=1}^{m} y_{ij} \ln y_{ij} \tag{7.4}$$

其中，k 为大于零的常数，和系统的有序程度相关。若 x_{ij} 全相等，

则 $y_{ij} = \dfrac{x'_{ij}}{\sum\limits_{i=1}^{m} x'_{ij}} = \dfrac{1}{m}$ ，e_j 取极大值，值为 $e_j = -k\sum\limits_{i=1}^{m}\dfrac{1}{m}\ln\dfrac{1}{m} = k\ln m$ ；若

令 $0 \leqslant e_j \leqslant 1$ ，则 $k\ln m = 1$ ，可得 $k = \dfrac{1}{\ln m}$ 。

（4）计算第 j 项指标的差异性系数 g_i 。

指标的信息效用价值由该指标的信息熵 e_j 与 1 之间的差值决定，其值直接影响权重大小，信息效用值越大，对评价越重要，权重也越大。

$$g_i = 1 - e_j \tag{7.5}$$

（5）计算评价指标权重。

运用熵值法计算各指标的权重，其基本方法是利用指标信息的价值系数。价值系数越高，对评价结果的贡献越大，即权重越大。第 j 项指标的权重为：

$$w_i = \dfrac{g_j}{\sum\limits_{j=1}^{m} g_j} \tag{7.6}$$

（6）计算样本评价指数。

由加权求和公式计算可得样本的评价指数为：

$$S_i = \sum\limits_{j=1}^{n} w_j x_{ij} \tag{7.7}$$

其中，S_i 为综合评价指数，n 为指标个数，w_j 为第 j 项指标的权重。S_i 越大，说明金融排斥程度越高。

7.1.2　不确定性风险的测度

由于不确定性无法被直接观测，因此不确定性的测度方法对研究结论具有重要影响。尽管学者们对不确定性有不同的定义，但奈特（1936）将非概率型随机事件界定为不确定性的做法被大多数经济学家所接受，且该方法逐渐成为主流界定方法。根据这一定义，并非所有的收入、支出变动都属于不确定性的范畴，只有预期之外的非概率随机波动才属于不确定性。

参考已有研究，本书基于收入不确定性、医疗支出不确定性、教育支出不确定性三个角度来衡量家庭面临的不确定性风险，并进一步检验

其对劳动力转移促进家庭风险金融资产配置的调节作用。

1. 收入不确定性

收入不确定性通常不能直接观测，需要通过代理变量来测量。斯金纳（Skinner，1988）利用职业稳定性来度量家庭面临的收入不确定性。克里斯托弗等（Christopher et al.，1999）运用失业率进行测算，发现收入不确定性提高预防性储蓄的作用对中高收入家庭的影响更明显。万广华等（2001）使用消费增长率的方差来衡量居民收入的不确定性。杭斌和郭香俊（2009）则通过"每个就业者负担的人数"来衡量家庭收入的不确定性。

收入的变化方向，即收入的上升和下降趋势或纯粹的随机波动对居民产生的不确定影响，通常在测量收入的不确定性时不会被考虑在内，这种假设显然违背常理。而两步法同时考虑了收入波动和变化方向。基于此，本书参考罗楚亮（2004）、钱文荣和李宝值（2013）的两步法对收入不确定性进行了测度。

第一步，选取暂时收入的平方次作为收入不确定性的"幅度"。把家庭收入分为持久性收入和暂时性收入两部分，并定义收入方程为：

$$lncome = \alpha_3 Job_i + \beta_3 Z_{1i} + \mu_{3i} \tag{7.8}$$

其中，lncome 表示家庭年收入，Z_{1i} 表示影响家庭收入的特征向量，包括：年龄、健康程度、教育水平、家庭就业人数比例，$\alpha_3 Job_i + \beta_3 Z_{1i}$ 为持久性收入，随机误差项 μ_{3i} 为暂时性收入。由于家庭成员（特别是户主）的个人特质和持久收入之间存在稳定关系，我们参考已有文献构造了家庭收入方程：将家庭人均收入作为因变量，对户主年龄、性别、学历、健康状况、家庭就业人口比例等因素进行 OLS 回归分析，并使用该方程的预测值和残差作为家庭的持久收入和不确定性收入。其中，残差值由于不能被家庭成员的个体特征和人力资本因素所解释，因此可以被用来衡量不确定性收入。

第二步，给上述平方项赋予一个表示不确定性的"方向"。罗楚亮（2004）在分析不确定性对城镇和农村居民消费的影响时，认识到了其方向的重要性，并通过上述步骤对其进行了区分。但"不确定性"实际上是一种风险，即"对消费不利"的"不确定性"，即收入意外减少或支出意外增加的风险。但也有文献忽视了这一点，以至于将不确定性定义为"有利消费"的"意外"，即不确定性的增加表现为收入的意外增加或支出的意外减少，这些都与理论依据相矛盾。因此，本书将收入不确定性的符号定义为：当暂时性收入 $\mu_{3i} < 0$ 时，收入不确定性的平方项取负值，表示收入意外减少的风险；反之，收入意外增加的风险取正值。

另外，失业概率也是影响收入预期的重要因素之一。考虑到家庭成员就业机会的不确定性，把失业状态看作一个 0－1 离散变量，设 Ump = 1 表示个人处于失业状态，Ump = 0 表示个人处于就业状态，构造 Probit 模型如下：

$$\text{pro}(\text{Ump}_i = 1) = \Phi(\alpha_1 \text{Job}_i + \beta_1 X + \mu_{1i}) \tag{7.9}$$

通过对个体失业概率的估计，将家庭成员失业概率预测值取平均作为家庭失业概率的代理变量。同时，还以家庭的劳动力数量作为计算失业概率的分母，若家庭没有劳动力人口，则失业概率值取 0。所选解释变量包括：个体特征（年龄、性别、受教育年限、健康程度等）、合同性质（固定职工或签订一年以上长期合同 = 1）、单位性质（机关和事业单位 = 1）。

2. 支出不确定性

伴随着新生代农民工城镇职工医疗保险、养老保险参与比例的逐年提高，社会保障作用的增强带来了居民预防性储蓄动机降低，从而使家庭有更多资金用于消费和投资（钱文荣和朱嘉晔，2018）。此外，随着人们越发意识到教育的重要性，更希望子女通过接受更高程度的教育从而实现"跳出农门"的愿望，这也会激发他们为子女增加更多教育储蓄来减弱未来教育支出不确定性带来的冲击，从而对家庭金融资产配置水平产生挤出作用。考虑到教育支出和医疗支出对农户家庭总支出影响较大，本书选择教育支出不确定性和医疗支出不确定性作为家庭支出不确定性的代理变量，测量方式与收入不确定类似。

医疗支出不确定性的方程为：

$$\text{medcost} = \alpha_4 \text{Job}_i + \beta_4 Z_{2i} + \mu_{4i} \tag{7.10}$$

其中，medcost 表示家庭医疗支出，Z_{2i} 表示影响家庭医疗支出的特征向量，包括：年龄、健康程度、教育水平、老年抚养比（65 岁以上成员人数占家庭总人数的比重）、少年抚养比（14 岁以下成员人数占家庭总人数比重）、家庭收入、家庭总资产，μ_{4i} 代表随机性医疗支出。然后，用随机性医疗支出的平方项衡量不确定性的幅度，并根据 μ_{4i} 的符号确定幅度方向。

教育支出不确定性的方程为：

$$educost = \alpha_5 Job_i + \beta_5 Z_{3i} + \mu_{5i} \qquad (7.11)$$

其中，educost 分别表示家庭教育支出和医疗支出，Z_{3i} 表示影响家庭教育支出的特征向量，包括：年龄、健康程度、教育水平、老年抚养比（65 岁以上成员人数占家庭总人数的比重）、少年抚养比（14 岁以下成员人数占家庭总人数的比重）、家庭收入、家庭总资产，μ_{5i} 代表随机性教育支出。然后，用随机性教育支出的平方项衡量不确定性的幅度，并根据 μ_{5i} 的符号确定幅度方向。

7.1.3　风险分担的测度

对风险分担的衡量主要从正式风险分担和非正式风险分担两个方面来考虑。正式风险分担方式包括：养老保险，医疗保险和商业保险。具体赋值为：如果一个家庭的成员中至少有一个拥有社会养老保险，那么这个家庭就被认为是参加了养老保险，赋值为 1，否则为 0。若家庭成员中至少有一人持有社会医疗保险，则认为该家庭参与了社会医疗保险，赋值为 1，否则为 0。若家庭成员中至少有一人持有商业医疗保险中的任何一类（商业人寿保险、商业健康保险、其他商业保险等），则认为该家庭参与了商业保险，赋值为 1，否则为 0。

此外，家庭往往会依靠社会网络进行非正式风险分担，因此我们参考王晓全（2016）的衡量方法，用社会网络衡量家庭的非正式风险分担功能，选取家庭礼金收支情况（魏昭，2018）进行衡量。

7.2　描述性统计

根据前文分析，金融排斥包括供给端排斥和需求端排斥供给端排斥包括可及性排斥和服务排斥；需求端排斥包括金融知识排斥、风险排斥、信息排斥和互联网排斥。表 7 - 2 给出了上述指标的描述性统计结果，其数据均来源于 2017 年中国家庭金融调查。

表 7 - 2 金融排斥各项指标的描述性统计

		全样本 （N = 9346）			
		平均值	标准差	最小值	最大值
金融知识排斥	反向指标	0.98	0.50	0.00	4.00
风险排斥	反向指标	− 0.51	0.62	− 1.00	1.00
信息排斥	反向指标	0.27	0.53	0.00	4.00
互联网排斥	反向指标	0.28	0.45	0.00	1.00
金融排斥指数		8.59	2.17	2.04	14.13
		劳动力转移样本 （N = 1808）			
		平均值	标准差	最小值	最大值
金融知识排斥	反向指标	1.00	0.49	0.15	1.65
风险排斥	反向指标	− 0.48	0.63	− 1.00	1.00
信息性排斥	反向指标	0.32	0.60	0.00	4.00
互联网排斥	反向指标	0.36	0.48	0.00	1.00
金融排斥指数		9.32	2.32	2.42	14.13

表 7 - 2 分别列示了全样本和劳动力转移样本中，家庭面临的各项金融排斥程度。金融知识排斥、风险排斥、信息排斥和互联网排斥均为反向指标，即该指标数值越大，家庭面临的排斥程度越小。可以看出，劳动力转移样本中的各维度排斥指标均优于全样本家庭。从综合金融排斥指标来看，全样本中该指标为 8.59，而在劳动力转移样本中，该指标为 9.32，转移就业家庭样本较全样本家庭来说，金融排斥程度得到了缓解。

表 7 - 3 为调节变量的描述性统计结果。可以发现，全样本中农村地区养老保险和医疗保险的参与率分别为 85% 和 96%，但对于商业保险的参与率仅为 10%。户主外出就业家庭的各项保险参与率较未发生劳动力转移家庭而言有所提高，但相差不大。此外，户主外出就业家庭具有的社会网络要显著高于未发生劳动力转移的家庭。

表7-3　　　　　　　　　变量描述性统计结果

变量名	均值比较			全样本标准差
	全样本 N = 11326	劳动力转移 N = 2156	未转移劳动力 N = 9170	
收入不确定性	102.28	104.45	101.77	9.16
失业概率	0.71	0.75	0.70	0.15
医疗支出不确定性	0.01	0.01	0.01	0.00
教育支出不确定性	0.04	0.03	0.04	0.03
养老保险	0.85	0.86	0.85	0.35
医疗保险	0.96	0.97	0.96	0.18
商业保险	0.10	0.12	0.10	0.30
社会网络（万元）	0.05	0.07	0.05	0.17

7.3　模 型 设 定

7.3.1　中介模型

本书运用巴伦和肯尼（Baron and Kenny，1986）提出的逐步分析法，并参考温忠麟和叶宝娟（2014）提出的中介效应检验方法，构造中介效应检验模型如下：

$$Y_i = c \cdot Job_i + \beta_3 \cdot X + \sigma_{1i} \tag{7.12}$$

$$Exclusion_i = a \cdot Job_i + \beta_4 \cdot X + \sigma_{2i} \tag{7.13}$$

$$Y_i = c' \cdot Job_i + b \cdot Exclusion_i + \beta_5 \cdot X + \sigma_{3i} \tag{7.14}$$

其中，Y_i 是因变量，表示家庭风险金融市场参与意愿、风险金融资产持有比例和资产配置有效性；Job_i 是自变量，表示户主是转移，与前文相同；$Exclusion_i$ 为中介变量，即金融排斥程度；X 为控制变量。

检验过程为：中介效应以解释变量显著影响 Y 为前提（Baron and Kenny，1986）。第一步检验式（7.12）的系数 c，若 c 显著则为中介效应，否则为遮掩效应（当中介效应和直接效应符号相反时，则会产生遮掩效应）；第二步检验式（7.13）的系数 a 和式（7.14）的系数 b，如果两者都显著则表示存在中介效应；如果有一个系数不显著则需要用 Bootstrap 法进行进一步检验系数 a 和 b，如 a、b 都显著则表明存在中介效应且可进行后续检验，否则判定为不存在中介效应；第三步检验式 (7.14) 的系数 c'，若显著表明是部分中介效应，否则是完全中介；第四步汇报中介效应占总效应的比重 ab/c。

7.3.2 调节模型

本书参考温忠麟和叶宝娟（2014）提出的方法进行检验，构造调节效应模型如下：

$$Y_i = c_0 + c_1 \cdot Job_i + c_2 \cdot Uncern_i + c_3 \cdot Job_i \cdot Uncern_i + \beta_6 \cdot X + \varepsilon_{1i}$$

$$(7.15)$$

$$Y_i = c_0 + c_1 \cdot Job_i + c_2 \cdot Risksharing_i + c_3 \cdot Job_i \cdot Risksharing_i + \beta_6 \cdot X + \varepsilon_{1i}$$

$$(7.16)$$

其中，$Uncern_i$ 表示不确定性风险，$Risksharing_i$ 表示风险分担，其他变量含义与中介效应模型相同。

7.4 金融排斥的中介效应

已有文献表明，金融排斥在农村市场普遍存在，且对家庭投资决策产生负向影响。那么，劳动转移是否可以通过缓解金融排斥而对家庭金融资产配置行为产生影响？如果能够通过缓解金融排斥的中介作用实现，那么供给端金融排斥和需求端金融排斥所产生的作用是否存在差异？从需求端金融排斥的中介效应来看，劳动力转移可能通过更新家庭投资理财观念、丰富家庭金融素养、改善风险厌恶程度、创新理财手段等途径，促进家庭对金融市场的参与。从供给端金融排斥的中介效应来看，转移劳动力有更多机会接触到金融机构和金融产品，获取金融服务渠道增加，对金融产品的持有概率提高。

表 7 - 4 利用前文模型对需求端金融排斥的中介效应进行检验。第一步检验劳动力转移对家庭风险金融市场参与的估计系数为 0.020，在 1% 置信水平下显著；第二步检验劳动力转移对需求端金融排斥的系数

为 - 0.153，需求端金融排斥对家庭风险金融市场参与的估计系数是 - 0.032，二者均在 1% 置信水平下显著；第三步检验在控制需求端金融排斥程度的情况下，劳动力转移对家庭金融市场参与的估计系数为 0.019；最后计算得到中介效应占总效应比重为 24.48%。

表 7 - 4　　　　　　　中介模型检验：需求端金融排斥

	参与	占比	有效性	金融排斥	参与	占比	有效性
	(1)	(2)	(3)	(4)	(5)	(6)	(7)
劳动力转移	0.020 *** (0.004)	0.216 *** (0.046)	0.065 *** (0.018)	- 0.153 *** (0.052)	0.019 *** (0.004)	0.200 *** (0.046)	0.062 *** (0.018)
金融排斥					- 0.032 *** (0.007)	- 0.389 *** (0.070)	- 0.010 *** (0.002)
控制变量	控制	控制	控制	控制	控制	控制	控制
N	9346	9346	9346	9346	9346	9346	9346
R	0.19	0.18	0.27	0.17	0.20	0.19	0.27

注：括号内为稳健标准差。 *** 、 ** 和 * 分别表示在 1%、5% 和 10% 的显著性水平下显著，本章以下表格 * 号含义相同，不再赘述。

对劳动力转移影响家庭风险金融资产持有比例和有效性进行分析，结果表明需求端金融排斥的中介效应同样显著，中介效应占总效应比重分别为 27.55% 和 2.35%。因此，劳动力转移能够通过缓解需求端金融排斥程度显著促进家庭对风险金融市场的参与程度和资产配置的有效性。

为了进一步检验不同维度金融排斥的显著性，我们也对每个维度的金融排斥分别进行了中介效应检验，结果均显著（见表 7 - 5）。对于家庭风险金融市场参与概率而言，金融知识排斥、风险排斥、信息排斥、互联网排斥的中介效应占总效应比重分别为 31.50%、1.85%、12% 和 5.6%。对于家庭风险金融资产持有比例而言，金融知识排斥、风险排斥、信息排斥、互联网排斥的中介效应占总效应比重分别为 3.56%、2.4%、10.53% 和 6.1%。对于家庭资产配置有效性而言，金融知识排斥、风险排斥、互联网排斥的中介效应占总效应比重分别为 3.34%、2%、11.67%、6.64%。可见，劳动力转移通过缓解金融知识排斥、风险排斥、信息排斥和互联网排斥，进而促进家庭风险金融资产配置。

表 7 – 5　　　　　　　中介模型检验：需求端金融排斥再检验

Panel A：金融知识排斥的中介效应						
	参与	占比	有效性	金融知识排斥	参与	占比	有效性
	（1）	（2）	（3）	（4）	（5）	（6）	（7）
劳动力转移	0.020 *** (0.004)	0.216 *** (0.046)	0.065 *** (0.018)	0.070 *** (0.021)	0.020 *** (0.004)	0.217 *** (0.046)	0.065 *** (0.018)
金融知识排斥					– 0.090 *** (0.020)	– 0.110 *** (0.020)	– 0.031 *** (0.008)
控制变量	控制	控制	控制	控制	控制	控制	控制
N	9346	9346	9346	9346	9346	9346	9346
R	0.19	0.18	0.21	0.21	0.19	0.18	0.22

Panel B：风险排斥的中介效应						
	参与	占比	有效性	风险排斥	参与	占比	有效性
	（1）	（2）	（3）	（4）	（5）	（6）	（7）
劳动力转移	0.020 *** (0.004)	0.216 *** (0.046)	0.065 *** (0.018)	– 0.185 *** (0.008)	0.020 *** (0.004)	0.216 *** (0.046)	0.064 *** (0.018)
风险排斥					– 0.002 *** (0.001)	– 0.028 *** (0.007)	– 0.007 *** (0.003)
控制变量	控制	控制	控制	控制	控制	控制	控制
N	9346	9346	9346	9346	9346	9346	9346
R	0.19	0.18	0.21	0.12	0.22	0.22	0.22

Panel C：信息排斥的中介效应						
	参与	占比	有效性	金融知识排斥	参与	占比	有效性
	（1）	（2）	（3）	（4）	（5）	（6）	（7）
劳动力转移	0.020 *** (0.004)	0.216 *** (0.046)	0.065 *** (0.018)	– 0.048 *** (0.014)	0.020 *** (0.004)	0.208 *** (0.046)	0.064 *** (0.018)
金融知识排斥					– 0.050 *** (0.010)	– 0.474 *** (0.120)	– 0.158 *** (0.038)
控制变量	控制	控制	控制	控制	控制	控制	控制
N	9346	9346	9346	9346	9346	9346	9346
R	0.19	0.18	0.21	0.18	0.25	0.23	0.22

Panel D：互联网排斥的中介效应						
	参与	占比	有效性	互联网排斥	参与	占比	有效性
	(1)	(2)	(3)	(4)	(5)	(6)	(7)
劳动力转移	0.020*** (0.004)	0.216*** (0.046)	0.065*** (0.018)	−0.026** (0.011)	0.019*** (0.004)	0.199*** (0.046)	0.055*** (0.018)
互联网排斥					−0.043*** (0.004)	−0.506*** (0.054)	−0.166*** (0.017)
控制变量	控制	控制	控制	控制	控制	控制	控制
N	9346	9346	9346	9346	9346	9346	9346
R	0.19	0.18	0.21	0.11	0.22	0.21	0.22

其中，信息排斥和互联网排斥作用更为显著。说明对于农村家庭来说，转移就业能够改善农村家庭金融知识的匮乏、信息不对称的限制，保障家庭获得更多投资性收入。而政府更应通过规范市场秩序和完善制度建设来提供更多准入门槛低、风险较低的金融产品，通过教育、培训等多方途径促进农户认知水平的提升，以此提高农户的投资收益。

表7-6利用同样方法对供给端金融排斥的中介效应进行检验，第（5）~（7）列供给端金融排斥的估计系数均不显著。

表7-6 中介模型检验：供给端金融排斥

	参与	占比	有效性	金融排斥	参与	占比	有效性
	(1)	(2)	(3)	(4)	(5)	(6)	(7)
劳动力转移	0.020*** (0.004)	0.216*** (0.046)	0.065*** (0.018)	−0.038*** (0.008)	0.020*** (0.004)	0.211*** (0.046)	0.061*** (0.018)
金融排斥					−0.002 (0.007)	−0.048 (0.082)	−0.008 (0.026)
控制变量	控制	控制	控制	控制	控制	控制	控制
N	9346	9346	9346	9346	9346	9346	9346
R	0.16	0.17	0.16	0.12	0.16	0.17	0.22

结果表明，在劳动力转移影响家庭参与风险金融市场过程中，供给端金融排斥的中介作用不显著。通过数据分析发现，样本中仅有24.82%的家庭面临供给端金融排斥，占比较低。可能的原因是，近年来随着农村地区金融机构的设立和金融服务的普及，金融发展覆盖率较高，农村家庭获得金融服务的机会不断增加。《2019年中国普惠金融发展报告》指出，截至2019年6月底，中国人均拥有7.6个银行账户，拥有5.7张银行卡，比2014年底增长了60%和50%；ATM机79台，每10万人拥有POS机2356台，比2014年底实现翻番。除了机构网点外，农村地区还采用电子机具等终端、移动互联技术，普及便民服务点、流动服务站、助农取款点等方式，进一步扩大基本金融服务覆盖面。到2019年6月底，全国乡镇银行网点覆盖率达到95.65%，行政村银行网点覆盖率达到99.20%。因而，对于转移就业群体来说，并非通过缓解供给端金融排斥促进了家庭对风险金融市场的参与程度和资产配置的有效性。

综上所述，劳动力转移就业主要是通过缓解农户需求端金融排斥提升家庭风险金融市场的参与程度和资产配置的有效性。虽然农村地区金融发展水平较城市而言仍存在差距，但近年来农村地区金融投入、金融制度建设、金融机构分布、金融业务普及等方向显著提高，如农行惠农通、建行裕农通等普惠金融业务开展，加之互联网金融的普及，农村地区金融发展覆盖率不断提高，供给端导致金融排斥的影响逐渐减弱。与此同时，需求端形成的金融排斥依然存在，如农村家庭财富的增长水平、理财观念的落后、金融知识普及不足等。因此，相比较而言，如何缓解农村地区金融产品供需不平衡的矛盾，进一步改善农户需求端金融排斥程度是未来发展亟待解决的问题。

7.5　不确定性风险的调节效应

表7-7第（1）列引入劳动力流动与收入风险的交互项，我们检验了不确定性风险对劳动力转移促进家庭风险金融资产配置的调节作用。

表 7 - 7　　　　　　　　收入不确定性风险的调节效应检验

	风险资产参与		风险资产占比	
	（1）	（2）	（3）	（4）
劳动力转移	0.049 （0.068）	0.003 （0.032）	0.736 （0.765）	0.120 （0.401）
收入不确定性	- 0.002 *** （0.001）		- 0.018 *** （0.006）	
劳动力转移 * 收入不确定性	- 0.009 *** （0.003）		- 0.076 * （0.041）	
失业概率		0.009 ** （0.004）		0.110 ** （0.049）
劳动力转移 * 失业概率		- 0.008 * （0.004）		- 0.082 * （0.042）
控制变量	控制	控制	控制	控制
N	9346	9346	9346	9346
R	0.16	0.16	0.17	0.17

第（1）列和第（3）列为加入收入不确定性作为交互项的回归结果，第（2）列和第（4）列为加入收入不确定性的代理变量，即失业概率，作为交互项的回归结果。交互项系数均显著为负，结果表明收入不确定性对劳动力转移与家庭风险金融资产配置之间的关系产生负向调节作用，即收入不确定性的程度越高，劳动力转移对家庭金融资产配置行为的促进作用越弱。

表 7 - 8 第（1）列引入劳动力流动与支出不确定性的交互项，我们检验了医疗支出不确定性和教育支出不确定性对劳动力转移促进家庭风险金融资产配置的调节作用。第（1）列和第（3）列为加入医疗支出不确定性作为交互项的回归结果，第（2）列和第（4）列为加入教育支出不确定性作为交互项的回归结果。交互项系数均显著为负，结果表明医疗和教育不确定性对劳动力转移与家庭风险金融资产配置之间的关系产生负向调节作用，即医疗和教育不确定性的增加，会弱化劳动力转移对家庭金融资产配置行为的促进作用。

表 7 - 8   支出不确定性风险的调节效应检验

	风险资产参与		风险资产占比	
	（1）	（2）	（3）	（4）
劳动力转移	0.020 * (0.011)	0.014 ** (0.006)	0.239 ** (0.120)	0.150 (0.097)
医疗支出不确定性	− 0.033 *** (0.011)		− 0.312 ** (0.127)	
劳动力转移 * 医疗 支出不确定性	− 0.001 *** (0.000)		− 0.007 *** (0.002)	
教育支出不确定性		− 0.064 (0.043)		− 0.077 (0.047)
劳动力转移 * 教育 支出不确定性		− 0.015 *** (0.005)		− 0.166 *** (0.044)
控制变量	控制	控制	控制	控制
N	9346	9346	9346	9346
R	0.16	0.16	0.17	0.17

7.6　风险分担的调节效应

表 7 - 9 检验了正式风险分担对劳动力转移与家庭投资行为关系的调节作用。

表 7 - 9   正式风险分担的调节效应

	风险资产参与			风险资产占比		
	（1）	（2）	（3）	（4）	（5）	（6）
劳动力转移	0.037 *** (0.010)	0.019 ** (0.008)	0.021 *** (0.007)	0.402 *** (0.109)	0.184 ** (0.085)	0.200 *** (0.075)
养老保险	0.013 * (0.006)			0.126 ** (0.063)		

	风险资产参与			风险资产占比		
	（1）	（2）	（3）	（4）	（5）	（6）
劳动力转移 * 养老保险	0.000 (0.010)			0.010 (0.107)		
医疗保险		0.025 *** (0.009)			0.131 *** (0.023)	
劳动力转移 * 医疗保险		0.002 *** (0.001)			0.159 *** (0.054)	
商业保险			0.012 ** (0.006)			0.133 ** (0.061)
劳动力转移 * 商业保险			−0.008 (0.009)			−0.070 (0.104)
控制变量	控制	控制	控制	控制	控制	控制
N	9346	9346	9346	9346	9346	9346
R	0.16	0.16	0.16	0.17	0.17	0.17

第（1）、（3）列引入养老保险和劳动力转移的交互项，结果为正但不显著。说明养老保险对劳动力转移与家庭投资行为的关系并不是很敏感，换句话说，新型农村养老保险制度并没有有效地强化劳动力转移对家庭参与风险金融市场的促进作用。这可能是因为新型农村社会养老保险由于保障水平低，不能有效地鼓励居民家庭投资更多的风险资产。

第（2）、（4）列引入医疗保险和劳动力转移的交互项，结果显著为正。说明持有医疗保险的家庭，劳动力转移就业对家庭投资行为的促进作用更为显著。第（3）、（5）列引入商业保险和劳动力转移的交互项，结果为负但不显著。说明持有商业保险不会强化劳动力转移就业对家庭投资行为的促进作用，甚至家庭可能会因为购买商业保险的支出增加，而对风险金融市场投资产生替代效应。

表 7-10 引入社会网络和劳动力转移的交互项，以检验非正式风险分担能否促进劳动力转移对家庭投资行为的促进作用。研究发现，非正式风险分担对转移就业促进家庭风险金融市场参与概率和风险金融资产

配置比例在5%的水平上都有显著正向影响。说明基于社会网络形成的非正式风险分担不仅能够为家庭提供物质和情感支持，冲减其遭受损失的负面效应，而且可以降低家庭的风险厌恶程度，增强农户的风险承担能力，进而强化了劳动力转移对家庭投资行为的促进作用。

表 7-10   非正式风险分担的调节效应

	风险资产参与	风险资产占比
	（1）	（2）
劳动力转移	0.011 ** （0.004）	0.117 ** （0.056）
社会网络	0.001 （0.007）	0.015 （0.085）
劳动力转移 * 社会网络	0.031 ** （0.013）	0.225 * （0.126）
控制变量	控制	控制
N	9346	9346
R	0.16	0.26

7.7 影响机制的再检验

7.7.1 金融排斥的中介效应再检验

为了检验中介效应的可靠性，我们以"距离家庭最近的金融服务机构的距离"和"您对目前所获得的银行服务的总体评价"作为供给端金融排斥的代理变量，对结果进行进一步验证。

实证结果见表7-11，无论以"距离家庭最近的金融服务机构的距离"作为供给端金融排斥的代理变量，还是以"您对目前所获得的银行服务的总体评价"作为供给端金融排斥的代理变量，供给端金融排斥的估计系数均不显著。结果再次验证，在劳动力转移影响家庭参与风险金融市场的过程中，供给端金融排斥的中介作用不显著。

表 7 – 11　　　　　中介模型检验：供给端金融排斥再检验

Panel A：供给端金融排斥再检验（金融机构距离）						
	参与	占比	有效性	金融排斥	参与	占比	有效性
	(1)	(2)	(3)	(4)	(5)	(6)	(7)
劳动力转移	0.020 *** (0.007)	0.216 ** (0.084)	0.065 *** (0.018)	– 0.336 (0.578)	0.023 *** (0.007)	0.232 *** (0.081)	0.068 *** (0.018)
金融排斥					– 0.001 (0.000)	– 0.011 * (0.006)	– 0.004 (0.004)
控制变量	控制	控制	控制	控制	控制	控制	控制
N	9346	9346	9346	9346	9346	9346	9346
R	0.15	0.16	0.22	0.18	0.15	0.16	0.22
Panel B：供给端金融排斥再检验（服务评价）						
	参与	占比	有效性	金融排斥	参与	占比	有效性
	(1)	(2)	(3)	(4)	(5)	(6)	(7)
劳动力转移	0.020 *** (0.007)	0.216 ** (0.084)	0.065 *** (0.018)	– 0.017 (0.012)	0.020 *** (0.007)	0.214 ** (0.085)	0.599 ** (0.256)
金融排斥					– 0.007 (0.006)	– 0.081 (0.067)	– 0.045 (0.182)
控制变量	控制	控制	控制	控制	控制	控制	控制
N	9346	9346	9346	9346	9346	9346	9346
R	0.15	0.16	0.22	0.18	0.15	0.16	0.22

7.7.2　不确定性风险和风险分担的调节效应再检验

为避免指标定义和变量选择上的差异对实证结果的影响，我们用下面的方法对实验结果进行重新检验。

第一，以家庭中至少有一人拥有保险来衡量家庭保险状况并不能反映所有情况，例如，家庭中只有一人投保和所有人投保对自选择的影响明显不同，而家庭投保也与家庭规模相关。因此，我们也检验了家庭参保率对资产配置的影响。其中，养老保险参保率为家庭持有养老保险的人数与家庭 16 周岁及以上人数的比例；医疗保险参保率为家庭持有医疗保险的人数与家庭 16 周岁及以上人数的比例；商业保险参保率为家庭持有商业保险的人数与家庭 16 周岁及以上人数的比例。表 7 - 12 结果表明，家庭医疗保险参保率的提升能够显著促进劳动力转移对家庭风险金融资产配置的积极作用，但对于养老保险和商业保险而言，该强化机制不显著。该结果进一步验证了本书结论。

表 7 - 12　　　　　　　　正式风险分担的调节效应再检验

因变量	风险资产参与			风险资产占比		
	（1）	（2）	（3）	（4）	（5）	（6）
劳动力转移	0.020 *** （0.007）	0.012 （0.009）	0.020 *** （0.007）	0.179 ** （0.075）	0.148 * （0.075）	0.183 ** （0.074）
养老保险参保率	0.002 （0.004）			0.062 （0.045）		
劳动力转移 * 养老 保险参保率	0.010 （0.010）			0.110 （0.095）		
医疗保险参保率		0.005 （0.004）			0.043 （0.041）	
劳动力转移 * 医疗 保险参保率		0.020 *** （0.007）			0.203 *** （0.052）	
商业保险参保率			0.002 （0.004）			0.062 （0.043）
劳动力转移 * 商业 保险参保率			- 0.018 （0.013）			- 0.164 （0.134）
控制变量	控制	控制	控制	控制	控制	控制
N	9346	9346	9346	9346	9346	9346
R	0.16	0.16	0.16	0.17	0.17	0.17

　　第二，我们参考黄倩（2014）的测量方法，用家庭网络通信费用代替礼金收入来衡量家庭社会网络，进而衡量家庭非正式风险分担能

力，结果见表 7 – 13。研究发现，非正式风险分担能力较强的家庭，劳动力转移就业对风险金融资产配置的促进作用更为明显。上述结果进一步验证了我们的结论。

表 7 – 13　　　　　　　　非正式风险分担的调节效应再检验

因变量	风险资产参与	风险资产占比
	(1)	(2)
劳动力转移	0.011 ** (0.004)	0.117 ** (0.056)
社会网络	0.001 (0.007)	0.015 (0.085)
劳动力转移 * 社会网络	0.031 ** (0.013)	0.225 * (0.126)
控制变量	控制	控制
N	9346	9346
R	0.16	0.26

7.8　本 章 小 结

结合前文得出的结论：劳动力转移能够促进家庭对风险金融市场的参与行为和资产配置有效性。本章对这一结论具体的影响机制进行了探析，分析了由金融知识排斥、风险排斥、信息排斥和互联网排斥形成的需求端排斥和供给端排斥情况，建立了农村地区家庭金融排斥程度综合指标，探讨了劳动力转移对家庭风险金融资产配置的影响机制。

本部分实证结果表明，供给端金融排斥的中介作用在劳动力转移影响家庭风险金融资产配置的过程中不显著。通过数据分析发现，样本中仅有 24.82% 的家庭面临供给端金融排斥，占比较低。可能的原因是，近年来农村地区金融投入、金融制度建设、金融机构分布、金融业务普及等方面显著提高，如农行惠农通、建行裕农通等普惠金融业务开展。除机构网点外，农村地区利用电子机具等终端、移动互联技术以及便民服务点、流动服务站、助农取款服务点等代理模式，进一步扩大基础金融服务覆盖面。加之互联网金融的普及，农村地区金融发展覆盖率不断提高，供给端导致金融排斥的影响逐渐减弱。对于转移就业群体来说，也并非通过缓解供给端金融排斥促进了家庭对金融市场的参与。

与此同时，需求端形成的金融排斥依然存在。劳动力转移就业可以通过缓解农村家庭需求端金融排斥从而促进家庭金融市场参与和优化家庭资产配置。对需求端金融排斥的各个维度进行中介效应检验发现，劳动力转移通过缓解金融知识排斥、风险排斥、信息排斥和互联网排斥，进而促进家庭风险金融资产配置。而信息排斥和互联网排斥作用更为显著。从金融市场参与角度来说，一方面，转移就业人群在兼具传统的亲缘和地缘关系的基础上，扩大了社会网络建立起新的业缘关系，获取金融信息的渠道进一步拓宽。另一方面，人员流动产生了资金流动性需求，更可能因为工资发放或转账而和银行等金融机构接触，更容易从正规金融机构直接获得更多金融信息，这些知识有利于家庭了解金融产品的收益与风险，减少家庭参与金融市场时的信息搜寻和处理成本，从而提高家庭对金融市场的参与。首先，从资产配置有效性的角度来看，说明对于农村家庭来说，外出就业能够改善农村家庭金融知识的匮乏、信息不对称的限制，保障家庭获得更多投资性收入。因此，相比较而言，如何缓解农村地区金融产品供需不平衡的矛盾，进一步改善农户需求端金融排斥程度，特别是提升农户金融素养水平和改善信息不对称，是未来农村地区金融市场发展亟须解决的问题。

其次，将不确定性风险和风险分担纳入分析框架发现，不确定性风险和风险分担在劳动力转移对家庭风险金融资产配置中存在调节效应。

从不确定性风险角度来分析，农村地区的教育和就业体系还不够完善，医疗、养老等社会保障制度还不够健全，使家庭面临更多的不确定性风险，为应对收入波动以及医疗、健康方面的不确定性风险冲击，家庭预防性储蓄动机强烈。除此之外，农户风险态度普遍较为保守，当面临不确定性风险时，往往通过降低其他风险，使总的风险敞口维持适度水平，最终形成以存款为主的家庭资产配置模式。因此，收入不确定性和教育、医疗不确定性均会弱化转移就业对农户投资行为的促进作用。

基于风险分担视角的研究发现，医疗保险和依赖社会网络进行非正式风险分担能够强化劳动力转移对农村家庭风险金融市场参与概率的促进作用。其主要原因是，医疗保险和非正式风险分担可以平滑各期消费，减轻家庭的预防性储蓄动机，减轻其面临的不确定性，并增强家庭的风险应对能力，从而强化转移就业对农户投资行为的促进作用。但是，养老保险的促进作用不大，可能是由于农村地区新农保的保障水平较低，不能有效地鼓励居民家庭投资风险资产的比例提高。而商业保险的促进作用也不显著，家庭甚至可能会因为购买商业保险的支出增加，而对风险金融市场投资产生替代效应。

第8章 农村家庭金融资产配置的消费效应研究

前文已经论证了农村地区劳动力转移和家庭金融资产配置之间的关系，结果表明，劳动力转移能够促进家庭对风险金融市场的参与，提升家庭对风险金融资产的持有比例和资产配置的有效性。

长期以来的"二元经济"结构导致了城乡劳动报酬水平的巨大差异，而随着农村地区规模农业的兴起，大量农村剩余劳动力外出务工，农村地区家庭劳动收入逐步提高，家庭财富也得到不断积累。但是受限于农村地区金融排斥问题依然严峻，大部分家庭依然选择将家庭资产用于储蓄等无风险投资，而对于风险金融市场的参与较少。但不可否认的是，无风险投资获得的收益有限，随着人民币不断贬值导致居民财富不断缩水，无风险投资收益很难带动居民购买力的提升。因此，风险金融资产配置在家庭消费决策中也逐渐产生重要作用。发改委、中宣部、教育部等23个部门在2020年《关于促进消费扩容提质加快形成强大国内市场的实施意见》中提出"要稳定和增加居民财产性收入，丰富和规范居民投资理财产品"。风险金融资产作为财产性收入的重要来源，对消费的影响不可忽视。家庭的资产配置结构决定了家庭投资组合的风险、收益特征，会直接影响家庭金融市场获取财产性收入的能力、风险承担程度甚至是融资能力，进而对家庭消费行为产生影响。

家庭资产作为影响居民消费的另一个重要因素，对于研究如何有效扩大居民消费具有重要意义。各类资产对居民消费行为的影响也存在显著差异，其作用机制也不尽相同（Carrollet al.，2011），有必要开展针对性的研究。农户金融资产配置行为存在的意义何在？把家庭财富作为金融资产持有是必要的吗？本章通过对这些问题的深入分析，从家庭投资行为和资产配置有效性的角度出发，探讨金融投资对农户消费行为的重要影响，从而为提高农村家庭资产配置意识提供微观依据。

8.1　影　响　途　径

就农村地区家庭持有的金融资产对消费行为的影响而言，其影响途径主要有以下几种：

8.1.1　增收效应

合理的金融资产配置是家庭财富积累的重要途径之一，随着金融资产价格的上涨，家庭财产性收入增加，从而扩大了家庭预算约束范围，减轻了因流动性约束而导致的家庭消费对收入过度敏感（文洪星，2018），进一步促进家庭财富水平积累。

农业生产经营收入是大部分农村家庭的主要收入来源，但由于自然灾害、农产品市场不稳定等不确定性因素的存在，使农户的农业收入和家庭总收入存在一定的波动性。一是农业生产受到环境、气候、自然灾害、市场等因素影响较大，导致了务农家庭收入不稳定；二是即使家庭从事非农行业或外出务工，仍旧以打零工为主，收入及社会福利得不到有效保障，家庭依然面临较大收入风险。而财产性收入作为家庭收入的重要补充，一定程度上能够起到平滑农业收入波动的作用。投资收益作为财产性收入重要来源，可以有效促进农村家庭收入多样化，减轻农业经营带来的收入风险，从而保障和提高农民消费水平。

143

8.1.2　财富积累效应

长远来看，金融资产配置是家庭积累财富的重要途径，而对持有风险金融资产的农村家庭而言，金融资产增值后，家庭财产性收入增加，财富水平提高，扩大了家庭预算约束边界，使其消费预算和意愿增加，从而推动家庭消费支出。与此同时，资产价值的上升不仅会影响当前的财富与消费，也会影响农村家庭对未来收入与财富的预期，从而会进一步提高他们目前的消费意愿。

8.1.3　储蓄替代效应

弗里德曼（Friedman, 1957）提出的持久收入假说认为，消费者的消费支出并非由当前收入决定，而是由持久收入决定的。理性消费者为了达到最大效用，不是根据当前时期的暂时收入，而是根据能够长期维持的收入水平，即持续的收入水平，来作出消费决定。生命周期理论认为，消费者为了实现平稳消费，将各期的预期总收入进行优化配置，从而达到跨期效用最大化。家庭消费是一种跨期行为，出于对未来不确定性的担心，家庭会通过预防性储蓄，使收入与消费之间保持平衡。由于未来收入的不确定性，家庭习惯于通过预防性储蓄来维持其消费和收入的平稳，家庭预防性储蓄会随着对于未来不确定性的增加而提高，这种现象在我国农村地区尤其明显。与城镇家庭相比，农村家庭的养老、医疗等社会保障水平较低，无法为家庭分散风险提供支持。因此，风险金融资产配置作为预防性储蓄的替代选择，资产价值的上升会增强农村家庭风险资产配置意愿，降低其储蓄倾向，进而提高其消费倾向。

8.1.4　心理账户效应

心理账户是人们根据资产来源进行分类的心理过程，它使人们对价格失去理性，产生非理性经济行为。因而，人们就会根据其资产来源和性质的不同而表现出心理偏差，设立不同类型的心理账户，这类差异又会影响人们的消费行为，从而使不同资产具有不同的消费倾向（Thaler, 1999）。

根据资产来源的不同，冉（Ran, 1999）将心理账户分为固定收入和意外收入，两者主要在个人付出努力程度和获取困难程度上有区别。固定收入一般指个人劳动所得，属于来之不易且可以预料的收入；而意外收入则指非劳动所得且意料之外的收入。基于收入不确定角度来说，农村地区家庭经营性收入、工资性收入具有固定收入的特征，相对而言波动性小更加稳定，而转移性收入和财产性收入具有意外收入的特征。

对于城镇地区居民的研究发现，固定收入的边际消费倾向大于意外收入的边际消费倾向（方福前和张艳丽，2011），因为对于城镇居民来说，固定收入是稳定并且可以预见的，因此人们对于固定收入不会储蓄反而会消费；但对于意外收入来说，由于不确定性较大，因此人们需要增加储蓄减少消费来弥补这类收入波动。

　　而对于农村地区家庭研究则得出相反的结论。张秋慧和刘金星（2010）运用 1997～2007 年省级面板数据对农村居民家庭消费行为发现，各种收入来源的消费倾向不同，而"意外之财"在消费支出时更为随意，因此对消费的拉动作用更为显著。方福前和张艳丽（2011）基于我国 2001～2008 年省级面板数据得到相同结论，并认为农村地区固定性收入的边际消费倾向低于意外收入的原因在于，农村地区固定性收入的不确定性因素依然较大，容易受到自然灾害、市场风险等多种因素影响，因此需要储蓄来弥补收入风险，从而拉低了居民消费。因此，对于农村地区家庭来说，财产性收入的消费倾向可能更大。

8.2　模型与变量

8.2.1　模型构建

1. 倾向得分匹配方法

　　农户金融资产配置行为并非严格外生的随机行为，而是农户自我选择的结果，若采用多元回归方法进行估计，将会产生样本选择偏差和内生性问题，因而无法得到准确的结果。因此，本书采用倾向得分匹配方法（Propensity Score Matching，PSM）来估计农村家庭投资风险金融资产的平均处置效应（Average Treatment Effect on the Treated，ATT），即持有风险金融资产给某一家庭消费支出带来的平均变化，以克服此类问题。其基本思路是：对参与风险金融市场的家庭构建一个不投资的样本，并保证两种样本家庭除金融资产投资行为上的不同外，其他特征相似。两个家庭的消费差值即为同一个个体两次不同实验（是否投资金融产品）的结果，即投资金融产品对农户家庭消费的平均处置效应。将投资于风险金融市场的家庭为处理组，则其持有风险金融资产对处理组家庭的平均处理效应（ATT）可以用如下公式表示：

$$ATT = E(y_{1i} - y_{0i} \mid riskhold_i = 1)$$

$$= E(y_{1i} \mid riskhold_i = 1) - E(y_{0i} \mid riskhold_i) = 1 \qquad (8.1)$$

其中 y 是被解释变量，即家庭消费支出，y_{1i} 为家庭 i 参与风险金融市场时的消费；y_{0i} 表示同一时间内，该家庭未参与风险金融市场时的消费；$riskhold_i$ 代表家庭是否参与风险金融市场的虚拟变量，若参与风险金融市场则取值为 1，属于处理组；否则取值为 0，表明家庭未参与风险金融市场，属于未处理组。$E(y_{1i} \mid riskhold_i = 1)$ 表示处理组家庭所观测到的平均消费支出，$E(y_{0i} \mid riskhold_i = 1)$ 是未处理组家庭的平均消费支出。据此，可以排除其他影响因素，计算出持有风险金融资产对家庭消费支出的净效应。

但是对处理组家庭来说，事实是家庭参与了风险金融市场，因此 y_{1i} 可被观测到。但未参与风险金融市场的家庭，y_{0i} 无法被观测到。这样的话，就很难计算平均加工效应。针对这一点，罗森鲍姆和鲁宾（Rosenbaum and Rubin，1985）使用倾向分数匹配（PSM）方法来解决这类问题。这种方法的思路是，从来没有持有风险金融资产的家庭找到与处理组家庭条件相同的对照组，将对照组的消费支出作为处理组的"反事实"结果，然后进行比较，以估计平均处理效果。根据倾向分数匹配法（PSM），式（8.1）的形式可调整为：

$$ATT = E(y_{1i} \mid riskhold_i = 1, p(X)) - E(y_{0i} \mid riskhold_i, p(X))$$

$$(8.2)$$

其中，$p(X)$ 为倾向得分，定义为在给定样本特征 X 的情况下，家庭投资于风险金融资产的条件概率，由于不知道倾向评分，可使用 Logistic 或 Probit 模型来估计这个值。其公式如式（8.3）所示：

$$p(X) = Pr(riskhold = 1 \mid X) \qquad (8.3)$$

使用 PSM 估计平均处理效果的具体步骤是：（1）选择一组合适的变量 X，使用 Logistic 或 Probit 模型估计倾向性得分。（2）以倾向评分为基础，寻找与处理组家庭相匹配的对照组，进行匹配的方法包括邻近距离匹配方法（Nearest Neighbor Matching）、半径匹配（Radius Matching）和核匹配法（Kernel Matching）。（3）通过检验匹配特征变量 X 在处理组与对照组之间的差异，对匹配效果进行检验。（4）估计平均处理效应。

2. 普通最小二乘法

本部分采用普通最小二乘法，分析农村地区家庭金融资产持有比例和资产配置有效性对消费的影响时，构建以下模型：

$$\text{lncon}_i = \alpha_1 \text{RiskRatio}_i + \beta_1 X + \mu_{1i} \qquad (8.4)$$

$$\text{lncon}_i = \alpha_2 \text{SharpRatio}_i + \beta_2 X + \mu_{2i} \qquad (8.5)$$

在式（8.4）和式（8.5）中，lncon_i 反映农户的消费支出水平。RiskRatio_i 表示家庭持有风险金融资产的比例；SharpRatio_i 是夏普比例，表示家庭金融资产配置有效性，X 是一组控制变量，μ_{1i} 和 μ_{2i} 为随机扰动项。

8.2.2　变量选取

1. 被解释变量

为了探讨家庭金融资产配置对消费行为的影响，并进一步考察不同类型消费的差异，被解释变量包括两类：一是家庭消费总支出；二是家庭消费结构，包括食品支出、衣着支出、生活用品及服务支出、教育文化娱乐支出、医疗保健支出、交通通信支出，单位均为人民币元（见表 8 - 1）。

2. 解释变量

家庭风险金融资产包括股票、基金、企业债券、金融债券、理财产品、黄金和外汇产品等金融资产，解释变量包括家庭参与风险金融市场的概率、持有风险金融资产的比例和金融资产配置的有效性。

表 8 - 1　　　　　　　　　　　　变量列表

变量名	说明
家庭 2017 年总消费	2017 年家庭总消费开支
食品支出	伙食费等
衣着支出	购买衣服花费等
生活用品及服务支出	水电燃料费、日常用品花费、家政服务花费等
教育文化娱乐支出	教育培训费、择校费、旅游花费、文化娱乐花费等
医疗保健支出	除去医保报销部分外自付医疗保健费用

147

变量名	说明
交通通信支出	交通费、通信费、购买交通工具费
年龄	户主年龄
性别	户主性别，男性赋值为1，女性则为0
受教育年限	按户主所受教育程度换算为教育年限
健康程度	与同龄人相比，身体健康状况如何，分为非常不好、不好、一般、好、非常好，分别赋值1~5
少儿抚养比	家庭中14岁以下子女数量占家庭总人口数量的比重
老年抚养比	家庭中65岁以上老人数量占家庭总人口数量的比重
家庭规模	家庭总人口数量
创业行为	是否有创业行为，有取1，否则取0
土地资产（亩）	家庭拥有土地规模
家庭收入对数值	家庭总收入
家庭资产对数值	家庭总资产
当地GDP	地区生产总值（省级）

148

3. 控制变量

本研究以户主特征变量、家庭特征变量和区域特征变量为控制变量。户主特征变量包括户主年龄、性别、健康程度、受教育年限，考虑到户主年龄对家庭消费可能产生非线性影响，我们引入了户主年龄的平方项作为控制变量。家庭特征变量包括少年抚养比、老年抚养比、家庭规模、家庭人均收入（元）、非金融资产。地区特征变量包括各省当年地区GDP（亿元）。此外，考虑极端值的影响，对家庭人均收入和总资产变量进行了取对数处理，并在1%和99%的水平上进行了缩尾。此外，数据处理中剔除了相关缺失值，最终筛选出了5084个农户家庭样本用于进一步的实证检验。

8.2.3 描述性统计

从表8-2可以看出，2017年家庭总消费的对数平均值为10.29，和家庭收入对数值非常接近，农村地区家庭消费水平很大程度上还是取决于家庭收入水平。样本平均年龄为 52.55 岁，平均受教育程度为初中水平。家庭平均人口数为 3 人，平均老年抚养比较高，达到 26%，平均少儿抚养比均低（9%），反映了农村地区家庭抚养压力依然较大。

表 8 - 2　　　　　　　　　　　描述性统计结果

变量	N	平均值	标准差	最小值	最大值
2017 年总消费取对数	9346	10.29	0.77	8.33	12.25
食品支出	9346	9.20	0.84	5.38	12.79
衣着支出	9346	6.00	2.58	0.00	10.82
生活用品支出	9346	7.77	0.96	0.00	12.40
教育娱乐支出	9346	3.76	4.16	0.00	13.32
医疗保健支出	9346	7.42	1.64	0.69	13.30
交通通信支出	9346	7.72	1.33	0.00	13.31
年龄	9346	52.55	8.95	18.00	65.00
性别	9346	0.90	0.30	0.00	1.00
受教育年限	9346	7.47	3.32	0.00	19.00
健康程度	9346	3.13	1.04	1.00	5.00
少儿抚养比	9346	0.09	0.15	0.00	0.80
老年抚养比	9346	0.26	0.40	0.00	1.00
家庭规模	9346	2.97	2.06	0.00	16.00
创业行为	9346	0.10	0.30	0.00	1.00
土地资产（亩）	9346	5.37	21.84	0.00	450.00
家庭收入对数值	9346	10.08	1.31	7.29	12.83
家庭资产对数值	9346	11.83	1.57	7.44	16.21
当地 GDP（省级）	9346	31.67	22.90	2.62	89.71

8.3 金融资产配置对农村家庭消费总支出与消费结构的平均影响测算

8.3.1 金融市场参与意愿对农村家庭消费的影响

1. 倾向得分估计

为获得匹配所需的倾向得分值，我们首先对式（8.3）所示的模型进行 Logistic 或 Probit，表8-3 为相关估计结果。表8-3 第（1）列结果表明，户主的受教育年限、家庭规模、收入以及资产对风险金融资产投资的可能性都有很大影响。具体地说，随着户主年龄的增长，家庭投资风险金融资产的可能性减少；户主受教育程度越高，参与风险市场的可能性越大；家庭收入和资产价值越高，风险资产投资的可能性就越大。Logistic 的估计结果也相同。为此，本章选择 Probit 模型来估计倾向得分值，并进行后续分析。

表8-3 倾向得分的 Logistic 和 Probit 模型估计结果

	（1）	（2）
	Probit	Logistic
年龄	-0.001 *** (0.000)	-0.001 *** (0.000)
受教育年限	0.002 *** (0.001)	0.002 *** (0.001)
健康程度	-0.001 (0.002)	-0.001 (0.002)
婚姻状况	0.002 (0.007)	0.004 (0.008)
性别	0.002 (0.007)	-0.000 (0.007)

	（1）	（2）
	Probit	Logistic
少儿抚养比	− 0.013 （0.013）	− 0.011 （0.013）
老年抚养比	− 0.007 （0.005）	− 0.007 （0.005）
是否创业	0.016 *** （0.004）	0.014 *** （0.004）
家庭收入	0.009 *** （0.002）	0.011 *** （0.002）
家庭总资产	0.012 *** （0.002）	0.011 *** （0.002）
地区 GDP	0.000 *** （0.000）	0.000 *** （0.000）
R	0.15	0.15
Observations	9346	9346

注：括号内为稳健标准差。***、** 和 * 分别表示在 1%、5% 和 10% 的显著性水平下显著，本章以下表格 * 号含义相同，不再赘述。

2. 匹配质量

在倾向得分估计的基础上，本部分采用邻近距离匹配、半径匹配和核匹配进行样本匹配，得到了样本匹配结果的检验信息，如表 8 - 4 所示。第（1）列和第（2）列为 Probit 模型中各变量解释能力的 R 和 Chi 统计量。配对前的数值分别为 0.140 和 352.52，表明匹配变量对于家庭风险投资决策具有显著影响。而匹配后模型解释能力显著下降，这是由于匹配后各观测值之间的差别变小导致的，由此可以判断匹配后各变量在对照组与处理组中的分布没有系统差异。

还可以通过直接偏差对比来判断匹配的效果，表 8 - 4 第（3）列和第（4）列为相关结果。匹配前，两组家庭各匹配变量的平均均值偏差为 39.5，中位数偏差为 36.0。匹配后，上述两个数值均大幅减少。其中，近邻法匹配后分别降低到 3.5 和 3.0，而半径匹配后分别降低到

1.4 和 1.1,核匹配后分别降低到 12.2 和 11.2。总体来说,经过倾向得分匹配筛选的对照组家庭,各特征已与处理组比较接近,匹配结果比较理想。其中,采用近邻匹配和半径匹配效果更好。

表 8 - 4   匹配质量检验

	Pseudo R	LR Chi	均值平均偏差	中位数平均偏差
匹配前	0.140	352.52	39.5	36.0
近邻匹配	0.004	3.31	3.5	3.0
半径匹配	0.001	0.40	1.4	1.1
核匹配	0.023	17.94	12.2	11.2

另外,平衡性检验结果表明,匹配后各处理组和控制组之间所有匹配变量的标准偏差均小于 10%,满足罗森鲍姆和鲁宾(1985)提出的标准化偏差应小于 20% 的建议。

3. 平均处理效应估计

本书基于样本匹配方法,对处理组家庭的平均处理效应(ATT)进行了估计。表 8 - 5 结果显示,农村居民投资风险金融资产使家庭消费总支出平均提高了 34%,且在 1% 的统计水平上显著。如果农户持有风险金融资产,那么当金融资产价值上升的时候,会使家庭财富增加,从而带动家庭消费支出的提升。另外,由于风险金融支出的收益存在不确定性,可能会使家庭不仅无法得到预期收益,还要承受资产损失,因此可能会降低家庭消费支出。而本书实证结果表明,农户参与风险金融市场投资对家庭整体能够产生促进作用。农户总体消费水平较低,其消费支出对风险资产价值上升的反应大于对风险资产价值下降的反应。当金融资产价值上升时,财富增长会刺激其潜在消费需求,因此消费支出增长更为明显。在消费结构上,风险金融资产对家庭食品、服装、生活用品、教育娱乐、交通通信等消费支出有正向影响,而对医疗保健支出无显著促进作用。在不同类型产品的消费中,投资风险金融资产的促进作用有明显差异,但并未改变农村居民家庭消费结构偏向,即大多家庭仍偏爱衣、食、住、行消费,在教育、娱乐、医疗等领域的消费依然不足。

表8-5　　　　　　　　　　　非耐用品和耐用品支出的ATT

消费类型	近邻匹配（k=3）			半径匹配（半径值=0.01）			核匹配（带宽=0.06）			平均
	(1)	(2)	(3)	(4)	(5)	(6)	(7)	(8)	(9)	(10)
	系数	标准差	t值	系数	标准差	t值	系数	标准差	t值	
总消费	0.261	0.051	5.08	0.320	0.041	7.87	0.439	0.040	11.07	0.340
食品支出	0.285	0.060	4.70	0.325	0.048	6.85	0.421	0.046	9.07	0.344
衣着支出	0.540	0.116	4.65	0.703	0.095	7.42	0.698	0.091	9.87	0.647
生活用品支出	0.220	0.071	3.09	0.227	0.054	4.20	0.361	0.053	6.79	0.269
教育娱乐支出	1.749	0.296	5.92	2.154	0.231	9.33	2.525	0.225	11.22	2.143
医疗保健支出	0.087	0.121	0.72	0.002	0.099	0.02	0.019	0.096	0.20	0.036
交通通信支出	0.448	0.077	5.81	0.460	0.061	7.54	0.656	0.059	11.12	0.521

8.3.2　金融资产配置水平对农村家庭消费的影响

进一步检验风险金融资产配置比例对农村家庭消费的影响，结果如表8-6所示。

表8-6　　　　　金融资产配置水平与对农村家庭消费的影响

	总消费	食品	衣着	生活用品	教育娱乐	医疗保健	交通通信
	(1)	(2)	(3)	(4)	(5)	(6)	(7)
金融资产水平	0.474*** (0.104)	0.415*** (0.119)	0.879** (0.364)	0.449*** (0.136)	2.594*** (0.575)	0.006 (0.253)	0.591*** (0.181)
年龄	-0.014*** (0.001)	-0.008*** (0.001)	-0.051*** (0.003)	-0.009*** (0.001)	-0.086*** (0.005)	0.001 (0.002)	-0.025*** (0.001)
受教育年限	0.005** (0.002)	0.007*** (0.003)	0.028*** (0.008)	0.012*** (0.003)	0.053*** (0.012)	-0.011** (0.005)	0.010*** (0.004)
健康程度	-0.021*** (0.007)	0.022*** (0.008)	0.135*** (0.024)	0.023** (0.009)	-0.004 (0.039)	-0.315*** (0.017)	0.008 (0.012)

153

	总消费	食品	衣着	生活用品	教育娱乐	医疗保健	交通通信
	(1)	(2)	(3)	(4)	(5)	(6)	(7)
婚姻状况	0.242*** (0.024)	0.263*** (0.028)	0.574*** (0.084)	0.326*** (0.031)	1.130*** (0.133)	0.146** (0.058)	0.394*** (0.042)
性别	-0.008 (0.024)	0.016 (0.028)	0.002 (0.085)	-0.170*** (0.032)	-0.219 (0.134)	-0.208*** (0.059)	0.150*** (0.042)
少儿抚养比	0.558*** (0.049)	0.617*** (0.056)	1.552*** (0.171)	0.455*** (0.064)	8.920*** (0.271)	0.745*** (0.119)	0.386*** (0.085)
老年抚养比	0.113*** (0.018)	0.114*** (0.021)	0.124** (0.063)	0.039* (0.023)	0.833*** (0.099)	0.362*** (0.044)	0.024 (0.031)
是否创业	0.182*** (0.023)	0.115*** (0.027)	0.160* (0.082)	0.276*** (0.031)	0.354*** (0.130)	-0.021 (0.057)	0.329*** (0.041)
家庭收入	0.140*** (0.006)	0.121*** (0.007)	0.408*** (0.021)	0.106*** (0.008)	0.402*** (0.033)	0.087*** (0.015)	0.218*** (0.010)
家庭总资产	0.110*** (0.005)	0.089*** (0.006)	0.246*** (0.018)	0.139*** (0.007)	0.177*** (0.028)	0.040*** (0.012)	0.196*** (0.009)
地区GDP	0.000 (0.000)	0.003*** (0.000)	-0.001 (0.001)	0.002*** (0.000)	-0.006*** (0.002)	-0.003*** (0.001)	-0.003*** (0.001)
Constant	7.992*** (0.085)	6.797*** (0.098)	0.346 (0.299)	5.052*** (0.112)	0.042 (0.474)	7.103*** (0.208)	3.925*** (0.149)
N	9346	9346	9346	9346	9346	9346	9346
R	0.28	0.19	0.21	0.20	0.24	0.05	0.27

风险金融资产价值对家庭消费总支出的估计系数为 0.474,在 1% 置信水平下显著。说明金融资产配置水平的提升能够促进家庭总消费支出。各分项回归结果表明,家庭持有金融资产比例的上升能够提高家庭食品、衣着、生活用品、教育娱乐、交通通信消费支出,但对医疗保健支出的促进作用不显著。

从控制变量来看,少儿抚养比和老年抚养比均对家庭消费水平产生促进作用,尤其是教育娱乐支出和医疗保健支出。家庭收入和总资产也对消费产生促进作用，这和已有针对城镇家庭的研究结果一致（李涛和陈斌开，2014）。地区 GDP 也能够促进家庭消费水平，但值得注意的是，地区 GDP 发展水平对教育娱乐支出产生显著负向影响。其原因可能为在经济越发达的地区，当地财政性教育经费也越充足，更加重视对教育的投入，降低了家庭在这方面的开支，有利于形成良好的居民消费预期，扩大消费需求。

8.3.3　金融资产配置有效性对农村家庭消费的影响

表 8 - 7 为风险金融资产配置有效性对农村家庭消费的影响结果。风险金融资产价值对家庭消费总支出的估计系数为 0.028，在 1% 置信水平下显著。说明金融资产配置有效性的提高促进了家庭总消费支出。具体来说，资产配置优化带来的收益对家庭食品、衣着、生活用品、教育娱乐、交通通信消费支出均能产生促进作用，但对医疗保健支出的作用则不显著。

表 8 - 7　　金融资产配置有效性与对农村家庭消费的影响

	总消费	食品	衣着	生活用品	教育娱乐	医疗保健	交通通信
	(1)	(2)	(3)	(4)	(5)	(6)	(7)
资产配置有效性	0.028 *** (0.004)	0.025 *** (0.004)	0.057 *** (0.013)	0.021 *** (0.005)	0.162 *** (0.020)	0.008 (0.009)	0.037 *** (0.006)
年龄	-0.013 *** (0.001)	-0.008 *** (0.001)	-0.051 *** (0.003)	-0.009 *** (0.001)	-0.085 *** (0.005)	0.001 (0.002)	-0.025 *** (0.001)
受教育年限	0.005 ** (0.002)	0.007 ** (0.003)	0.028 *** (0.008)	0.012 *** (0.003)	0.052 *** (0.012)	-0.012 ** (0.005)	0.010 *** (0.004)
健康程度	-0.021 *** (0.007)	0.022 *** (0.008)	0.135 *** (0.024)	0.023 ** (0.009)	-0.005 (0.038)	-0.315 *** (0.017)	0.008 (0.012)
婚姻状况	0.242 *** (0.024)	0.264 *** (0.027)	0.575 *** (0.004)	0.327 *** (0.031)	1.133 *** (0.132)	0.146 ** (0.058)	0.395 *** (0.012)
性别	-0.009 (0.024)	0.015 (0.028)	-0.000 (0.084)	-0.171 *** (0.032)	-0.225 * (0.133)	-0.207 *** (0.059)	0.148 *** (0.042)

	总消费	食品	衣着	生活用品	教育娱乐	医疗保健	交通通信
	（1）	（2）	（3）	（4）	（5）	（6）	（7）
少儿抚养比	0.562 *** (0.049)	0.620 *** (0.056)	1.559 *** (0.171)	0.457 *** (0.064)	8.941 *** (0.270)	0.746 *** (0.119)	0.390 *** (0.085)
老年抚养比	0.114 *** (0.018)	0.115 *** (0.021)	0.126 ** (0.063)	0.040 * (0.023)	0.841 *** (0.099)	0.362 *** (0.044)	0.026 (0.031)
是否创业	0.174 *** (0.023)	0.107 *** (0.027)	0.142 * (0.082)	0.271 *** (0.031)	0.304 ** (0.130)	-0.025 (0.057)	0.317 *** (0.041)
家庭收入	0.138 *** (0.006)	0.120 *** (0.007)	0.405 *** (0.021)	0.105 *** (0.008)	0.394 *** (0.033)	0.086 *** (0.015)	0.216 *** (0.010)
家庭总资产	0.109 *** (0.005)	0.088 *** (0.006)	0.243 *** (0.018)	0.139 *** (0.007)	0.169 *** (0.028)	0.040 *** (0.012)	0.194 *** (0.009)
地区 GDP	0.000 (0.000)	0.003 *** (0.000)	-0.001 (0.001)	0.002 *** (0.000)	-0.006 *** (0.002)	-0.003 *** (0.001)	-0.003 *** (0.001)
Constant	8.018 *** (0.085)	6.821 *** (0.098)	0.403 (0.299)	5.068 *** (0.112)	0.200 (0.474)	7.115 *** (0.208)	3.962 *** (0.149)
N	9346	9346	9346	9346	9346	9346	9346
R	0.28	0.20	0.21	0.20	0.24	0.05	0.27

8.4 金融资产配置对农村家庭总消费及消费结构的非线性影响

普通的回归只能检验金融资产配置水平对农村地区家庭消费的平均影响，但是当分布不是对称分布时，条件期望很难反映整个条件分布的全貌，均值回归往往会受到极端值的影响，使得参数估计变得很不稳定。与此同时，本书更加关注农村地区不同消费群体金融资产配置对家庭消费的影响差异。基于此，我们采用分位数回归的方法考察金融资产配置对农村家庭总消费及消费结构的非线性影响，结果见表8-8。

表 8 - 8　　　　家庭风险金融市场参与意愿对农村地区家庭消费
在不同分位点上的影响

消费类型	10 分位点	30 分位点	50 分位点	70 分位点	90 分位点
消费总支出	0.351 *** (0.063)	0.338 *** (0.049)	0.364 *** (0.059)	0.374 *** (0.056)	0.226 *** (0.075)
食品	0.318 *** (0.121)	0.307 *** (0.091)	0.302 *** (0.053)	0.335 *** (0.070)	0.341 *** (0.046)
衣着	0.889 *** (0.254)	0.338 *** (0.075)	0.377 *** (0.088)	0.436 *** (0.046)	0.336 *** (0.120)
生活用品	0.235 ** (0.091)	0.249 *** (0.060)	0.202 *** (0.053)	0.249 *** (0.095)	0.328 *** (0.098)
教育娱乐	0.015 (0.009)	0.034 *** (0.008)	0.054 *** (0.017)	0.091 *** (0.016)	0.148 ** (0.074)
医疗保健	− 0.033 (0.199)	0.151 (0.171)	0.043 (0.107)	0.011 (0.191)	0.056 (0.111)
交通通信	0.622 *** (0.077)	0.524 *** (0.077)	0.416 *** (0.074)	0.445 *** (0.078)	0.260 *** (0.088)

　　注：采用 bootstrap 抽样 400 次得到置信区间，括号内为标准误。受限于篇幅，本书没有报告控制变量的估计结果。

　　表 8 - 8 结果表明，家庭风险金融市场参与意愿对消费总支出的促进作用通过了统计水平的显著性检验，回归系数随家庭消费总支出的增加呈先升后降的倒"U"型（见图 8 - 1（a）），两个拐点分别在 30 分位和 70 分位附近。结果表明风险金融资产能够促进家庭消费总支出，但随着家庭消费水平的提高，这种促进作用会逐渐减弱。

　　从农村地区家庭消费结构来看，一是农村地区风险金融参与市场对家庭食品支出的促进作用在不同消费群体间差异较小（见图 8 - 1（b））。二是在 30 分位点之后，风险金融市场参与度的增加才会促进家庭衣着消费支出（见图 8 - 1（c））。三是风险金融市场参与度对农村地区家庭生活用品支出的影响在 50 分位之后促进作用显著增加（见图 8 - 1（d））。四是风险金融市场参与度对农村地区家庭教育娱乐支出的促进作用一直呈上升状态，在 50 分位点之后上升更加显著，即只有当家庭消费水平达到一定水平时，金融市场参与对教育娱乐支出的促进作用才会逐步增加（见图 8 - 1（e））。五是风险金融市场参与度对农村地区家庭医疗保健支出的促进作用不显著（见图 8 - 1（f））。六是风险金融市场参与度对农村地区家庭交通通信支出的促进作用逐步减弱（见图 8 - 1（g））。

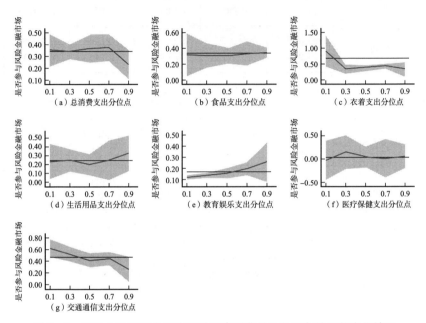

图 8 - 1　风险金融市场参与意愿对家庭消费分位数回归的系数变化情况

表 8 - 9 和图 8 - 2 显示了家庭风险金融资产持有比例对不同分位点家庭消费的影响。研究发现，随着居民消费水平的不断提高，家庭风险金融资产持有比例对消费的促进作用在 30 分位点之后会出现短暂上升，然后逐渐下降。从农村地区家庭消费结构来看，第一，在 30 分位点到 70 分位点之间，风险金融资产配置水平的增加会促进家庭衣着消费支出（见图 8 - 2（c））。第二，风险金融资产配置水平对农村地区家庭生活用品支出的影响在 70 分位之后促进作用显著增加（见图 8 - 2（d））。第三，风险金融市场参与度对农村地区家庭教育娱乐支出的促进作用一直呈上升状态，在 70 分位点之后上升更加显著。在家庭自身

消费水平较高的情况下，随着家庭风险金融资产价值的提高，对教育娱乐支出的推动作用逐渐增强（见图 8 - 2 (e)）。第四，风险金融市场参与度对农村地区家庭医疗保健支出的促进作用不显著（见图 8 - 2 (f)）。第五，风险金融市场参与意愿对农村地区家庭交通通信支出的促进作用在 30 分位点后逐步减弱（见图 8 - 2 (g)）。

表 8 - 10 和图 8 - 3 表明随着家庭消费总支出的增加，家庭投资组合有效性对消费提升的作用呈现先上升后下降的倒"U"型（见图 8 - 3 (a)）。从农村地区家庭消费结构来看，第一，在 30 分位点之后，风险金融资产配置有效性的增加会促进家庭食品消费支出（见图 8 - 3 (b)）。第二，风险金融支出配置有效性对农村地区家庭教育娱乐支出的促进作用无论在任何消费水平上都呈上升状态（见图 8 - 3 (e)）。

表 8 - 9　　家庭风险金融资产配置水平对农村地区家庭消费
在不同分位点上的影响

消费类型	10 分位点	30 分位点	50 分位点	70 分位点	90 分位点
消费总支出	0. 544 *** (0. 106)	0. 449 *** (0. 136)	0. 568 *** (0. 130)	0. 506 *** (0. 076)	0. 242 *** (0. 063)
食品	0. 503 *** (0. 166)	0. 429 *** (0. 130)	0. 341 ** (0. 160)	0. 336 * (0. 180)	0. 370 * (0. 210)
衣着	1. 097 * (0. 644)	0. 358 (0. 303)	0. 496 * (0. 301)	0. 971 *** (0. 221)	0. 959 *** (0. 313)
生活用品	0. 248 * (0. 135)	0. 320 ** (0. 145)	0. 366 ** (0. 145)	0. 496 * (0. 279)	0. 343 (0. 429)
教育娱乐	0. 044 *** (0. 017)	0. 056 *** (0. 022)	0. 111 *** (0. 037)	0. 141 ** (0. 055)	0. 331 * (0. 173)
医疗保健	0. 506 (0. 486)	- 0. 048 (0. 443)	- 0. 048 (0. 381)	- 0. 360 (0. 494)	- 0. 146 (0. 322)
交通通信	0. 495 ** (0. 236)	0. 660 *** (0. 164)	0. 560 *** (0. 199)	0. 486 ** (0. 201)	0. 396 * (0. 225)

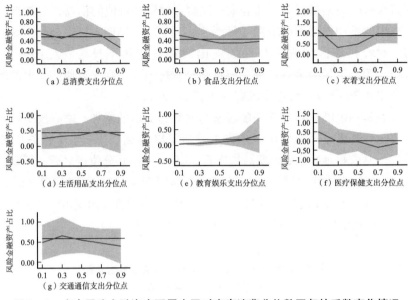

图 8-2　家庭风险金融资产配置水平对家庭消费分位数回归的系数变化情况

表 8-10　　家庭风险金融资产配置有效性对农村地区家庭消费
在不同分位点上的影响

消费类型	10 分位点	30 分位点	50 分位点	70 分位点	90 分位点
消费总支出	0.023 *** (0.005)	0.027 *** (0.007)	0.028 *** (0.005)	0.030 *** (0.006)	0.023 ** (0.009)
食品	0.024 * (0.013)	0.022 *** (0.006)	0.024 *** (0.006)	0.028 *** (0.008)	0.032 *** (0.005)
衣着	0.066 *** (0.020)	0.031 *** (0.005)	0.031 *** (0.008)	0.041 *** (0.005)	0.035 *** (0.011)
生活用品	0.022 *** (0.007)	0.022 *** (0.007)	0.018 *** (0.007)	0.020 ** (0.009)	0.025 *** (0.008)
教育娱乐	0.001 ** (0.001)	0.004 *** (0.001)	0.006 *** (0.002)	0.010 *** (0.002)	0.007 (0.010)
医疗保健	0.014 (0.017)	0.014 (0.017)	0.007 (0.009)	0.013 (0.015)	0.006 (0.008)
交通通信	0.036 *** (0.012)	0.040 *** (0.006)	0.038 *** (0.006)	0.040 *** (0.009)	0.025 *** (0.010)

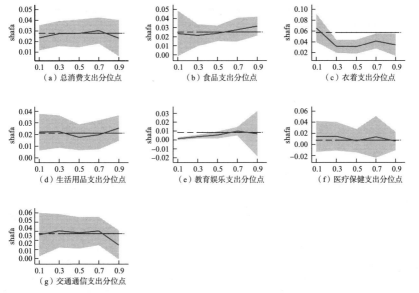

图 8－3　家庭风险金融资产配置有效性对家庭消费分位数回归的系数变化情况

8.5　稳健性检验

　　为了检验上述结果的稳健性，我们一是考虑到可能存在的内生性问题，采用在计量模型中引入上期家庭消费水平和寻找工具变量两种方法，控制造成内生性的相关因素。二是采用普通多元回归，进一步检验风险金融参与意愿对家庭消费总支出和消费结构影响结果的稳健性。

8.5.1　应对模型选择问题

　　本书采用普通多元回归检验风险金融资产参与意愿对家庭消费总支出和消费结构影响结果的稳健性。结果如表 8－11 所示，风险金融资产价值对家庭消费总支出的估计系数为 0.341，在 1% 置信水平下显著，其他变量的估计结果也与前文的估计结果相吻合，检验结果是稳健的。

表 8 - 11　　　家庭风险金融资产配置影响农村地区家庭消费的稳健性检验

	总消费	食品	衣着	生活用品	教育娱乐	医疗保健	交通通信
	（1）	（2）	（3）	（4）	（5）	（6）	（7）
金融资产水平	0.341*** (0.040)	0.334*** (0.047)	0.665*** (0.142)	0.248*** (0.053)	2.175*** (0.224)	0.029 (0.099)	0.471*** (0.071)
年龄	-0.013*** (0.001)	-0.008*** (0.001)	-0.051*** (0.003)	-0.009*** (0.001)	-0.085*** (0.005)	0.001 (0.002)	-0.025*** (0.001)
受教育年限	0.005** (0.002)	0.006** (0.003)	0.027*** (0.008)	0.012*** (0.003)	0.051*** (0.012)	-0.011** (0.005)	0.010** (0.004)
健康程度	-0.021*** (0.007)	0.023*** (0.008)	0.135*** (0.024)	0.023** (0.009)	-0.002 (0.038)	-0.315*** (0.017)	0.008 (0.012)
婚姻状况	0.243*** (0.024)	0.264*** (0.027)	0.575*** (0.084)	0.327*** (0.031)	1.135*** (0.132)	0.146** (0.058)	0.395*** (0.042)
性别	-0.008 (0.024)	0.015 (0.028)	0.000 (0.084)	-0.171*** (0.032)	-0.223* (0.133)	-0.208*** (0.059)	0.149*** (0.042)
少儿抚养比	0.562*** (0.049)	0.620*** (0.056)	1.559*** (0.171)	0.457*** (0.064)	8.944*** (0.270)	0.745*** (0.119)	0.391*** (0.085)
老年抚养比	0.115*** (0.018)	0.116*** (0.020)	0.128** (0.063)	0.041* (0.023)	0.846*** (0.099)	0.362*** (0.044)	0.027 (0.031)
是否创业	0.174*** (0.023)	0.106*** (0.027)	0.143* (0.082)	0.271*** (0.031)	0.296** (0.130)	-0.022 (0.057)	0.317*** (0.041)
家庭收入	0.138*** (0.006)	0.119*** (0.007)	0.404*** (0.021)	0.105*** (0.008)	0.389*** (0.033)	0.086*** (0.015)	0.215*** (0.010)
家庭总资产	0.108*** (0.005)	0.087*** (0.006)	0.242*** (0.018)	0.138*** (0.007)	0.164*** (0.028)	0.040*** (0.012)	0.194*** (0.009)
地区GDP	0.000 (0.000)	0.003*** (0.000)	-0.001 (0.001)	0.002*** (0.000)	-0.006*** (0.002)	-0.003*** (0.001)	-0.003*** (0.001)
Constant	8.022*** (0.085)	6.829*** (0.098)	0.406 (0.300)	5.070*** (0.112)	0.252 (0.472)	7.107*** (0.209)	3.970*** (0.149)
N	9346	9346	9346	9346	9346	9346	9346
R	0.28	0.20	0.21	0.20	0.25	0.05	0.27

162

8.5.2 应对反向因果和遗漏变量导致的内生性问题

考虑到以家庭风险金融资产价值作为解释变量可能存在的内生性问题。一是遗漏变量可能会影响金融资产配置和消费；二是金融资产配置行为（参与意愿和配置水平）和消费支出可能存在互为因果的问题。可能因为消费支出增加会减少家庭可以用于投资的资金，从而影响家庭金融资产配置行为。鉴于此，本书尝试（1）在计量模型中引入上期家庭消费水平的方法来解决遗漏变量的问题；（2）寻找工具变量来解决金融资产配置行为和消费支出之间的互为因果问题。

首先，本书在计量模型中引入上期家庭消费水平，有效控制造成内生性的相关因素（如能力、偏好和预期等）。霍尔（Hall，1978）认为，居民会根据现有信息作出最优决策。李涛和陈斌开（2014）基于此提出，在计量模型中引入上期消费水平就能够有效控制上一期信息中的不可观测因素，如家庭成员能力、偏好、预期等。因此，为了进一步验证农村地区家庭金融资产价值对消费总支出和消费结构的影响，本章将构造如下模型进行验证：

$$\text{lncon17} = \delta_2 + \gamma_3 \text{lnrisk} + \gamma_4 \text{lnnrisk} + \eta X_{3i} + \text{lncon15} + \varepsilon_3 \qquad (8.6)$$

在式（8.6）中，lncon15 为农村地区家庭 2015 年消费水平，其他变量与模型（8.1）相同。在控制了上一期居民的消费水平后，模型（8.2）中 γ_3 和 γ_4 可以理解为由当期新增信息造成的家庭金融资产对居民消费的"净影响"，即未预期到的金融资产价值变化对消费的影响。为了控制 2015 年家庭消费支出，我们仅选取了 2015 年和 2017 年均参与调研的家庭样本进行实证分析，最终样本数量为 7528 户家庭。结果如表 8 - 12 所示，金融市场参与意愿、金融资产配置水平和有效性的估计结果分别为 0.114、0.191 和 0.010，均显著，结论与前文一致，检验结果是稳健的。

其次，借鉴样本自选择模型的常用方法（李雪松和黄彦彦，2015），本书利用选择模型（8.3）的估计结果，预测家庭投资风险金融资产的概率，并以此作为工具变量。由于家庭风险金融资产的投资水平也是家庭自我选择的结果。表 8 - 12 给出了运用工具变量进行最小二乘回归的结果。结果表明，资产配置水平系数在 1% 水平上显著为正，金融资产

表 8 - 12　　家庭风险金融资产配置影响农村地区家庭消费的稳健性检验

	总消费			
	（1）	（2）	（3）	（4）
金融市场参与意愿	0.114*** (0.031)			
金融资产配置水平		0.191** (0.079)		4.949*** (1.004)
金融资产配置有效性			0.010*** (0.003)	
年龄	-0.009*** (0.001)	-0.009*** (0.001)	-0.009*** (0.001)	-0.013*** (0.001)
受教育年限	0.004** (0.002)	0.004** (0.002)	0.004** (0.002)	0.002 (0.003)
健康程度	-0.013** (0.006)	-0.013** (0.006)	-0.013** (0.006)	-0.023*** (0.008)
婚姻状况	0.170*** (0.020)	0.170*** (0.020)	0.170*** (0.020)	0.246*** (0.026)
性别	-0.003 (0.020)	-0.003 (0.020)	-0.003 (0.020)	0.010 (0.027)
少儿抚养比	0.353*** (0.039)	0.351*** (0.039)	0.353*** (0.039)	0.560*** (0.053)
老年抚养比	0.032** (0.014)	0.031** (0.014)	0.031** (0.014)	0.110*** (0.020)
是否创业	0.043** (0.018)	0.046** (0.018)	0.043** (0.018)	0.126*** (0.029)
家庭收入	0.077*** (0.005)	0.077*** (0.005)	0.077*** (0.005)	0.127*** (0.007)
家庭总资产	0.053*** (0.004)	0.054*** (0.004)	0.053*** (0.004)	0.101*** (0.006)
地区 GDP	0.000 (0.000)	0.000 (0.000)	0.000 (0.000)	0.000 (0.000)
2013 年消费	0.000*** (0.000)	0.000*** (0.000)	0.000*** (0.000)	

	总消费			
	(1)	(2)	(3)	(4)
N	7528	7528	7528	9346
不可识别检验				119. 565
一阶段估计 F 值			.	120. 946
R	0. 624	0. 624	0. 624	0. 41

配置水平的提升能够显著促进家庭消费支出。不可识别检验表明
Kleibergen – Paaprk LM 统计量 = 119. 565，p = 0. 000，强烈拒绝不可识
别的原假设，工具变量与内生变量强相关。第一阶段估计的 F 值为
120. 946，大于 10% 偏误下的临界值 16. 38（Stock and Yogo，2005），因
此不存在弱工具变量问题。户主转移就业对家庭风险金融资产配置行为
的正向影响得到进一步验证。

8.5.3　应对样本选择问题

农村家庭可能因为收入低、没有存款，从而缺少对投资需求，存在
样本选择问题。我们将问卷中贫困户样本剔除，仅考虑有投资需求的农
村家庭，进行稳健性检验。最终得到结果如表 8 – 13 所示，结果均在
1% 置信水平上显著为正，进一步验证了结果的稳健性。

表 8 – 13　　家庭风险金融资产配置影响农村地区家庭消费的稳健性检验

	总消费		
	(1)	(2)	(3)
金融市场参与意愿	0. 328 *** (0. 042)		
金融资产配置水平		0. 487 *** (0. 107)	
金融资产配置有效性			0. 027 *** (0. 004)

	总消费		
	（1）	（2）	（3）
年龄	-0.014 *** (0.001)	-0.014 *** (0.001)	-0.014 *** (0.001)
受教育年限	0.005 * (0.003)	0.005 * (0.003)	0.005 * (0.003)
健康程度	-0.020 *** (0.008)	-0.021 *** (0.008)	-0.021 *** (0.008)
婚姻状况	0.190 *** (0.030)	0.189 *** (0.030)	0.190 *** (0.030)
性别	0.011 (0.028)	0.012 (0.028)	0.010 (0.028)
少儿抚养比	0.529 *** (0.054)	0.525 *** (0.054)	0.529 *** (0.054)
老年抚养比	0.104 *** (0.020)	0.101 *** (0.020)	0.103 *** (0.020)
是否创业	0.173 *** (0.025)	0.182 *** (0.025)	0.173 *** (0.025)
家庭收入	0.132 *** (0.007)	0.133 *** (0.007)	0.132 *** (0.007)
家庭总资产	0.116 *** (0.006)	0.118 *** (0.006)	0.116 *** (0.006)
地区 GDP	0.001 * (0.000)	0.001 ** (0.000)	0.001 ** (0.000)
2013 年消费	-0.014 *** (0.001)	-0.014 *** (0.001)	-0.014 *** (0.001)
N	7323	7323	7323
R	0.29	0.28	0.29

8.6 异质性分析

前文实证结果说明，家庭风险金融资产配置对其消费水平产生促进作用，但这一结果是基于全部农村地区居民样本的平均观察。那么，风险金融资产价值对消费水平的影响是否在不同的群体中有所不同？我们按照家庭劳动力转移情况、生命周期效用对样本进行分组回归，进行更深入的分析。

8.6.1 劳动力转移情况

根据家庭是否发生转移就业对样本进行分组，结果如表 8 - 14 所示。风险金融市场参与意愿和配置有效性对家庭消费水平的促进作用在两组样本中结果均显著，但就金融资产配置水平而言，仅劳动力转移样本中回归系数显著。因此，家庭风险金融资产价值对转移就业家庭消费水平的影响更大。

表 8 - 14　　家庭风险金融资产与农村地区家庭消费的异质性

	总消费					
	(1)	(2)	(3)	(4)	(5)	(6)
	转移	未转移	转移	未转移	转移	未转移
金融市场参与意愿	0.344 *** (0.054)	0.243 *** (0.074)				
金融资产配置水平			0.580 *** (0.133)	0.156 (0.192)		
金融资产配置有效性					0.025 *** (0.004)	0.024 *** (0.007)
控制变量	控制	控制	控制	控制	控制	控制
N	1516	6012	1516	6012	1516	6012
R	0.232	0.276	0.227	0.273	0.232	0.274

8.6.2　生命周期效应

虽然家庭风险金融资产价值对消费水平产生促进作用，但是基于生命周期理论分析，不同年龄的自身特征以及投资习惯不同，可能会对二者的关系产生不同的影响。

此外，劳动力的年龄特征一定程度上可以反映劳动力的健康状况、风险承受能力等，年纪相对较小的劳动力体力更好、接受能力更强、风险承受能力更高，更愿意消费；年长的劳动力可能在技术经验上会更胜一筹，但是投资态度相对保守且预防性储蓄动机明显，因此偏好于储蓄。

表 8-15 根据户主年龄将样本家庭进行分组，来验证这种异质性的效果。从参与意愿和资产配置有效性的结果来看，第（1）列为户主年龄在 35 岁及以下样本的回归结果不显著。第（2）~（4）列分别为户主年龄 36~45 岁、46~55 岁、56~65 岁样本，结果表明随着年龄的增长，家庭风险金融资产有效性对消费水平的促进作用逐渐增加。可能的原因是，随着年龄的增加，个体预期未来寿命越短，对于同等程度的金融资产价值增加来说，老年人平滑分配升值收益的时间缩短，每期消费提升的幅度也越大。

表 8-15　　家庭风险金融资产与农村地区家庭消费的异质性

	总消费			
	（1）	（2）	（3）	（4）
Panel A：家庭风险金融资产参与意愿				
	35 岁及以下	36~45 岁	46~55 岁	56~65 岁
风险金融资产	0.134 (0.136)	0.251 *** (0.087)	0.328 *** (0.064)	0.388 *** (0.094)
控制变量	控制	控制	控制	控制
N	419	1357	3038	2714
R	0.256	0.230	0.217	0.268

	总消费			
	（1）	（2）	（3）	（4）
Panel B：家庭风险金融资产参与水平				
	35 岁及以下	36～45 岁	46～55 岁	56～65 岁
风险金融资产	0.293 （0.296）	0.281 （0.241）	0.477 *** （0.151）	0.691 ** （0.288）
控制变量	控制	控制变量	控制	控制变量
N	419	1357	3038	2714
R	0.256	0.226	0.213	0.265
Panel C：家庭风险金融资产配置有效性				
	35 岁及以下	36～45 岁	46～55 岁	56～65 岁
风险金融资产	0.015 （0.013）	0.022 ** （0.009）	0.027 *** （0.006）	0.025 *** （0.007）
控制变量	控制	控制	控制	控制
N	419	1357	3038	2714
R	0.257	0.229	0.216	0.267

8.7　本章小结

本章分析了风险金融资产配置对农户消费水平和结构的影响，结果表明家庭风险金融资产价值对居民总消费影响显著为正；从消费结构来看，风险金融资产对家庭食品、衣着、生活用品、教育娱乐、交通通信各方面消费支出均产生正向影响，但对医疗保健支出不显著，进一步验证了农村家庭金融资产配置的必要性及意义。

从金融资产配置在消费支出不同分位点上对农村地区居民家庭消费的影响差异分析发现，回归系数随着家庭消费总支出的增加呈现先上升后下降的倒"U"型，两个拐点分别出现在30分位和70分位附近，说明风险金融资产能够在一定程度上促进家庭消费总支出，但是这种促进作用会随着家庭消费水平的提高而递减。风险金融资产价值对农村地区家庭教育娱乐支出的促进作用一直呈上升状态，在 50 分位点之后上升更加显著，即随着家庭风险金融资产价值的增加，对教育娱乐的重视程度越来越高。异质性分析表明，家庭风险金融资产价值对转移就业家庭消费水平的影响更大，且随着年龄的增加这种影响作用逐渐增加。

第9章 基于山东省调研样本的再检验

前文以全国为样本，对劳动力转移影响农村家庭的金融市场参与决策、金融资产选择与配置状态、资产配置效率及其消费效应等问题进行了深入探究。本章基于课题组于 2019 年 1~8 月对山东省农村家庭采用面访形式进行的实地调研数据，对上述问题进行了再检验。

本项目在山东省地区的调研数据相较于全国大样本具有如下优势：一是样本新。课题组调研时间为 2019 年 1~8 月，而现阶段相关权威数据库只更新到 2017 年，难以准确反映农村家庭当前经济状况及行为。二是调研内容更好地满足了本课题需求。课题组在调研问卷中增加了劳动力转移类型、转移程度（时间分布及存续状态）、地域结构等详细数据，能够更加准确、系统地反映劳动力转移影响农村家庭的金融市场参与的内在机制。

9.1 样本和数据来源

本章数据来源于"劳动力转移与农村家庭金融资产配置研究课题组"于 2019 年 1~8 月对山东省农村家庭采用面访形式进行的实地调研。调研地区包括山东省东营市、聊城市、潍坊市、烟台市四地，涵盖了山东省东中西部各个区位的农村家庭，除极少数回答不完整的无效样本，调研总计取得有效样本 1194 户，具有典型代表性。

9.1.1 基本情况

1. 调研内容

本次调研以农村地区家庭为单位，通过随机抽样的方式选取家庭，采取问卷调研的形式进行实地入户访问，旨在获取和收集农村家庭对于金融资产的需求意愿以及金融资产状况的相关数据。

调研问卷内容包含：家庭成员基本信息（户主、家庭整体、子女的基本情况）、家庭成员工作情况、家庭经营及收入和支出状况、金融资产和负债（家庭借贷基本情况、金融资产选择意愿、金融资产状况）、社会关系和思想观念（社会关系网络、信任和互惠、思想观念）等内容。具体调研问卷见附件 1。

2. 调研对象与方式

本次调研通过随机抽样的方式选取农村家庭为单位，调研对象为家庭主事者，即对家里情况了解比较多的家庭成员。

调研方式以入户实地调查为主，电话访问为辅。调研开展前，调研员事先将"致村、居委员会的一封信"寄送当地居委会或村委会，并提交当地访问的访员名单，通知他们访员在当地的出现和目的，并委托村/居委会在公告栏贴出调查告示。同时，与村/居委会预约到访时间。调研过程中，如家庭成员外出或不方便接受访问，可依据实际情况灵活采用：①预约合适的时间再次来访；②家庭熟悉情况成员代答；③电话访问等多种形式进行辅助访问。

9.1.2　抽样设计

调研采用分层随机抽样方法，采集了家庭劳动力转移情况、家庭金融资产配置水平等信息，全面反映了山东省农村家庭的基本状况。调研对象抽样过程如下：首先依据各区人均 GDP 为权重计算抽样概率，运用 SPSS 进行随机抽样确定 4 个城市下辖的 3 个区/县，从每个区/县抽取 2 个镇，再从每个镇抽取 4 个村，最后对每村农户按门牌号等距抽样 10～15 户进行入户调查。具体来说：

第一阶段抽样：街道办事处/镇进行抽样。按照各区人均 GDP 为权重计算抽样概率，运用 SPSS 进行随机抽样，最终每个区/县抽取 2 个镇，共计 24 个镇。

第二阶段抽样：村委会抽样。以预算调研户数为考量，最终每个镇随机抽取 4 个村，共计 96 个村。

第三阶段抽样：农户抽样。根据花名册每村农户按门牌号等距抽样

10~15户，共计约1200户。

9.2 变量选择

1. 被解释变量

本书选取农村家庭风险金融市场参与概率、家庭风险金融资产持有比例、家庭投资组合有效性作为被解释变量。其中，风险金融资产定义为包括股票、基金、债券、理财产品和外汇产品等在内的金融资产。"风险金融市场参与概率"为农户是否参与风险金融市场，"风险金融资产持有比例"为家庭持有风险金融资产占金融资产的比重。同时，参考第六章的指标构建方法，选择银行理财产品、股票、基金三类，构成居民家庭的代表性资产组合，并求得夏普比率以衡量家庭资产配置的有效性。

在分析家庭资产配置对消费的影响时，被解释变量包括两类：一是家庭消费总支出；二是家庭消费结构，具体分为非耐用品消费和耐用品消费。其中，非耐用品消费包括居民日常衣食住行等一般商品和服务（如食品、日用品、服装、休闲娱乐支出、除留学外的教育支出等）；耐用品消费包括家具、家电、汽车、住房等商品，单位均为人民币元。

2. 解释变量

劳动力转移是我国城乡二元结构面临的突出问题。关于农村劳动力转移的定义通常分为两类：一类是产业转移，指由农业向第二、第三产业转移，即"离土不离乡"；另一类是地区转移，指某一地区的农村劳动力向另一地区转移，即"离土离乡"。本书参考第二类定义，将户主在过去两年里是否有在户籍地（本乡镇）以外其他地方长期（每年一半时间在外）工作经历作为解释变量，如果有则取值为1；否则取值为0。本书将劳动力转移界定为户主劳动力转移的原因在于，当限定转移就业的劳动力为家庭经济决策者时，能够保证外出就业所积累的能力最大化的影响家庭投资决策（邹杰玲，2018）。

在对消费效应进行分析时，解释变量为家庭参与风险金融市场的概率、持有风险金融资产的比例和金融资产配置的有效性。

3. 工具变量

研究可能存在如下内生性问题：一是反向因果问题，家庭风险资产配置行为与风险偏好具有相关性，而风险偏好较高的人，外出务工意愿也会更加强烈。二是遗漏变量问题，农户资产配置行为还可能受到其他不可观测变量的影响，如周边人群的理财观念、地区传统习俗等。本书借鉴罗泽尔等（Rozelle et al.，1999）和尹志超（2021）的思路，以村庄内家庭收入的中位数作为划分收入阶层的标准，选择同一村庄同一收入阶层其他家庭的劳动力转移比例作为劳动力转移的工具变量。阿劳霍等（Araujo et al.，2004）研究发现社区内具有相同特征的群体之间存在相互影响。村庄内同一收入阶层人群的外出决策会影响到个体选择，但与家庭资产配置行为无关，因而满足工具变量的选择条件。

4. 控制变量

参考已有文献，本书选择年龄、教育程度（将教育程度折算为受教育年限）、性别（男性＝1）、健康程度（从不健康到非常健康，分别赋值1~5）作为户主层面的控制变量；选择老年抚养比（65岁以上老人数量/家庭总人口）、少儿抚养比（14岁以下子女数量/家庭总人口）、家庭规模、总收入和总资产作为家庭层面的控制变量。此外，考虑到极端值的影响，本书对总收入和总资产进行1%的缩尾处理。同时，剔除了收入为负的样本和相关缺失值，最终得到1140个家庭样本用于实证分析。

5. 中介变量

本书选取"供给端金融排斥程度"和"需求端金融排斥程度"作为中介变量。参照吕学梁和吴卫星（2017）的研究，本书以家庭是否持有银行存款作为衡量家庭是否受到供给端金融排斥的代理变量。家庭未持有银行存款的原因可能是金融机构排斥或自身无需求。但考虑到银行存款作为最基本的金融产品和服务，家庭对此无需求的可能性较小。因此，我们将家庭未持有银行存款归结为受到供给端金融排斥的影响。

国内外对于需求端自我排斥指标的选择较为简单，大多学者依据金融排斥的结果和表现进行定性评价，采用单一指标进行衡量。但上述方法也存在一定问题：一是划分较为笼统，不能说明具体排斥程度；二是根据金融排斥的结果来划分，不适用于本书对影响机制的深入探究。因此，本书借鉴凯普森和怀利（Kempson and Whyley，1999）六维度指标的研究思路，并参考粟芳和方蕾（2016）的衡量方法，从认知排斥、金融知识排斥、风险排斥、流动性排斥和渠道排斥五个维度，采用熵值法构造需求端金融排斥的综合指标（相关指标说明见表 9－1），金融排斥综合得分越高，表示需求端金融排斥程度越大。

表 9－1　　　　　　　衡量金融排斥程度的维度体系

衡量指标		说明
供给端金融排斥		家庭是否持有银行存款，若未持有，则认为受到供给端金融排斥，赋值为 1；若持有，则认为不存在供给端金融排斥，赋值为 0
需求端金融排斥	认知排斥	对家庭投资理财重要性的认识，认为重要赋值为 1，否则赋值为 0
	风险排斥	若受访者为风险偏好，赋值为 1；若受访者为风险中性，赋值为 0；若受访者为风险厌恶，赋值为 –1
	流动性排斥	家庭净财富＝总资产－总负债
	金融知识排斥	运用因子分析法构建金融知识指标
	渠道排斥	户主是否有通信费支出，有取 1，否则取 0

注：①已有文献大多依据财富水平或信贷约束程度对家庭流动性排斥进行衡量，考虑到本书研究对象为资产配置行为，因此选择净财富来衡量家庭流动性排斥程度。②对于金融知识排斥的衡量，我们参考尹志超（2014）的方法，从利率计算、对通货膨胀的理解、对投资风险的认识三方面构建金融知识指标。

9.3　模　型　构　建

9.3.1　Probit 模型

本书通过构造 Probit 模型，分析劳动力转移对家庭是否参与风险金融市场的影响：

$$\text{pro}(Y_i = 1) = \Phi(\alpha Job_i + \beta X_i + \mu_i) \tag{9.1}$$

在式（9.1）中，Y_i 是农户是否参与风险金融市场的虚拟变量，如果参与赋值为 1，否则赋值为 0。Job_i 为户主职业，若外出转移就业则赋值为 1，否则为 0；X_i 为控制变量，μ_i 为随机扰动项。

9.3.2　Tobit 模型

本书通过构造 Tobit 模型，分析劳动力转移对家庭风险金融资产持有比例的影响：

$$y_i^* = \gamma Job_i + \delta X_i + \varepsilon_i \qquad (9.2)$$

$$Y_i = \max\{0, y_i^*\} \qquad (9.3)$$

在式（9.2）、式（9.3）中，Y_i 表示家庭风险金融资产占金融资产的比例，y_i^* 表示风险金融资产比重大于 0 的部分，Job_i 和 X_i 的含义与 Probit 模型相同，ε_i 为随机扰动项。

9.3.3　Heckman 二步法修正模型

考虑到农户会根据自身条件选择是否转移就业，而转移就业决策可能受到某些不可观测因素的影响，这些因素又与家庭是否参与金融市场的决策相关，从而产生样本自选择问题导致的估计偏误。针对这个问题，本书采用 Heckman 二步法修正模型，将参与决策方程作为选择方程，其回归方程为劳动力转移与控制变量夏普比率的回归。

第一步，参与决策方程：

$z_i^2 = X_i'\gamma + u_i$，若 $z_i^* > 0$，则 $z_i = 1$。其中，X_i 为影响决策的变量。

$$Pro(z_i = 1 \mid x_i) = \Phi(X'\gamma) \qquad (9.4)$$

$$Pro(z_i = 0 \mid x_i) = 1 - \Phi(X'\gamma) \qquad (9.5)$$

Φ 为标准正态分布的累积分布函数。

第二步，回归模型：

$$Sharpe\_Ratio_i = Y_i'\beta + \varepsilon_i \qquad (9.6)$$

当 $z_i = 1$ 时，Y_i 为影响夏普比率的变量。假设（u_i，ε_i）～ N(0, 0, 1, σ_ε, ρ)，则 $E(Sharpe\_Ratio_i \mid z_i = 1, X_i, Y_i) = Y_i'\beta + \rho\sigma_\varepsilon\lambda(X_i'\gamma)$。$\lambda$ 为逆米尔斯比，$\lambda(X_i'\gamma) = \dfrac{\varphi(X_i'\gamma)}{\Phi(X_i'\gamma)}$，$\varphi$ 是标准正态分布的概率密度函数。

9.3.4 倾向得分匹配方法

农户金融资产配置行为并非严格外生的随机行为，而是农户自我选择的结果，若采用多元回归方法进行估计，将会产生样本选择偏差和内生性问题，因而无法得到准确的结果。因此，本书采用倾向得分匹配方法（Propensity Score Matching，PSM）来估计农村家庭投资风险金融资产的平均处置效应（Average Treatment Effect on the Treated，ATT），即持有风险金融资产给某一家庭消费支出带来的平均变化，以克服此类问题。

将投资于风险金融市场的家庭为处理组，则其持有风险金融资产对处理组家庭的平均处理效应（ATT）可以用如下公式表示：

$$ATT = E(y_{1i} - y_{0i} \mid riskhold_i = 1)$$
$$= E(y_{1i} \mid riskhold_i = 1) - E(y_{0i} \mid riskhold_i) = 1 \qquad (9.7)$$

其中，y 是被解释变量，即家庭消费支出，y_{1i} 为家庭 i 参与风险金融市场时的消费；y_{0i} 表示同一时间内，该家庭未参与风险金融市场时的消费；riskhold 代表家庭是否参与风险金融市场的虚拟变量，若参与风险金融市场则取值为 1，属于处理组；否则取值为 0，表明家庭未参与风险金融市场，属于未处理组。$E(y_{1i} \mid riskhold_i = 1)$ 表示处理组家庭所观测到的平均消费支出，$E(y_{0i} \mid riskhold_i = 1)$ 是未处理组家庭的平均消费支出。据此，可以排除其他影响因素，计算出持有风险金融资产对家庭消费支出的净效应。

但是对处理组家庭来说，事实是家庭参与了风险金融市场，因此 y_{1i} 可被观测到。但未参与风险金融市场的家庭，y_{0i} 无法被观测到。这样的话，就很难计算平均加工效应。针对这一点，罗森鲍姆和鲁宾（Rosenbaum and Rubin，1985）使用倾向分数匹配（PSM）方法来解决这类问题。这种方法的思路是，从来没有持有风险金融资产的家庭找到了与处理组家庭条件相同的对照组，将对照组的消费支出作为处理组的"反事实"结果，然后进行比较，以估计平均处理效果。根据倾向分数匹配法（PSM），式（8.1）的形式可调整为：

$$ATT = E(y_{1i} \mid riskhold_i = 1, p(X)) - E(y_{0i} \mid riskhold_i, p(X))$$
$$(9.8)$$

其中，p（X）为倾向得分，定义为在给定样本特征 X 的情况下，家庭投资于风险金融资产的条件概率，由于不知道倾向评分，可使用 Logistic 或 Probit 模型来估计这个值。其公式如下：

$$p(X) = \Pr(\text{riskhold} = 1 \mid X) \tag{9.9}$$

9.3.5 中介效应模型

本书参考温忠麟（2014）提出的中介效应检验方法，构建中介效应检验模型：

$$Y_i = c \cdot \text{Job}_i + \beta_3 \cdot X + \sigma_{1i} \tag{9.10}$$

$$\text{Exclusion}_i = a \cdot \text{Job}_i + \beta_4 \cdot X + \sigma_{2i} \tag{9.11}$$

$$Y_i = c' \cdot \text{Job}_i + b \cdot \text{Exclusion}_i + \beta_5 \cdot X + \sigma_{3i} \tag{9.12}$$

其中，Exclusion_i 为中介变量，即供给端金融排斥程度和需求端金融排斥程度。

9.4 描述性统计

山东作为人口大省、农业大省，改革开放后，伴随着工业化的发展，城镇个数和城镇人口迅速增加。根据 2018 年《山东省统计年鉴》数据，截至 2017 年底，山东省总人口 10005.83 万人，农村人口 3944.30 万人，城镇人口 6061.53 万人。尤其是进入 20 世纪 90 年代后，在经济的快速发展下，农村剩余劳动力向非农产业转移、向城市转移，已经成为一种常态，城镇化进程明显加快。2011 年山东与全国同步实现城乡人口过半，常住人口城镇化率达到 50.95%，初步进入城市社会。截至 2017 年底，常住人口城镇化率已达到 61.18%，远远高于全国平均水平。

从图 9-1 可以看出，山东省农村劳动力转移就业人数自 2013 年以后呈波动下降趋势，2016 年开始小幅上升，2017 年末达到 2217 万人。其中，本地务农 4390 万人，占比约 40%。57% 的农村劳动力转移到非农行业中，其中外地从业占比 19%，如图 9-2 所示。

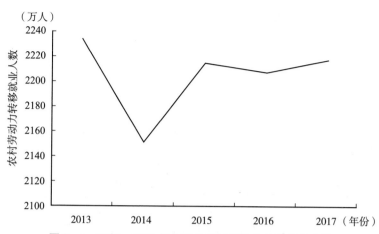

图 9 - 1　2013～2017 年山东省农村劳动力转移就业人数

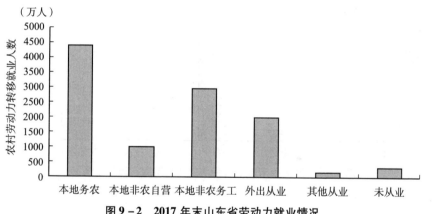

图 9 - 2　2017 年末山东省劳动力就业情况

从年龄来看，如图 9 - 3 所示，农村劳动力转移人群主要以中年人群为主，年龄集中在 26～50 岁之间，其中 41～50 岁人群占比最大，可见在农村剩余劳动力转移过程中，年龄有明显的中年化趋势。

从教育水平来看，如图 9 - 4 所示，农村转移劳动力受教育水平偏低，主要集中在初中。由于劳动力教育水平落后，转移就业多以体力劳动为主，如图 9 - 5 所示，而对学历和专业技术要求高的岗位占比较低。

从转移地域来看，如图 9 - 6 所示，主要以就近转移为主，省内的劳动力转移最为广泛。发达地区优越的就业、生活环境吸引农村劳动力外出务工，同时受到回乡务农、家庭等因素制约，他们会选择距离家乡较近的城市工作、生活。

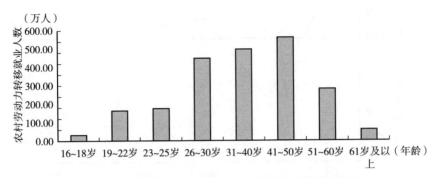

图 9-3　2017 年末山东省劳动力外出就业年龄分布情况

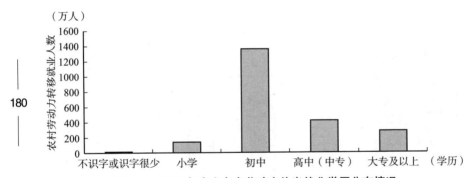

图 9-4　2017 年末山东省劳动力外出就业学历分布情况

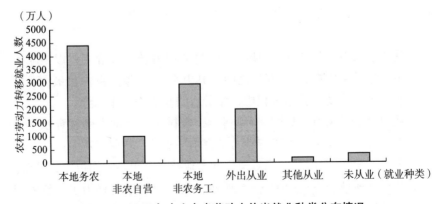

图 9-5　2017 年末山东省劳动力外出就业种类分布情况

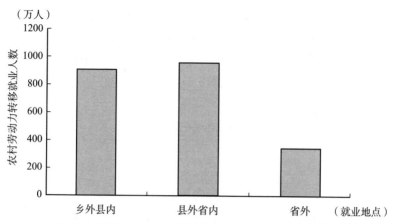

图9-6 2017年末山东省劳动力外出就业地点分布情况

表9-2统计了持有不同资产种类家庭的金融资产配置状况。可以看出,山东省大多农村家庭金融资产单一、投资行为保守,对风险金融市场的参与情况有限,持有两种或三种金融资产的家庭占比最多,分别为35.70%和32.19%,这些家庭基本上以持有现金和存款为主。3.69%的家庭持有四种及以上金融资产,理财产品在其中占据了较大比重。可以看出,对于农村家庭来说,购买理财产品是家庭参与风险金融市场的主要方式,他们追求的理财功能更侧重于保障资金安全和抵御市场风险。

表9-2 山东省农村家庭金融资产配置状况 单位:%

样本编号	无风险金融资产				风险金融资产			
	占比	现金	活期存款	定期存款	股票	债券	基金	理财产品
	100	29.98	29.41	34.31	0.30	0.01	0.07	1.62
0	2.19	0.00	0.00	0.00	0.00	0.00	0.00	0.00
1	26.23	78.60	7.02	7.36	0.00	0.00	0.00	0.00
2	35.70	17.79	50.23	31.17	0.23	0.00	0.03	0.30
3	32.19	8.89	27.84	60.83	0.35	0.00	0.02	1.52
4	2.98	4.68	18.85	45.88	1.45	0.37	0.36	28.41
5	0.53	1.47	20.66	49.43	0.11	0.00	2.24	26.09
6	0.18	0.98	3.85	22.71	33.98	0.00	16.58	21.90

表 9 - 3 为变量的描述性统计结果。户主转移就业的样本占比为
5.09%，但在全样本中有家庭成员外出务工的家庭占比为 23%，表明
山东省大部分农村地区，农村家庭户主仍选择留守在当地，外出打工多
为家庭其他成员（或更年轻的成员）。

表 9 - 3 变量描述性统计结果

变量名	均值比较		全样本 标准差	全样本 最小值	全样本 最大值
	全样本 N = 1140	劳动力转移 N = 58			
风险金融资产参与	0.05	0.10	0.23	0.00	1.00
风险金融资产占比	0.02	0.02	0.11	0.00	0.98
劳动力转移	0.05	1.00	0.22	0.00	1.00
年龄	52.46	46.83	10.35	20.00	79.00
受教育程度	9.22	9.21	2.63	0.00	16.00
性别	0.76	0.86	0.43	0.00	1.00
健康程度	3.46	3.6	0.66	1.00	4.00
家庭规模	3.76	4.21	1.57	1.00	10.00
少儿人口抚养比	0.1	0.15	0.15	0.00	0.67
老年人口抚养比	0.16	0.11	0.31	0.00	1.00
家庭收入（万元）	7.02	7.75	2.63	4.00	10.00
家庭资产（万元）	19.65	16.97	18.59	2.50	60.00
供给端金融排斥	0.25	0.22	0.43	0.00	1.00
需求端金融排斥	0.60	0.58	0.17	0.07	0.93

全样本家庭中的风险金融资产参与率仅为 5%，劳动力转移样本中
该指标上升至 10%，反映出户主转移就业的家庭风险金融市场参与比
例更高。全样本和劳动力转移样本中风险金融资产占比均为 2%，无显
著差异，但是对标准差进行分析可以发现全样本的标准差是 0.11，而
劳动力转移样本的标准差为 0.07。意味着在户主转移就业的样本中，
家庭持有风险金融资产的比例更接近平均值，而全样本中的数值差异较
大。可能原因是农村地区少数富裕家庭持有较多的风险金融资产，在一

定程度上平衡了那些未持有风险金融资产或持有比例非常低的家庭，导致了全样本和劳动力转移样本均值较为相近。从全样本来看，户主年龄均值为 52.46 岁，平均受教育年限为 9.22 年，相当于初中水平，可见样本中农村地区户主受教育程度普遍较低且年龄以中年为主。对比全样本和劳动力转移样本可以看出，劳动力转移样本在年龄、健康程度、家庭收入上相对于全样本来说更具优势。此外，农户面临的需求端金融排斥程度明显高于供给端金融排斥程度，户主转移就业能够对供需端金融排斥产生缓解作用。

9.5 劳动力转移与农村家庭金融资产配置行为

本部分首先基于参与意愿、配置水平两个维度检验劳动力转移对农村家庭金融资产配置的影响；其次，按照劳动力特征和家庭经济状况的异质性对样本进行回归分析，以求回答上述问题。此外，劳动力转移程度的不同对家庭资产配置行为的影响也可能大相径庭，本书对此也加以关注并进行针对性分析。

表 9-4 为户主转移就业与农村家庭风险金融市场参与概率、风险金融资产持有比例的关系。第（1）、第（3）列为 Probit 模型和 Tobit 模型的估计结果，第（2）、第（4）列为引入工具变量进行估计的结果。

表 9-4　　　　劳动力转移对农户家庭金融资产行为的影响

	风险金融市场参与概率		风险金融资产持有比例	
	（1）	（2）	（3）	（4）
	Probit	IVProbit	Tobit	IVTobit
劳动力转移	0.048 ** (0.022)	0.608 ** (0.289)	0.307 ** (0.142)	4.553 * (2.690)
年龄	-0.000 (0.001)	-0.000 (0.001)	-0.003 (0.008)	-0.003 (0.008)
受教育程度	0.010 *** (0.003)	-0.027 ** (0.013)	0.083 *** (0.021)	-0.238 ** (0.117)

	风险金融市场参与概率		风险金融资产持有比例	
	(1)	(2)	(3)	(4)
	Probit	IVProbit	Tobit	IVTobit
性别	-0.028 ** (0.012)	0.029 ** (0.013)	-0.246 ** (0.120)	0.223 ** (0.097)
健康程度	0.022 * (0.012)	0.010 *** (0.002)	0.170 * (0.094)	0.083 *** (0.019)
少儿抚养比	-0.012 ** (0.005)	-0.013 ** (0.005)	-0.091 ** (0.038)	-0.099 ** (0.039)
老年抚养比	0.043 (0.048)	0.050 (0.046)	0.275 (0.396)	0.333 (0.391)
家庭规模	-0.010 (0.029)	-0.008 (0.028)	-0.065 (0.222)	-0.055 (0.218)
家庭收入	0.005 *** (0.002)	0.002 (0.003)	0.032 *** (0.010)	0.014 (0.027)
家庭总资产	0.002 *** (0.000)	0.002 *** (0.000)	0.012 *** (0.002)	0.013 *** (0.002)
N	1140	1140	1140	1140
R^2	0.19	—	0.18	—
不可识别检验	—	17.83	—	17.83
一阶段估计 F 值	—	26.57	—	26.57
工具变量 t 值	—	3.39	—	3.39
残差相关性	—	-0.818 ***	—	-0.788 ***

注: *、**、*** 分别表示在 10%、5%、1% 水平上显著,括号内为异方差稳健标准误,表内报告的是估计结果的边际效应,本章以下表格 * 号含义相同,不再赘述。

由表 9-4 第 (1) 列和第 (3) 列可得,户主转移就业的估计系数分别为 0.048 和 0.307,二者在 5% 水平上显著为正,说明户主转移就业对农村家庭风险金融资产配置行为能够产生促进作用。即如果户主外出就业,那么家庭参与风险金融市场的概率会增加 4.8 个百分点。此外，考虑到普通的 IVProbit 和 IVTobit 只能处理自变量为连续变量的数据，无法解决离散性数据的内生性问题，本书运用伍尔德里奇（Wooldridge，2014）提出的稳健模型，克服了模型设定问题，以村庄内家庭收入的中位数作为划分标准，选择同一村庄同一收入阶层其他家庭的劳动力转移比例作为本家庭劳动力转移的工具变量，结果见表 9－4 第（2）列和第（4）列。同时，我们也报告了劳动力转移与扰动项的相关性，其系数均显著，表明模型确实存在一定的内生性问题，适合采用工具变量法回归。不可识别检验表明 Kleibergen-Paaprk LM 统计量为 17.83，强烈拒绝不可识别的原假设，工具变量与内生变量强相关。工具变量 t 值为 3.39，第一阶段估计的 F 值为 26.57，大于 10% 偏误下的临界值为 16.38（Stock and Yogo，2005），因此不存在弱工具变量问题。在第（2）列和第（4）列的估计中，工具变量的估计系数为 0.608 和 4.553，均显著为正。可以看出，转移就业能够通过促进家庭财富积累、提升成员信息搜寻和获取能力、形成家庭资产保值增值需求，进而影响到农民家庭的金融资产配置行为。假说 1a 和假说 1b 得到验证。

其次，对其他控制变量进行进一步分析。从户主个人特征来看，受教育程度也同家庭风险金融资产配置行为成正比，表明随着户主受教育水平的提高，家庭面临的自我金融排斥降低。同时，教育水平的提高使家庭更有能力与信心参与风险金融市场，力图获得较高的投资收益，从而促进了家庭资产配置多元化，提高了投资意识和风险金融资产配置水平。从家庭特征来看，少儿抚养比越大，面临的抚养压力越大，因此会减少对风险金融资产的投资。家庭收入和资产都对家庭风险金融资产配置行为产生显著正向影响，这也与现有大多数研究结论一致（郭士祺和梁平汉，2014），物质财富的积累使家庭具备进入金融市场的固定成本，提升了家庭持有金融资产的可能性。

9.6　劳动力转移对农村家庭金融资产配置有效性的影响

表 9－5 为劳动力转移对农户家庭金融资产配置有效性的影响。第

（1）列是 Tobit 模型的回归结果。第（2）列是 Heckman 两步法的第一步参与决策方程的结果，第（3）列是 Heckman 两步法的回归结果。逆米尔斯比在 1% 水平上显著，表明样本存在自选择问题，因此，Heckman 两步法比 Tobit 模型更合适。

表 9 - 5　　　　劳动力转移对农户家庭金融资产行为的影响

	（1）	（2）	（3）	（4）
	Tobit	Probit	Heckit	IV - Heckit
劳动力转移	0.002 ** (0.001)	0.048 ** (0.024)	0.003 *** (0.001)	0.002 *** (0.000)
年龄	-0.000 (0.000)	-0.000 (0.001)	-0.000 (0.000)	-0.000 (0.000)
受教育程度	-0.001 ** (0.000)	-0.028 ** (0.014)	-0.002 *** (0.001)	-0.002 *** (0.001)
性别	0.001 * (0.000)	0.022 * (0.013)	0.001 ** (0.001)	0.002 *** (0.001)
健康程度	0.000 ** (0.000)	0.010 *** (0.003)	0.000 *** (0.000)	0.000 *** (0.000)
少儿抚养比	0.000 (0.002)	0.043 (0.049)	0.002 (0.002)	0.002 (0.002)
老年抚养比	-0.001 (0.001)	-0.010 (0.032)	-0.001 (0.001)	-0.000 (0.001)
家庭规模	-0.000 (0.000)	-0.012 ** (0.005)	-0.001 ** (0.000)	-0.001 ** (0.000)
家庭收入	0.000 (0.000)	0.005 (0.003)	0.000 (0.000)	0.000 * (0.000)
家庭总资产	0.000 *** (0.000)	0.002 *** (0.000)	0.000 *** (0.000)	0.000 *** (0.000)
N	1140	1140	1140	1140
R	0.19	—	0.18	—

	（1）	（2）	（3）	（4）
	Tobit	Probit	Heckit	IV - Heckit
不可识别检验	—	—	—	19.86
一阶段估计 F 值	—	—	—	20.10
工具变量 t 值	—	—	—	4.84
残差相关性	—	—	—	- 0.850 ***

实证结果表明，劳动力转移的估计系数为 0.003，在 1% 的水平上显著，即劳动力转移能够促进夏普比率的提高。这表明在风险相同的情况下，转移就业家庭更有可能通过金融市场获得更多的财产性收入。其原因可能为发生转移就业的家庭能够更好地权衡风险与收益之间的关系，并且能够由于外出金融知识、信息获取增多而做出更好的金融决策。

此外，考虑到模型可能存在遗漏变量等原因导致的内生性问题，第（4）列加入工具变量"同县市除自身外家庭其他外出打工家庭占比的平均值"得到回归结果。不可识别检验表明 Kleibergen - Paaprk LM 统计量 = 19.861，p = 0.000，强烈拒绝不可识别的原假设，工具变量与内生变量强相关。工具变量 t 值为 4.84，第一阶段估计的 F 值为 20.10，大于 10% 偏误下的临界值 16.38（Stock and Yogo，2005），因此不存在弱工具变量问题。工具变量的估计系数为 0.002，在 1% 的水平上显著，户主转移就业对家庭风险金融资产配置有效性的正向影响得到进一步验证。

9.7　影响机制检验：基于金融排斥的视角

已有文献表明，金融排斥在农村市场普遍存在，且对家庭投资决策产生负向影响。那么，劳动力转移就业是否可以通过缓解金融排斥程度，进而影响家庭资产配置行为？如果能够通过金融排斥的中介作用实现，那么是供给端和需求端均产生了作用，还是其中一端发挥了主要作用？

从需求端金融排斥的中介效应来看，劳动力转移通过培养家庭投资理财观念、提升家庭金融素养、缓解流动性排斥、改善风险厌恶程度、创新理财手段等途径，促进家庭对金融市场的参与。从供给端金融排斥的中介效应来看，转移劳动力有更多机会接触到金融机构和金融产品，获取金融服务渠道增加，提升家庭金融产品的持有概率。

表9-6利用前文模型对需求端金融排斥的中介效应进行检验。第一步检验得到劳动力转移对家庭风险金融市场参与的估计系数为0.048，在5%水平下显著；第二步检验得到劳动力转移对需求端金融排斥的系数为-0.091，需求端金融排斥对家庭风险金融市场参与的估计系数是-0.251，二者分别在5%和1%水平上显著；第三步检验在控制需求端金融排斥程度的情况下，劳动力转移对家庭金融市场参与的估计系数为0.043；第四步计算得到中介效应占总效应比重为47.59%。同样可得，对于家庭风险金融资产持有比例而言，需求端金融排斥的中介效应同样显著，中介效应占总效应比重为58.72%。

188

表9-6　　　　　中介模型检验：需求端金融排斥

	Panel A：逐步法				
因变量	风险市场参与	风险资产占比	需求端金融排斥	风险市场参与	风险资产占比
	(1)	(2)	(3)	(4)	(5)
劳动力转移	0.048** (0.022)	0.307** (0.142)	-0.091** (0.038)	0.043* (0.024)	0.246 (0.169)
需求端金融排斥				-0.251*** (0.049)	-1.981*** (0.258)
控制变量	控制	控制	控制	控制	控制
N	1140	1140	1140	1140	1140
R^2	0.19	0.18	0.14	0.20	0.19

Panel B：Bootstrap 检验				
		估计值	标准差	95% 置信区间
风险市场参与	间接效应	0.0533	0.0371	0.0148	0.1323
	直接效应	0.0583	0.0372	0.0147	0.1321
风险资产占比	间接效应	0.00023	0.0027	0.0176	0.0208
	直接效应	0.00016	0.0098	0.0054	0.0058

资料来源：《2019 年中国普惠金融发展报告》。

可见，劳动力转移能够通过降低农村家庭需求端金融排斥程度，进而提高农户风险金融市场的参与意愿和风险金融资产的持有比例。Bootstrap 法抽样 500 次后的结果也进一步验证了上述结论。对需求端金融排斥各个维度的中介效应检验结果也同样显著，限于篇幅未在此列出。

表 9 - 7 利用同样方法对供给端金融排斥的中介效应进行检验，第（4）、第（5）列供给端金融排斥的估计系数均不显著，即在劳动力转移影响家庭参与风险金融市场过程中，供给端金融排斥的中介作用不显著。进一步，本书使用 Bootstrap 法抽样 500 次，得到劳动力转移对风险金融市场参与的中介效应置信区间为 [- 0.0011，0.0020]，对风险金融资产占比的中介效应置信区间为 [- 0.0010，0.0009] 均包含零，中介作用不显著。

综上，劳动力转移主要通过缓解需求端的金融排斥影响农村家庭金融资产配置行为，而供给端渠道并不显著。实证分析也表明，样本中仅有 25% 的家庭面临供给端金融排斥，占比较低。可能的原因是，农村地区的金融产品和服务的覆盖度随着普惠金融的发展而不断提升。截至 2019 年，全国乡镇银行业金融机构覆盖率为 95.65%，行政村基础金融服务覆盖率为 99.20%。同时，伴随着移动互联技术、电子机具终端、流动服务站、助农取款服务点等新模式的不断发展，金融产品和服务的可及性也在不断提升。

综上所述，劳动力转移主要通过降低农村家庭需求端金融排斥程度，进而提高农户风险金融市场的参与意愿、提升农户风险金融资产的持有比例，供给端金融排斥的中介效应并不显著。虽然农村地区金融发展水平较城市而言仍存在差距，但伴随着近年来农村地区金融业务发展，如农行惠农通、建行裕农通等普惠金融业务开展，加之互联网金融的普及，农村地区金融发展覆盖率不断提高，供给端金融排斥逐渐减弱。与此同时，需求端形成的金融排斥依然存在，如农村家庭财富增长滞后、理财观念落后、金融知识不足等。如何缓解农村地区金融产品供需不平衡的矛盾，进一步改善农户需求端金融排斥程度是未来发展急需解决的问题。

表9-7　　　　　　　　中介模型检验：供给端金融排斥

因变量	Panel A：逐步法				
	风险市场参与	风险资产占比	供给端金融排斥	风险市场参与	风险资产占比
	（1）	（2）	（3）	（4）	（5）
	Probit	Probit	Tobit	Tobit	Tobit
劳动力转移	0.048** （0.022）	0.307** （0.142）	-0.020** （0.007）	0.049** （0.023）	0.310** （0.149）
供给端金融排斥				-0.034 （0.022）	-0.238 （0.149）
控制变量	控制	控制	控制	控制	控制
N	1140	1140	1140	1140	1140
R	0.19	0.18	0.15	0.20	0.19
Panel B：Bootstrap 检验					
		估计值	标准差	95% 置信区间	
风险市场参与	间接效应	0.00019	0.0007	-0.0011	0.0020
	直接效应	0.0556	0.0368	-0.0155	0.1240
风险资产占比	间接效应	0.00001	0.0005	-0.0010	0.0009
	直接效应	0.00007	0.0105	-0.0179	0.0215

9.8　异质性分析

首先，我们按照转移劳动力个体差异对样本进行分组回归，重点考察了年龄特征和技能特征方面的不同影响。

9.8.1　劳动力特征的异质性分析

1. 年龄特征

劳动力的年龄特征一定程度上可以反映劳动力的健康状况、对新鲜事物的接受能力、风险态度等，年纪相对较小的劳动力体力更好、接受能力更强、风险承受能力更高，更愿意尝试新的投资方式；年长的劳动力可能在技术经验上会更胜一筹，但是投资态度相对保守且预防性储蓄动机较强，因此偏好于投资低风险资产。

本书根据户主年龄阶段，将样本进行分组检验，结果如表 9 - 8 所示。其中，Panel A 的因变量是家庭风险金融市场参与概率，Panel B 的因变量是家庭风险金融资产持有比例。第（1）列为 35 岁及以下样本的回归结果，劳动力转移对家庭是否参与风险金融市场及风险金融资产持有比例的估计系数均在 1% 水平上显著为正，但随着年龄的增长，显著性有所降低。在 46~55 岁样本中，劳动力转移对风险金融资产行为影响的估计系数均不显著。在 56~65 岁样本中，劳动力转移对家庭风险金融资产持有比例的影响显著为负。当年龄大于 66 岁时，结果为负但均不显著。

从表 9 - 8 可以看出，劳动力转移与家庭资产配置行为、有效性之间的关系同样受到户主年龄影响。对于 45 岁及以下人群来说，转移就业会促进家庭金融资产配置水平，可能原因是中青年人群在未来预期收入较高（王聪等，2017），对新鲜事物的接受能力较好，通过劳动力转移接触到更多金融知识、形成投资理财意识，更愿意尝试新的投资理财方式，因此更倾向于配置风险金融资产以提高家庭财产性收入。但这种促进作用随着年龄的增加而降低。对于 45 岁以上人群来说，固有的资产配置思维已经定型，伴随着对新鲜事物的接受能力降低和风险意识的增强，即使改变工作和生活环境，转移就业对投资理念的影响也不再显著，甚至会因为一些负面消息，更加减少对风险金融资产的持有。

表9-8　　劳动力转移对家庭金融资产配置影响的异质性检验：年龄特征

	Panel A：风险金融市场参与概率						
	（1）	（2）	（3）	（4）	（5）	（6）	（7）
	35岁及以下	36~45岁	46~55岁	56~65岁	66岁以上	有技能	无技能
劳动力转移	0.275 *** (0.074)	0.078 * (0.045)	0.013 (0.022)	0.012 (0.019)	-0.025 (0.040)	0.096 *** (0.034)	0.007 (0.039)
控制变量	控制	控制	控制	控制	控制	控制	控制
N	67	196	466	285	126	313	827
	Panel B：风险金融资产持有比例						
	（1）	（2）	（3）	（4）	（5）	（6）	（7）
	35岁及以下	36~45岁	46~55岁	56~65岁	66岁以上	有技能	无技能
劳动力转移	0.548 ** (0.211)	0.511 *** (0.158)	-0.024 (0.117)	-2.325 *** (0.644)	-0.004 (0.010)	0.462 *** (0.165)	0.044 (0.344)
控制变量	控制	控制	控制	控制	控制	控制	控制
N	67	196	466	285	126	313	827
	Panel C：金融资产配置有效性						
	（1）	（2）	（3）	（4）	（5）	（6）	（7）
	35岁及以下	36~45岁	46~55岁	56~65岁	66岁以上	有技能	无技能
劳动力转移	0.000 *** (0.000)	0.006 ** (0.002)	0.000 (0.000)	-0.000 *** (0.000)	-0.000 (0.000)	0.004 *** (0.001)	0.000 (0.000)
控制变量	控制	控制	控制	控制	控制	控制	控制
N	67	196	466	285	126	313	827

2. 技能特征

缺乏必要的劳动技能往往会导致只能外出从事低技术含量、低收入的工作，其收入可能仅够在外生活，既无法积累财富，也无法保证工作的稳定性；而具有某一项技能则会增加个体受雇的概率，提高劳动力的工资性收入水平。本书将户主拥有一技之长或某一方面的手艺（如瓦工、修理、驾驶等）定义为拥有专业技能，将样本根据有无专业技能进行分组，得到结果如表 9 - 8 第（6）列和第（7）列所示。拥有技能的转移劳动力估计系数分别为 0.096 和 0.462，均在 1% 水平上显著为正。这说明具有某项技能的人群外出就业参与风险金融市场的概率更大，风险金融资产占比水平也会更高。可能因为拥有一技之长的劳动者在转移之后更易获得较高的收入水平或接触更高层次的同事或客户群体，不仅在参与金融市场的物质基础上具有优势，同时通过内生互动和情景互动降低了参与金融市场的成本，强化了决策主体的主观参与意愿，从而促进家庭参与金融市场。

9.8.2　家庭经济特征的异质性分析

1. 家庭经济状况

根据财富水平将样本进行分组的实证结果如表 9 - 9 所示，其中，财富水平以家庭总资产来衡量，收入水平为家庭总收入。

193

表 9 - 9　劳动力转移对家庭金融资产配置影响的异质性检验：家庭经济特征

	Panel A：风险金融市场参与概率			
	（1）	（2）	（3）	（4）
	低财富	低收入	高财富	高收入
劳动力转移	0.014 (0.013)	0.015 (0.020)	0.091** (0.041)	0.095*** (0.036)
控制变量	控制	控制	控制	控制
N	593	601	547	539
	Panel B：风险金融资产持有比例			
	（1）	（2）	（3）	（4）
	低财富	低收入	高财富	高收入
劳动力转移	- 0.007** (0.004)	- 0.014* (0.009)	0.008*** (0.003)	0.019 (0.013)
控制变量	控制	控制	控制	控制
N	593	601	547	539

	Panel C：风险金融资产持有比例			
	(1)	(2)	(3)	(4)
	低财富	低收入	高财富	高收入
劳动力转移	−0.000 * (0.000)	0.000 (0.000)	0.000 (0.000)	−0.000 (0.000)
控制变量	控制	控制	控制	控制
N	593	601	547	539

分组回归结果显示，在收入和财富水平较高的群体中，户主转移就业能够促进家庭风险金融市场参与；但在收入和财富水平较低的群体中，劳动力转移对家庭参与金融市场概率的影响作用不显著，且会降低家庭风险金融资产持有比例。可以看出，家庭资产配置行为受财富水平影响较大，随着财富水平增长，家庭投资行为呈现出动态调整的规律（徐佳和谭娅，2016），且可能存在某个门槛。当低于某个门槛值时，受财富水平的制约，财富的少量增加更多地解决生活与日常开销，很难对投资行为产生实质性改变，劳动力转移对家庭风险金融资产选择的影响不大；而当家庭财富达到一定水平时，劳动力转移更易突破金融排斥的瓶颈与制约，从而提高风险金融资产配置。

2. 收入与支出的不确定性

居民收入和支出的不确定性是阻碍居民金融资产总量快速增长的重要因素之一（Guiso et al.，1996），居民在不确定因素背景下趋向风险承受度降低、消费行为保守、储蓄意愿强烈（田岗，2005）。而收入风险低的家庭，风险市场参与通常较高。因此，本书根据家庭面临的收入不确定性和支出不确定性进行分组回归，考察不同情况下劳动力转移对家庭金融行为的影响。

由于收入不确定性无法直接获得，通常采用两步法进行测度（钱文荣和李宝值，2013）。第一步，将收入分解为持久性收入和暂时性收入，家庭收入为因变量，选择年龄、健康程度、教育水平、家庭就业人数占比作为影响家庭收入的特征向量，误差项即为暂时性收入。第二步，确定收入不确定性的幅度为暂时性收入的平方项，并对收入不确定性的符号进行界定。当暂时性收入小于零时，收入不确定性的平方项取负值，表示收入意外下降的风险；反之，则取正号，表示收入意外增多的风险。

此外，考虑到教育支出不确定性和医疗支出不确定性是影响农村家庭消费的两个重要因素，本书选择二者对家庭支出不确定性进行测度，测量方式与收入不确定相同，选择年龄、健康程度、教育水平、老年抚养比、少年抚养比、家庭收入、家庭总资产作为影响家庭支出的特征向量。

表9-10回归结果表明，对于收入不确定性、教育支出不确定性和医疗支出不确定性较低的样本来说，劳动力转移能够促进家庭金融资产配置行为。但对于不确定性风险较高的家庭而言，劳动力转移对资产配置行为的影响则不显著，即转移就业很难对投资行为产生实质性影响。尤其是当家庭面临的教育不确定性较高时，劳动力转移甚至降低了家庭金融市场参与意愿。可能的原因在于，成员外出就业更加意识到教育的重要性，希望子女通过接受高等教育实现"跳出农门"，这也会促使他们为子女增加更多教育储蓄，从而降低了家庭风险金融市场参与意愿。

表9-10 劳动力转移对家庭金融资产配置影响的异质性检验：家庭不确定性

	Panel A：风险金融市场参与概率					
	（1）	（2）	（3）	（4）	（5）	（6）
	收入不确定性（低）	收入不确定性（高）	教育支出不确定性（低）	教育支出不确定性（高）	医疗支出不确定性（低）	医疗支出不确定性（高）
劳动力转移	0.089 ** (0.041)	0.006 (0.024)	0.098 *** (0.035)	−0.009 (0.021)	0.079 ** (0.033)	0.002 (0.032)
控制变量	控制	控制	控制	控制	控制	控制
N	570	570	570	570	570	570
	Panel B：风险金融资产持有比例					
	（1）	（2）	（3）	（4）	（5）	（6）
	收入不确定性（低）	收入不确定性（高）	教育支出不确定性（低）	教育支出不确定性（高）	医疗支出不确定性（低）	医疗支出不确定性（高）
劳动力转移	0.380 ** (0.180)	0.026 (0.337)	0.403 *** (0.143)	−0.362 (0.366)	0.512 *** (0.169)	−0.008 (0.278)
控制变量	控制	控制	控制	控制	控制	控制
N	570	570	570	570	570	570

	Panel C：风险金融资产持有比例					
	(1)	(2)	(3)	(4)	(5)	(6)
	收入不确定性（低）	收入不确定性（高）	教育支出不确定性（低）	教育支出不确定性（高）	医疗支出不确定性（低）	医疗支出不确定性（高）
劳动力转移	-0.000 (0.000)	0.003 * (0.001)	0.003 ** (0.001)	0.000 (0.000)	0.002 (0.001)	-0.000 (0.002)
控制变量	控制	控制	控制	控制	控制	控制
N	570	570	570	570	570	570

9.8.3 劳动力转移程度的异质性分析

考虑到劳动力转移程度不同会对转移就业家庭金融资产配置行为产生差异化影响，本书重点考察了转移时间和转移距离两方面的异质性影响。

1. 转移时间

转移时间长短对外出人员收入水平、综合素质等都会带来较大影响。通常，外出工作时间越长，对新事物的接受能力更强，工作稳定性和工资也会相应提高，而主观认知能力和物质基础的提升均有利于促进家庭风险金融市场参与（吴卫星等，2015）。因此，我们以户主转移就业的时间作为交互项进行回归，得到结果如表 9－11 所示。第（1）列

表 9－11　劳动力转移对家庭金融资产配置影响的异质性检验：转移程度

	参与概率		持有比例		有效性	
	(1)	(2)	(3)	(4)	(5)	(6)
	Probit	Probit	Tobit	Tobit	Tobit	Tobit
劳动力转移	0.076 (0.084)	0.046 * (0.028)	0.326 (0.000)	0.304 (0.000)	0.003 (0.003)	0.002 (0.001)
转移时间	-0.063 *** (0.012)		-0.737 (0.000)		-0.002 ** (0.001)	
劳动力转移 × 转移时间	0.054 ** (0.027)		0.729 (0.000)		0.002 * (0.001)	

	参与概率		持有比例		有效性	
	(1)	(2)	(3)	(4)	(5)	(6)
	Probit	Probit	Tobit	Tobit	Tobit	Tobit
转移距离		−0.394*** (0.071)		−4.184*** (0.000)		−0.013** (0.006)
劳动力转移× 转移距离		0.395*** (0.093)		4.140*** (0.000)		0.012** (0.006)
控制变量	控制	控制	控制	控制	控制	控制
N	1140	1140	1140	1140	1140	1140

中交互项系数在5%水平上显著，结果表明户主外出就业时间越长，家庭持有风险金融资产的概率越高。可能的原因是，资金与知识的积累、观念的改变是一个循序渐进的过程，家庭经济行为的改变更需要一定的周期。外出工作一段时间后，这种影响作用才会显现出来，从而对家庭资产配置行为产生更为显著的影响。

2. 转移距离

农村劳动力转移主要流向经济更发达的地区，一方面，受经济利益的驱使，部分劳动力选择流入到距离较远的省外大城市务工，以求获取更高的收入及更宽阔的视野，对家庭资产配置有正向影响；另一方面，随着外出距离增加，劳动力的转移成本提高①；远距离外出的成员往往也无法为家庭农业生产提供人力支持，增加了农业生产的不确定性，可能会对家庭参与风险金融市场的意愿产生挤出作用（钱文荣和郑黎义，2011）。鉴于此，我们按照转移距离远近进行赋值，如果没有发生转移就业取0；转移到村外乡镇内取1；转移到乡镇外县区内取2；转移到县区外市内取3；转移到市外省内取4；转移到省外取5，最终结果如表9-11所示。

表9-11第（3）和（7）列中交互项系数分别为0.395和4.140，

---

① 注：劳动力转移成本主要指城市生活成本、交通成本、留守儿童老人的教育医疗成本等。

均在1%水平上显著，说明户主转移就业距离越远，家庭参与风险金融市场的概率和持有风险金融资产的比例越高。原因在于我国城市间仍然存在一定的工资水平差异，转移距离越远，到发达地区就业且收入水平较高的可能性越大，财富积累速度更快。同时，发达地区金融服务更完备、金融产品更丰富、创新金融工具的普及程度也更高，因此对就业人群的理财意识和投资观念影响更为显著。

综上，从转移劳动力的特征看，中青年人群更会因为转移就业而提升家庭风险金融资产配置水平，转移就业对拥有专业技能的家庭边际影响更大；从家庭经济特征看，收入和财富水平较高、不确定性较低的家庭更倾向于持有风险金融资产；从劳动力转移程度看，转移时间和距离均能强化劳动力转移对家庭风险金融资产持有比例的正向影响。

9.9　农村家庭金融资产配置的消费效应研究

本部分将从家庭投资行为和资产配置有效性的角度出发，进一步探讨金融投资对农户消费行为的重要影响，从而为提高农村家庭资产配置意识提供微观依据。

9.9.1　金融市场参与意愿对农村家庭消费的影响

1. 倾向得分估计

为获得匹配所需的倾向得分值，我们首先对模型进行 Logistic 或 Probit 回归，表 9-12 为相关估计结果。表 9-12 第（1）列结果表明，户主的受教育程度、性别、健康程度和家庭规模及资产对风险金融资产投资的可能性都有很大影响。具体地说，随着户主受教育程度越高，参与风险市场的可能性越大；家庭资产价值越高，风险资产投资的可能性就越大。Logistic 的估计结果也相同。为此，本书选择 Probit 模型来估计倾向得分值，并进行后续分析。

表 9 – 12 　　　　　 倾向得分的 Logistic 和 Probit 模型估计结果

	(1)	(2)
	Probit	Logistic
年龄	− 0.001 (0.001)	− 0.001 (0.001)
受教育程度	− 0.025 * (0.014)	− 0.029 ** (0.013)
性别	0.023 * (0.013)	0.024 * (0.013)
健康程度	0.010 *** (0.003)	0.009 *** (0.003)
少儿抚养比	0.047 (0.049)	0.048 (0.047)
老年抚养比	− 0.010 (0.032)	− 0.019 (0.036)
家庭规模	− 0.012 ** (0.005)	− 0.011 ** (0.005)
家庭收入	0.005 (0.003)	0.005 (0.004)
家庭总资产	0.002 *** (0.000)	0.001 *** (0.000)
R	0.15	0.15
Observations	9346	9346

199

2. 匹配质量

在倾向得分估计的基础上，本部分采用邻近距离匹配、半径匹配和核匹配进行样本匹配，得到了样本匹配结果的检验信息，如表 9 – 13 所示。第（1）列和第（2）列为 Probit 模型中各变量解释能力的 R 和 Chi 统计量。配对前的数值分别为 0.179 和 84.98，表明匹配变量对于家庭风险投资决策具有显著影响。而匹配后模型解释能力显著下降，这是由于匹配后各观测值之间的差别变小导致的，由此可以判断匹配后各变量在对照组与处理组中的分布没有系统差异。

表 9 - 13 匹配质量检验

	Pseudo R	LR Chi	均值平均偏差	中位数平均偏差
匹配前	0.179	84.98	48.6	45.8
近邻匹配	0.015	2.57	6.7	5.5
半径匹配	0.003	0.50	3.3	3.6
核匹配	0.011	1.89	9.7	10.5

还可以通过直接偏差对比来判断匹配的效果，表 9 - 13 第（3）列和第（4）列为相关结果。匹配前，两组家庭各匹配变量的平均均值偏差为 48.6，中位数偏差为 45.8。匹配后，上述两个数值均大幅减少。其中，近邻法匹配后分别降低到 6.7 和 5.5，而半径匹配后分别降低到 3.3 和 3.6，核匹配后分别降低到 9.7 和 10.5。总体来说，经过倾向得分匹配筛选的对照组家庭，各特征已与处理组比较接近，匹配结果比较理想。其中，采用近邻匹配和半径匹配效果更好。

另外，平衡性检验结果表明，匹配后各处理组和控制组之间所有匹配变量的标准偏差均小于 10%，满足罗森鲍姆和罗宾（Rosenbaum and Rubin，1985）提出的标准化偏差应小于 20% 的建议。

3. 平均处理效应估计

本书基于样本匹配方法，对处理组家庭的平均处理效应（ATT）进行了估计。表 9 - 14 结果显示，农村居民投资风险金融资产使家庭消费总支出平均提高了 23%，且在 1% 的统计水平上显著。如果农户持有风险金融资产，那么当金融资产价值上升的时候，会使家庭财富增加，从而带动家庭消费支出的提升。另外，由于风险金融支出的收益存在不确定性，可能会使家庭不仅无法得到预期收益，还要承受资产损失，因此可能会降低家庭消费支出。而本书实证结果表明，农户参与风险金融市场投资对家庭整体能够产生促进作用。

表 9 - 14   非耐用品和耐用品支出的 ATT

消费类型	近邻匹配 (k = 3)			半径匹配 (半径值 = 0.01)			核匹配 (带宽 = 0.6)			平均 (10)
	(1)	(2)	(3)	(4)	(5)	(6)	(7)	(8)	(9)	
	系数	标准差	t 值	系数	标准差	t 值	系数	标准差	t 值	
总消费	0.144	0.115	1.25	0.149	0.106	1.41	0.398	0.103	3.87	0.230
非耐用品	- 0.071	0.122	- 0.58	- 0.042	0.112	- 0.38	0.047	0.109	0.43	- 0.053
耐用品	1.414	0.558	2.54	1.062	0.629	1.69	1.388	0.626	2.22	1.288

山东地区农户总体消费水平较低,其消费支出对风险资产价值上升的反应大于对风险资产价值下降的反应。当金融资产价值上升时,财富增长会刺激其潜在消费需求,因此消费支出增长更为明显。在消费结构上,风险金融资产对耐用品支出有正向影响,而对非耐用品产生负向影响。表明随着财产性收入的提高,家庭会增加对房屋、测量等耐用品的消费,而对于非耐用品的消费需求会有所降低。

9.9.2 金融资产配置水平对农村家庭消费的影响

进一步检验风险金融资产配置比例对农村家庭消费的影响,结果如表 9 - 15 第 (1) ~ (3) 列所示。风险金融资产价值对家庭消费总支出的估计系数为 0.182,在 1% 置信水平下显著。说明金融资产配置水平的提升能够促进家庭总消费支出。各分项回归结果表明,家庭持有金融资产比例的上升能够提高家庭对耐用品消费的支出,但对非耐用品消费的促进作用不显著。从控制变量来看,少儿抚养比和老年抚养比均对家庭消费水平产生促进作用,家庭收入和支出也对消费产生促进作用,这和已有针对城镇家庭的研究结果一致 (李涛和陈斌开,2014)。

9.9.3 金融资产配置有效性对农村家庭消费的影响

表 9 - 15 第 (4) ~ (6) 列为风险金融资产配置有效性对农村家庭消费的影响结果。家庭金融资产配置有效性对家庭消费总支出的估计系数为 0.099,在 1% 置信水平下显著。说明金融资产配置有效性的提高

促进了家庭总消费支出。具体来说，资产配置优化带来的收益对家庭耐用品消费产生促进作用，但对非耐用品消费的作用则不显著。可以看出当家庭资产配置效率提高时，会更倾向于将资金花费在购买耐用品上，而对非耐用品的消费影响不显著。

表 9 – 15　　　　金融资产配置水平与对农村家庭消费的影响

	总消费	非耐用品	耐用品	总消费	非耐用品	耐用品
	（1）	（2）	（3）	（4）	（5）	（6）
配置水平	0.182 *** (0.023)	– 0.151 (0.247)	0.160 * (0.082)			
有效性				0.099 *** (0.032)	0.905 (0.648)	0.098 ** (0.047)
年龄	– 0.015 *** (0.002)	– 0.015 *** (0.002)	– 0.018 (0.016)	– 0.015 *** (0.002)	– 0.015 *** (0.002)	– 0.018 (0.016)
受教育程度	– 0.163 *** (0.041)	– 0.064 (0.042)	– 0.492 *** (0.166)	– 0.160 *** (0.042)	– 0.060 (0.044)	– 0.492 *** (0.172)
性别	0.022 (0.028)	0.090 ** (0.035)	0.042 (0.215)	0.021 (0.028)	0.089 ** (0.036)	0.041 (0.215)
健康程度	0.013 ** (0.005)	0.022 *** (0.008)	– 0.044 (0.041)	0.012 ** (0.005)	0.021 *** (0.007)	– 0.042 (0.041)
少儿抚养比	0.249 * (0.128)	0.120 (0.200)	0.101 (0.761)	0.252 * (0.130)	0.120 (0.204)	– 0.090 (0.752)
老年抚养比	0.168 ** (0.073)	0.150 ** (0.069)	0.027 (0.251)	0.169 ** (0.072)	0.150 ** (0.069)	– 0.025 (0.250)
家庭规模	0.062 *** (0.024)	0.065 *** (0.023)	0.034 (0.064)	0.063 *** (0.024)	0.066 *** (0.023)	0.033 (0.061)
家庭收入	0.134 *** (0.008)	0.122 *** (0.013)	0.401 *** (0.055)	0.134 *** (0.008)	0.122 *** (0.013)	0.401 *** (0.055)
家庭总资产	0.003 *** (0.001) (0.085)	– 0.000 (0.002) (0.098)	0.022 *** (0.008) (0.299)	0.003 *** (0.001) (0.112)	– 0.000 (0.002) (0.474)	0.022 *** (0.008) (0.208)
N	1122	1122	1132	1122	1122	1132
R	0.28	0.19	0.21	0.20	0.24	0.05

9.10　稳健性检验

本部分运用更换模型、更换解释变量、剔除部分数据、放松工具变量的排他性约束条件等方法，对前文结论进行了稳健性检验。

9.10.1　更换模型

影响农户就业决策的因素同样会影响家庭是否参与金融市场，从而导致估计偏误。因此，本书使用昌达和马达拉（Chanda and Maddala，1983）提出的内生转化概率模型对本书实证结果再次检验，得到结果见表 9 – 16 和表 9 – 17。

表 9 – 16　　　　劳动力转移对农村家庭金融资产配置行为的影响

	选择方程转移	结果方程：转移	风险市场参与未转移	选择方程转移	结果方程：转移	风险资产占比未转移
	（1）	（2）	（3）	（4）	（5）	（6）
年龄	0.010 * (0.005)	– 0.023 ** (0.010)	– 0.017 *** (0.006)	0.006 ** (0.002)	– 0.001 (0.001)	– 0.001 ** (0.000)
控制变量	控制	控制	控制	控制	控制	控制
认识的人是否外出	1.149 *** (0.126)			0.017 *** (0.000)		
误差项相关系数 1	—	– 0.086 ***	—	—	– 2.141 ***	—
误差项相关系数 2	—	—	– 0.985 ***	—	—	– 2.298 ***
方程独立性检验 LR		6.86 ***			23.39 ***	
模型拟合优度检验		158.52 ***			165.72 ***	
N		1130			1130	

表 9 – 17   劳动力转移对农户家庭金融资产行为的影响

	发生劳动力转移		未发生劳动力转移		ATT	ATU
平均风险市场参与						
发生劳动力转移	(a1)	0.401 (0.029)	(c1)	0.005 (0.002)	0.396 *** (0.029)	—
未发生劳动力转移	(d1)	0.468 (0.008)	(b1)	0.0007 (0.000)	—	0.467 *** (0.008)
平均风险资产持有						
发生劳动力转移	(a1)	0.139 (0.001)	(c1)	0.080 (0.000)	0.059 *** (0.000)	—
未发生劳动力转移	(d1)	0.158 (0.000)	(b1)	0.091 (0.009)	—	0.067 *** (0.000)

表 9 – 16 为转移决策和农村家庭资产配置行为模型联立的估计结果。模型拟合优度检验和误差项相关系数均在 1% 水平上显著，说明家庭资产配置行为模型存在样本选择偏差。

表 9 – 17 为转移就业决策对家庭资产配置行为的处理效应估计结果。

劳动力转移对农村家庭资产配置行为的平均处理效应在 1% 水平上显著为正。在反事实的假设下，若转移就业的农户未能选择转移就业，将会降低农村家庭参与金融市场的可能性；若未转移就业的农户选择转移就业，农村家庭参与金融市场的可能性则会得到提升。该结论对于家庭风险金融资产持有比例依然成立。

9.10.2 更换解释变量

本书选择"家庭是否有成员外出就业"作为户主劳动力转移的代理变量，对前文结论进行稳健性检验。表 9 – 18 第（1）列、第（3）列和第（5）列结果表明，劳动力转移对家庭是否参与风险金融市场、风险金融资产持有比例和金融资产配置有效性的估计系数分别为 0.024，0.196 和 0.001，均显著，这验证了前文结论的稳健性。

表9-18　　　劳动力转移对农户家庭金融资产配置影响的稳健性检验

	风险金融市场参与概率		风险金融资产持有比例		金融资产配置有效性	
	（1）	（2）	（3）	（4）	（5）	（6）
	Probit	Probit	Tobit	Tobit	Tobit	Tobit
劳动力转移	0.024 ***	0.055 ***	0.196 ***	0.317 **	0.001 **	0.002 ***
	（0.009）	（0.021）	（0.052）	（0.143）	（0.000）	（0.000）
年龄	-0.001	-0.001	-0.005	-0.004	-0.000	-0.000
	（0.001）	（0.001）	（0.005）	（0.007）	（0.000）	（0.000）
受教育程度	-0.025 *	-0.034 **	-0.225	-0.267 **	-0.001	-0.001
	（0.015）	（0.015）	（0.144）	（0.136）	（0.001）	（0.001）
性别	0.023 ***	0.024 *	0.180 *	0.172	0.001 ***	0.001 **
	（0.009）	（0.012）	（0.105）	（0.122）	（0.000）	（0.000）
健康程度	0.010 ***	0.011 ***	0.080 ***	0.084 ***	0.000 ***	0.000 ***
	（0.002）	（0.003）	（0.017）	（0.023）	（0.000）	（0.000）
少儿抚养比	0.051	0.053	0.332	0.313	0.001	0.001
	（0.049）	（0.048）	（0.396）	（0.380）	（0.002）	（0.002）
老年抚养比	-0.006	0.004	-0.031	0.041	-0.000	-0.000
	（0.011）	（0.023）	（0.102）	（0.157）	（0.000）	（0.001）
家庭规模	-0.013 **	-0.014 **	-0.098 ***	-0.097 **	-0.000 *	-0.000
	（0.005）	（0.007）	（0.036）	（0.039）	（0.000）	（0.000）
家庭收入	0.005 ***	0.005 **	0.031 ***	0.033 **	0.000 *	0.000
	（0.001）	（0.002）	（0.009）	（0.016）	（0.000）	（0.000）
家庭总资产	0.002 ***	0.002 ***	0.012 ***	0.013 ***	0.000 *	0.000 **
	（0.000）	（0.000）	（0.002）	（0.001）	（0.000）	（0.000）
N	1140	1140	1140	1140	1140	1140

205

9.10.3　剔除部分数据

考虑到本书研究对象为劳动力，我国规定劳动年龄人口指男子年龄在16~60周岁区间，女子年龄在16~55周岁区间。因此，我们把户主年龄大于60岁以上的样本剔除后，再次进行回归，得到结果见表9-18

第（2）列、第（4）列和第（6）列所示。劳动力转移对农村家庭金融资产配置的影响与前文结果基本一致。

放松工具变量的排他性约束条件：为了排除工具变量通过其他渠道影响家庭资产配置行为，本书运用康利等（Conley et al.，2012）提出的近似零方法（LTZ），假定工具变量近似外生，通过放松工具变量的排他性约束条件，检验近似外生条件下工具变量估计结果的稳健性，得到结果见表9-19所示。

表9-19　　　　劳动力转移对农户家庭金融资产配置影响的稳健性检验

	参与概率	持有比例	有效性
	(1)	(2)	(3)
	LTZ	LTZ	LTZ
劳动力转移	0.667 ** (0.270)	0.201 ** (0.101)	0.001 *** (0.000)
控制变量	控制	控制	控制
N	1140	1140	1140

基于LTZ方法得出的结果表明，在近似外生的情形下，劳动力转移的估计系数依然显著为正，进一步验证了前文结论。

9.11　本章小结

本书运用课题组2019年山东省调研数据研究了劳动力转移对农村家庭风险金融资产配置行为的影响。结果表明：

（1）农村地区家庭资产结构失衡较为严重，储蓄仍是大多数家庭的主要选择，对风险金融资产的参与度明显较低。在风险金融资产的选择上则以理财产品为主，其次是股票，对债券和基金的参与较低。

（2）劳动力转移能够促进农村家庭风险金融市场参与，并显著提升风险金融资产的持有比例和资产配置有效性。但劳动力转移主要通过缓解需求端金融排斥程度对其资产配置产生影响，供给端金融排斥的中介作用并不显著。

（3）农户转移就业对中青年人群、拥有专业技能、收入和财富水平较高、不确定性较低的家庭影响更加显著；转移时间和距离均能强化劳动力转移对家庭风险金融资产持有的正向影响。

（4）家庭风险金融资产价值对居民总消费影响显著为正；从消费结构来看，风险金融资产对家庭耐用品消费产生正向影响，但对非耐用品消费不显著，进一步验证了农村家庭金融资配置的必要性及意义。

第10章 结论和政策建议

10.1 研 究 结 论

本书利用CHFS 2017年调查数据，结合劳动力转移特征，运用Probit和Tobit模型就劳动力转移对家庭金融资产配置行为的影响进行了实证分析，结果表明，农村家庭转移就业能够促进家庭参与金融市场的概率和水平，稳健性检验进一步证实了该结论。对这一结论具体的影响机制进行了探析。通过对供给端排斥（可及性排斥、服务排斥）和需求端排斥（金融知识排斥、风险排斥、信息排斥和互联网排斥）进行分析，构建农村地区家庭金融排斥程度的综合指标，并选取农村地区家庭收入和支出的不确定性、风险分担能力作为调节变量进行研究。本书的主要结论包括：

1. 农村家庭金融资产配置状况

我国农村地区家庭风险金融资产参与比例和投资水平虽然较2013年有所上升，但是整体水平依然很低，不足城镇家庭的十分之一。一是从金融市场参与度来看，农户现金和定期存款的参与率下降，活期存款和风险金融资产的参与率呈上升趋势。其中，农户对金融理财产品市场的参与比例由2013年的0.09%上升至2017年的1.97%，甚至超过了农户对股票市场的参与率。但受限于银行理财产品的投资门槛较高，农户对互联网理财产品的持有率显著高于银行理财产品。二是从资产持有比例来看，农村家庭对风险金融资产持有比重的上升也主要体现在金融理财产品的增幅上。对比农村家庭金融理财产品市场参与率和持有比例可以发现，越来越多农户持有互联网理财产品，但仍会把大部分资金配置在传统银行理财产品上。三是从多样性的角度来看，无论是城镇地区，还是农村地区，家庭金融资产投资的多样化程度都不高，普遍缺乏多样性。

从宏观环境因素、供给端金融排斥和需求端金融排斥三个维度，再结合农村地区经济、社会、居民家庭特征及数据库数据，对农户金融资产选择排斥形成的原因进行分析发现，我国农村地区家庭仍然面临着较为严重的金融排斥。

就我国劳动力转移现状而言，农村地区外出转移就业人数在 2008～2019 年间呈逐渐上升趋势，从事的职业具有较高的同质性，大部分进入制造业、建筑业或服务业从事体力劳动。从区域层面来看，西部地区比例最高，中部次之，东部最低。从转移劳动力的个体特征来看，外出劳动力的整体学历水平不高，男性数量要显著高于女性，这在中部地区尤为明显。从转移劳动力从事工作性质来看，转移就业主要是受雇于他人或单位或从事临时性工作。

2. 劳动力转移与农村家庭金融资产配置行为存在正相关关系

本书基于期望效用最大化目标，将劳动力转移内生于最优投资组合决策模型中，通过构建数理模型揭示劳动力转移与家庭金融资产配置之间的内在联系。并利用 CHFS 2017 年调查数据，结合劳动力转移特征、农村家庭特征和地区特征，运用 Probit 和 Tobit 模型就劳动力转移对家庭金融资产配置行为的影响进行了实证分析，结果表明，农村家庭转移就业能够促进家庭参与金融市场的概率和水平，稳健性检验进一步验证了上述结论。

通过对劳动力转移对家庭金融资产配置的异质性研究，从转移劳动力的特征看，中青年人群更会因为转移就业而提升家庭风险金融资产配置水平，转移就业对教育水平较高的家庭边际影响更大。从家庭经济特征看，收入和财富水平较高的家庭更倾向于持有风险金融资产。从转移劳动力就业情况来看，当户主的职业较为稳定，对未来收入预期较为乐观的情况下，风险承担能力更强，转移就业对家庭风险金融市场参与的促进作用更显著；而转移时间能强化劳动力转移对家庭风险金融资产持有比例的正向影响。

3. 劳动力转移能够提升农村家庭金融资产配置有效性

与以往研究不同，考虑到农村家庭投资理财的特殊性，本章将理财产品纳入风险投资组合指标构建的框架中进行分析。由相关关系研究发现，对于农村家庭而言，理财产品由于波动率风险较低，其夏普率显著高于股票和基金。由回归结果发现，劳动力转移能够促进夏普比率的提高。这表明在风险相同的情况下，转移就业家庭更有可能通过金融市场获得更多的财产性收入。这可能因为发生转移就业的家庭能够更好地权衡风险与收益之间的关系，并且能够由于外出金融知识、信息获取增多而作出更好的金融决策。异质性分析表明：（1）受限于农村地区老龄群体的知识不足，劳动力转移能够提高家庭资产配置有效性的促进作用，但其仅体现在 36~45 岁群体中；（2）对于财富和受教育较高的群体来说，他们对金融市场信息的处理能力较强，也具有更强的识别能力。在转移就业带来知识、信息获取拓宽、财富积累增加等情况下，更容易达到家庭投资组合的最优配置水平；（3）对于固定职工和签订了长期合同的受雇农户来说，转移就业对家庭投资组合有效性存在显著的促进作用，而对于从事临时工作或创业的家庭而言，转移就业对资产配置有效性的影响不显著。同时，随着外出工作时间提高，经验越丰富，工作稳定性和工资水平更高，认知能力也会有所提高，进而能够强化转移就业对家庭投资组合优化的促进作用。

4. 劳动力转移通过缓解需求端金融排斥来优化家庭金融资产配置

在前文实证检验的基础上，本书通过对供给端排斥和需求端排斥（金融知识排斥、风险排斥、信息排斥和互联网排斥）进行分析，构建了农村地区家庭金融排斥程度综合指数，探讨了劳动力转移对家庭风险金融资产配置的影响机制。

在劳动力转移影响家庭参与风险金融市场过程中，供给端金融排斥的中介作用不显著。通过数据分析发现，样本中仅有 24.82% 的家庭面临供给端金融排斥，占比较低。可能的原因是，近年来农村地区金融投入、金融制度建设、金融机构分布、金融业务普及等方面显著提高，如农行惠农通、建行裕农通等普惠金融业务开展。除机构网点外，农村地区利用电子机具等终端、移动互联技术以及便民服务点、流动服务站、助农取款服务点等代理模式，进一步扩大基础金融服务覆盖面。加之互联网金融的普及，农村地区金融发展覆盖率不断提高，供给端导致金融排斥的影响逐渐减弱。对于转移就业群体来说，也并非通过缓解供给端金融排斥促进了家庭对金融市场的参与。

　　在劳动力转移影响家庭参与风险金融市场的过程中，供给端金融排斥的中介作用不显著，而需求端形成的金融排斥依然存在。劳动力转移就业可以通过缓解农村家庭需求端金融排斥从而促进家庭金融市场参与和优化家庭资产配置。对需求端金融排斥的各个维度进行中介效应检验发现，劳动力转移通过缓解金融知识排斥、风险排斥、信息排斥和互联网排斥，进而促进家庭风险金融资产配置。而信息排斥和互联网排斥作用更为显著。首先，从金融市场参与意愿角度来看，转移就业人群在兼具传统的亲缘和地缘关系的基础上，扩大了社会网络建立起新的业缘关系，获取金融信息的渠道进一步拓宽。另外，人员流动产生了资金流动性需求，更容易从正规金融机构直接获得更多金融信息，减少家庭参与金融市场时的信息搜寻和处理成本。其次，从资产配置有效性的角度来看，说明对于农村家庭来说，外出就业能够改善农村家庭金融知识的匮乏、信息不对称的限制，保障家庭获得更多投资性收入。因此，相比较而言，如何缓解农村地区金融产品供需不平衡的矛盾，进一步改善农户需求端金融排斥程度，特别是提升农户金融素养水平和改善信息不对称，是未来发展急需解决的问题。

5. 收入和支出的不确定性弱化了劳动力转移对家庭风险金融资产配置行为的促进作用，而风险分担能够强化劳动力转移对农村家庭风险金融市场参与概率的促进作用

　　相较于城市，农村地区的教育和就业体系仍不完善，医疗和养老等社会保障制度不够健全，因此家庭面临更多不确定性风险，家庭为应对收入波动、医疗和健康不确定性风险冲击而进行预防性储蓄。此外，农户风险态度普遍较为保守，当面临不确定性风险时，往往通过降低其他风险，使总的风险敞口维持适度水平，最终形成以存款为主的家庭资产配置模式。因此，收入不确定性和教育、医疗不确定性均会弱化转移就业对农户投资行为的促进作用。

　　基于风险分担视角的研究发现，医疗保险和依赖社会网络进行的非正式风险分担能够强化劳动力转移对农村家庭风险金融市场参与概率的促进作用。主要原因是，医疗保险和非正式风险分担能够通过平滑各期消费，降低预防性储蓄动机，缓解家庭面临的不确定性和提高家庭的风险应对能力，进而强化转移就业对农户投资行为的促进作用。但养老保险的促进作用不显著，可能的原因是农村地区新农保保障水平较低，并不能有效鼓励居民家庭投资更多份额的风险资产。商业保险的促进作用也不显著，家庭甚至可能会因为购买商业保险的支出增加，而对风险金融市场投资产生替代效应。

6. 风险金融资产配置的优化能够促进家庭消费水平的提升

关于风险金融资产价值对家庭消费水平以及消费结构的影响分析发现，家庭风险金融资产价值对居民总消费影响显著为正；从消费结构来看，风险金融资产对家庭食品、衣着、生活用品、教育娱乐、交通通信各方面消费支出均产生正向影响，但对医疗保健支出不显著，进一步验证了农村家庭金融资产配置的必要性及意义。

从金融资产配置在消费支出不同分位点上对农村地区居民家庭消费的影响差异分析发现，回归系数随着家庭消费总支出的增加呈现先上升后下降的倒"U"型，两个拐点分别出现在 30 分位和 70 分位附近，说明风险金融资产能够在一定程度上促进家庭消费总支出，但这种促进作用会随着家庭消费水平的提高而递减，因此风险金融资产的持有并不能完全转化为居民消费的增长。风险金融资产价值对农村地区家庭教育娱乐支出的促进作用一直呈上升状态，在 50 分位点之后上升更加显著，即随着家庭风险金融资产价值的增加，对教育娱乐的重视程度越来越高。异质性分析表明，家庭风险金融资产价值对转移就业家庭消费水平的影响更大，且随着年龄的增加这种影响作用逐渐增加。

10.2 政 策 建 议

本部分在理论和实证分析的基础上，立足于农村家庭在金融资产选择中面临的金融排斥现象及劳动力转移的影响效应，从政府、金融机构和农村家庭等三个层面提出相应的对策建议，提高农村家庭金融资产配置的积极性和投资效率，促进农村金融改革深化和普惠金融发展，为实现乡村振兴战略提供金融支持。

在当前形势下，随着农业规模化经营的发展，创造了大量富余劳动力以满足非农产业需求。从宏观上来说，规模农业与剩余劳动力转移相互联动，在一定条件下具有协同效应，转移就业对于居民增收扩支、推动国民经济可持续发展有着至关重要的作用。从微观上来说，劳动力跨区转移就业所带来的投资理财观念和风险态度的改变、金融知识与信息的获得，使农户产生了资产配置需求，对带动家庭财富升值有重要影响。因此，合理引导农村剩余劳动力转移，不仅是提高农民收入的重要解决办法，也是促进农户参与金融市场的重要途径。把农村劳动力转移到非农行业或外出就业，并保证转移后劳动力的就业稳定性，才能从根本上解决农民就业难、家庭增收难、金融市场参与难等问题。

劳动力转移是影响农户储蓄、投资和消费等经济行为的重要因素。本书的研究为劳动力转移与农户风险金融资产配置行为之间的关系提供了系统性证据。针对以上结论，我们提出如下建议：

1. 农村居民自身应建立长效学习机制，逐步提升风险投资水平

研究发现劳动力转移就业主要通过缓解需求端金融排斥带动了农村地区家庭金融市场参与，并且这种积极作用在长期影响下更为显著。资金与知识的积累、观念的改变是一个循序渐进的过程，家庭资产配置行为的改变需要一定的周期。因此，农村居民自身也应建立长效学习机制，通过积极参与线下讲座、线上培训等活动，逐步树立投资意识、提升金融素养、拓宽信息获取能力，从投资于风险较低的金融产品开始，逐步丰富、完善家庭的投资组合。

2. 金融机构应推动金融知识宣传，加强研发推广适合农户的金融理财产品

研究发现农户需求端金融排斥仍然是制约农村地区家庭参与金融市场的重要因素之一，其具体表现为金融知识和信息获取不足以及风险厌恶程度较高。近年来，随着普惠金融发展，中国农村家庭金融市场参与率有所提升，但参与效果仍不理想。农户较为保守的投资观念、相对匮乏的金融知识等难以在短时间内得到显著改善。因此，更应该鼓励农户通过持有正规金融机构发行的金融产品享受资本市场发展带来的红利，而不是鼓励农户直接参与资本市场。政府和金融机构一是要持续推动金融知识宣传，不仅要加强对投资者的金融知识传播和培训，使家庭了解和掌握更多的投资理财知识和信息、树立正确的投资理念和方法。二是要通过金融产品创新，加强研发兼具保障性和投资性的低门槛金融产品，设计应对不同财富水平、不同家庭发展阶段的金融创新产品，进一步促进农户对金融市场的参与，享受资本市场发展带来的红利。

3. 各级政府应采取有效措施，增加农村劳动力转移就业机会

劳动要素从农村流向城市有利于促进劳动力在城乡之间的合理配

213

置，对于优化农户资产配置也具有重要作用。劳动力转移的"去地域化"能够改变农村居民较为保守的投资观念、提升金融素养、促进财富积累，从而使其有意愿和能力参与金融市场投资，并获取相应的资产报酬，享受资本市场发展红利，这种促进作用对于技能水平较高的群体影响更为显著。因此，各级政府应采取更加积极的就业政策和教育培训政策，不仅为农民提供多种外出就业机会和稳定的就业环境，也要促进转移就业人群的技能培训和综合素养提升，从根本上解决农村地区的就业难、增收难、金融市场参与难等问题。

4. 政府加强金融监管，打造稳定的金融市场环境

伴随近年来非正规金融机构以及互联网金融的发展，金融市场上不断涌现出各类新型金融产品。对于大部分农村居民而言，由于自身金融知识匮乏，自身家庭或周边人群上当受骗的案例时有发生，由此产生了对金融机构的戒备心以及对社会的不信任，这也极大影响了农村家庭参与金融市场的积极性。因此，政府和相关机构一是要把金融监管逐步纳入法治化的轨道，逐步推进农村金融体制的层次化、利率市场化、资本市场的健全化和金融调控的灵活性，通过规范市场秩序和完善制度建设来降低农户面临的投资风险。二是要加强对农户家庭金融知识、防范风险的宣传力度，严厉打击涉及金融领域的各种违法犯罪活动，打造和谐稳定的金融市场环境。三是要适度深化农村金融改革，采取必要的金融改革措施，扩大农村金融网点和分支机构，改变农村专业化金融机构缺位、投资工具匮乏的现状，为农户家庭参与金融市场创造有利条件。

5. 充分发挥互联网及新媒体的作用，健全农村地区信息获取途径

随着农村地区互联网的普及，要充分发挥互联网、新媒体等信息传播工具的作用，为农村地区居民提供就业、金融等相关信息，弥补信息不对称带来的信任危机，提升农村地区社会信任程度，发挥信任对缓解农村地区金融排斥的催化剂作用。一方面，为农村居民提供充足的劳动力供求信息，鼓励农村剩余劳动力从事非农行业、转移就业，促进农户收入多样性和家庭收入提高；加强对就业信息的监督筛选和引导，向着规范化劳动力市场良性发展。另一方面，借助互联网技术克服金融市场摩擦的制约，研发适合农村家庭需求的金融产品，结合手机银行、网上银行等功能提高金融服务效率，拉动农村消费内需，满足较富裕家庭的投资理财需求，同时更要重视各类投资产品的合法性，避免非法集资产品侵害家庭投资者的利益。

6. 健全社会保障体系，降低不确定性，强化农户风险分担能力

研究发现不确定性仍然是制约农村地区家庭参与金融市场的重要因素之一，政府应进一步消除城乡居民之间的就业、福利、社会保障、医疗等各方面差异。不仅要完善农村地区社会保障体系的建立，也要确保从事非农行业人群签订合理的用工合同，从工伤、失业、医疗等多方面提供保障，加强家庭的风险承担能力，更好地缓解农村地区家庭面临的风险排斥，促进家庭参与金融市场。

《2019 年新型城镇化建设重点任务》提出要保障流动人口权益，因此要进一步推进户籍制度改革，消除城乡居民之间的就业、福利、社会保障、医疗等各方面差异。由于收入和支出不确定性因素存在，农户出于预防性储蓄动机从而较少参与风险金融市场，政府应进一步完善农村地区社会保障制度以消除他们的后顾之忧。值得关注的是，我国城市和农村社保体制的分离导致部分转移劳动力既无法享受城市社保，同时农村社保对于他们来说也不方便，这就使农村转移劳动力处于社保的灰色地带。因此，应根据不同人群建立相应的社会保障制度。一是全体农村居民的社会保障机制，确保全员能够享受充分的社会保障；二是转移劳动力的社会保障机制，针对外出务工人群建立更合理的工伤、医疗等保险制度；三是留守人群的社会保障机制，农村留守人群多为老人、妇女、儿童等群体，劳动能力差，生活来源难以保证，针对留守人群不仅要健全医疗等保障体系，也要关注农村家庭子女教育难、教育贵等问题，降低家庭在教育医疗方面支出的不确定性。如前所述，只有缓解收入和支出不确定性带来的预防性储蓄偏好，才能帮助农户通过金融市场实现资产的跨期优化配置，最大程度享受我国资本市场发展带来的红利。

10.3　不足之处和研究展望

本书的研究着眼于农村家庭金融资产选择这一当前关注较少的农村金融问题，从劳动力转移视角对其进行了分析，并探讨了劳动力转移与农村家庭金融资产配置行为的关系，丰富了农村金融、家庭金融和金融排斥理论的研究内容和体系，对于我国农村金融市场的培育和农村金融普惠发展具有一定的政策意义。但同时，本研究还存在一定的不足和需要进一步研究之处，具体体现在如下方面：

第一，随着经济的发展、家庭收入水平和金融素养的提高，金融资产配置对家庭财富积累的重要性将越来越受到重视。但在对家庭分析金融资产组合有效性的衡量上依然存在不足之处。本书的研究同样涉及这一问题，夏普比率作为衡量指标可能会存在如下问题。一是夏普比率是一种平均收益率。但实际上，每个家庭投资资产的具体种类不同，收益率也大相径庭。二是该方法较为粗略且忽视了风险承受能力差异问题。如果将来有更为翔实的数据，有待进一步探究。

第二，关于供给端金融排斥指标的构建。在衡量供给端金融排斥指标的选择上，由于数据的限制，本书仅选择了"家庭是否持有储蓄存款"来衡量家庭是否面临的供给端金融排斥。但是，家庭未持有储蓄存款可能的原因除了金融机构排斥外，也有可能是农户自身对金融服务缺乏需求，因此可能会夸大对金融排斥缓解的影响。虽然已有研究表明，储蓄存款作为最基本的金融产品和服务，往往也是发展中国家家庭首选的金融服务，家庭对其无需求的可能性较小，即使存在夸大因素也较小（Honohan，2006；吕学梁和吴卫星，2017）。同时，随着近年来互联网金融的发展，仅以家庭是否持有储蓄存款衡量供给端金融排斥也稍显不足。但由于数据库中没有调查这一方面的数据，因而只能退而求其次，并参考已有研究采用"距离家庭最近的金融服务机构的距离"和"您对目前所获得的银行服务的总体评价"作为供给端金融排斥的代理变量，进行进一步验证，以最大限度确保结果的稳健性。希望随着数据的完善，能够找到更加合适的指标对供给端金融排斥进行衡量。

附　录

中国农村家庭金融资产配置调查问卷

调查注意事项

请调查员认真阅读下面的说明，然后再进行调查。

1. 调查目的：本次调查的目的在于了解农村家庭对于金融资产的需求意愿，以及金融资产状况，调查的数据用于学术和政策研究。

2. 调查询问对象：本次调查的问题主要由家庭主事者来回答，如果不在家，可由家庭其他熟悉情况的成员回答部分问题，不清楚的问题通过电话联系家庭主要决策者进行回答。

3. 问卷填写方式：为保证调查的可靠性，减少抽样误差，建议调查员不要将问卷交给被调查者自行填写，应由调查员亲自入户调查，并如实填写。

4. 调查原则：本次调查本着自愿的原则，如被调查者不愿意接受调查，可重新选择调查对象；如果被调查者对于部分问题不愿回答，对于该问题选项应保持空白，调查者不要捏造答案。

调查中，调查员根据问卷询问被调查者，并将选项告知被调查者，由其根据家庭实际情况如实选择，如被调查者对问题不理解，调查员可以进行解释，除此之外，调查员不要与被调查者有其他交流，避免干扰被调查者的选择。对于选择题来说，如果被访问者的回答不属于选项的任意一项，由被访问者确定最终选项，切忌访员自行推断。

询问单选题时，最好较快地读出选项，若在读完之前，被询问者回答除了与选项一致的选项即可停止；若回答出的答案不属于选项的任意一项，访问者又不能自行判断的，则需要追问。

询问多选题时，为避免选项过多造成被访问者混淆，可以以三个或四个选项为一组读出选项并询问。注意追问时要有两个选项以上，不能只读一个选项，这样会诱导被访问者的选择。

5. 文中需要填写数值的部分，请填写阿拉伯数字；如果实在不知道具体数字可填写大体的数值或数值范围。

6. 问卷中"过去一/两年"以春节为时间节点计算，过去一年即为去年春节到今年春节这一年的时间；过去两年即为前年春节到今年春节这两年的时间。

基 本 信 息

（注：＊为调查问卷中的必答题）

1. 被访者家庭地址：_____省/自治区/直辖市_____市_____区/县_____乡/镇/街道办_____村/组_____门牌号［填空题］＊

2. 访问开始时间：2019 年_____月_____日_____时_____分。［填空题］＊

3. 访问员姓名：_____ ［填空题］＊

4. （访员填写）所属家庭编号为_____ ［填空题］＊

格式为：第几天＋队号＋当天调研户序号。如第一天 1 队第一户编号为：010101。

第一部分　家庭成员基本信息

（注：＊为调查问卷中的必答题）

首先，先向受访者强调"家庭"和"家庭主事者"两个概念。

"家庭"为长期生活在一起的人，可询问是否分家作为衡量依据。

"家庭主事者"为家里说了算的人。本部分受访者为家庭主事者，如主要主事者不在家，可由家庭其他熟悉情况的成员回答部分问题，不清楚的问题通过电话联系家庭主要决策者进行回答。

5. 请问您和家庭主事者的关系是 ［单选题］＊

○1. 本人　　　　　　　　　○2. 配偶或伴侣

○3. 父母　　　　　　　　　○4. 子女

○5. 儿媳/女婿　　　　　　　○6. 孙子/孙女

○7. 兄弟姐妹　　　　　　　○8. 其他【请注明】_____＊

6. 家庭主事者的性别（访员自己填写，不用询问）［单选题］＊

○1. 男　　　　　　　　　　○2. 女

7. 家庭主事者的出生日期是_____年_____月（以身份证为

准）［填空题］

8. 家庭主事者的健康状况［单选题］*

○1. 非常好　　○2. 较好　　　○3. 较差　　　○4. 非常差

9. 家庭主事者是否是党员［单选题］*

○1. 是　　　　　　　　　○2. 否

10. 家庭主事者的受教育程度［单选题］*

○1. 没上过学　○2. 小学　　　○3. 初中　　　○4. 高中

○5. 中专/职高　○6. 大专/高职　○7. 大学及以上

11. 家庭主事者是否当过兵［单选题］*

○1. 是　　　　　　　　　○2. 否

12. 家庭成员总人数为_____人（"家庭"为长期生活在一起的人，可询问是否分家作为衡量依据）。［填空题］*

访员注意：此处所填人数包括主事者本人。

13. 您家庭主要成员有（以主事者本人为衡量标准）：［多选题］*

□父母　　　　　　　　□配偶

□子女　　　　　　　　□兄弟姐妹及其配偶子女

□其他【请注明】_____ *

14. 家庭就业人员数量为_____人［填空题］*

访员注意：就业人员指在 16 周岁及以上，从事一定社会劳动并取得劳动报酬或经营收入的人员。

15. 家庭其他成员是否是党员［单选题］*

○1. 是　　　　　　　　　○2. 否

16. 家庭其他成员是否当过兵［单选题］*

○1. 是　　　　　　　　　○2. 否

17. 家庭其他成员的最高学历［单选题］*

○1. 没上过学　○2. 小学　　　○3. 初中　　　○4. 高中

○5. 中专/职高　○6. 大专/高职　○7. 大学及以上

18. 家庭成员民族状况［单选题］*

○1. 都是汉族　　　　　　○2. 都是少数民族

○3. 汉族和少数民族都有

19. 主事者的子女数量为_____人，_____男_____女。［填空题］*

访员注意：此处子女数量包括已经成家单独立户的子女。

20. 您家 14 岁以下（含 14 岁）人口数量为_____人；
65 岁以上（含 65 岁）人口数量为_____人。[填空题] *

第二部分　家庭成员工作情况

（注：*为调查问卷中的必答题）

下面，我们想了解一下您家庭成员的工作情况。

21. 家庭成员职业情况［矩阵文本题］

父亲_____

母亲_____

配偶_____

子女_____

其他重要家庭成员_____

访员注意：

（1）此处考察的"父亲""母亲""子女"为家庭主事者的直系亲属；"其他重要家庭成员"为对家庭经济情况有重要影响的人；

（2）如多个子女或多个其他家庭成员可用分号隔开填写；

（3）仅考虑主要职业。

22. 过去两年，您家庭成员是否有在户籍地以外（本乡镇以外）其他地方工作的经历？［单选题］*

○1. 是　　　　　　　　　○2. 否（请跳至第 29 题）

访员注意：此处时间是以春节为节点计算，过去两年即为：2017年春节到 2019 年春节两年时间。家庭成员含主事者本人。

23. 过去两年，家庭成员外出工作人数为_____人，平均一年外出工作时间有_____月。[填空题] *

访员注意：平均一年外出工作时间 = 家庭成员外出工作总时间/外出工作人数。

24. 过去一年，家庭成员平均一年外出工作收入有_____元。[填空题] *

访员注意：此处时间是以春节为节点计算，过去一年即为：2018年春节到 2019 年春节一年时间，下同。家庭成员平均一年外出工作收入 = 家庭成员外出工作总收入/外出工作人数。请填写阿拉伯数字，没有填写"0"，不知道/不清楚则不必填写。下同。

25. 过去一年，您家所有外出工作的人一共寄回或带回_____元。（包括过年过节带回的钱）［填空题］*

26. 过去一年，您家外出工作的人带回或寄回的钱，最主要做什么用？［单选题］*

〇1. 耐用品消费　　　　　〇2. 非耐用品消费

〇3. 金融资产投资或存款　　〇4. 生产性投资

〇5. 其他【请注明】_____ *

访员注意：

耐用品消费：家具、家电、汽车、住房等商品。

非耐用品消费：居民日常衣食住行等一般商品和服务（如食品、日用品、服装、休闲娱乐支出、除留学外的教育支出等）。

生产性投资：直接用于物质生产或满足物质生产需要的建设投资。

27. 过去一年，您家是否由于有人外出工作，而雇佣/增加帮工？［单选题］*

〇1. 是　　　　　　　　〇2. 否（请跳至第29题）

28. 过去一年，您家因有人外出工作而雇佣/增加帮工每年大概花了_____元。［填空题］*

第三部分　家庭主事者工作情况

（注：* 为调查问卷中的必答题）

下面，我们想了解一下您的工作情况。

29. 主事者的工作性质是［单选题］*

〇1. 务农（请跳至第32题）

〇2. 受雇于他人或单位

〇3. 经营个体或私营企业；自主创业

〇4. 自由职业者（请跳至第32题）

〇5. 其他【请注明】_____ *（请跳至第32题）

访员注意：自由职业者指零散工、摊贩、无派遣单位的保姆、自营运司机、手工工匠等。

30. 主事者的工作单位的性质是［单选题］*

〇1. 政府机关/事业单位　　〇2. 村民自治组织（如村委会等）

○3. 私营企业　　　　　　　　○4. 国有企业

○5. 个体工商户　　　　　　　○6. 其他【请注明】_____ *

31. 这份工作的合同性质是？［单选题］*

○1. 无固定期限合同（固定职工）

○2. 长期合同（1 年以上）

○3. 短期合同（1 年以下）

○4. 没有合同

32. 您是否有副业？［单选题］*

○1. 是【请注明】_____ *　　○2. 否

33. 您对未来工作的担忧程度怎样？［单选题］*

○1. 非常担忧　○2. 偶尔担忧　○3. 完全不担忧

34. 您是否拥有专业技能？（一技之长或某一方面的手艺，如瓦工、修理等）［单选题］

○1. 是【可备注】_____　　　○2. 否（请跳至第 36 题）

35. 您的专业技能对现在工作是否有帮助？［单选题］*

○1. 是　　　　　　　　　　　○2. 否

36. 您是否担任过村干部（包括村长、村书记、村主任、村支书、妇女主任等）［单选题］*

○1. 是　　　　　　　　　　　○2. 否

37. 您认识的人中是否有人外出工作［单选题］*

○1. 是　　　　　　　　　　　○2. 否

38. 您目前是否外出工作？（本乡镇以外）［单选题］*

○1. 是（请跳至第 40 题）　　○2. 否

39. 过去两年，您是否有在户籍地以外（本乡镇以外）其他地方工作的经历？［单选题］*

○1. 是　　　　　　　　　　　○2. 否（请跳至第 50 题）

访员注意：此处时间是以春节为节点计算，过去两年即为：2017 年春节到 2019 年春节两年时间，下同。

40. 您外出工作的主要原因是［单选题］*

○1. 增加收入

○2. 学习专业技术

○3. 外出上学毕业后在外地工作

○4. 家庭原因（女性嫁人、家庭迁移）

○5. 其他【请备注】_____ *

41. 您第一次外出工作时，如何找到工作？［单选题］*

○1. 政府组织　○2. 民间团体　○3. 亲友介绍　○4. 自发寻找

42. 您外出工作_____年，平均每年外出工作_____月。［填空题］*

43. 您主要在哪里工作？（可备注次要地点）

_____省/自治区/直辖市_____市_____区/县_____乡/镇/街道办_____村/组

次要地点：_____［填空题］

＊44. 您外出工作每月平均收入为_____元。［填空题］

＊45. 您外出工作时，是否接受过任何形式的培训？［多选题］*

□1. 没有参加任何培训　　　□2. 个人付费培训

□3. 企业内部培训　　　　　□4. 社会公益培训

□5. 其他培训【请注明】_____ *

46. 您外出工作时，是否参加过经济或金融类课程（含网课等任何形式）？［单选题］

○1. 是　　　　　　　　　○2. 否

47. 您是否已经在外出工作地购房？［单选题］*

○1. 是　　　　　　　　　○2. 否

48. 您近两年是否有回到户籍所在地工作的打算［单选题］*

○1. 是　　　　　　　　　○2. 否（请跳至第50题）

49. 您回到户籍所在地工作的原因［单选题］*

○1. 在外生活压力大　　　○2. 回家有更好的就业机会

○3. 自身原因　　　　　　○4. 家庭原因

○5. 其他【请注明】_____ *

50. 家庭主事者平均每月电话、网络等通信费共有_____元。［填空题］*

51. 家庭主事者的微信好友数量为_____人，现有群聊_____个。［填空题］*

第四部分　家庭经营及收入和支出状况

（注：＊为调查问卷中的必答题）

下面我们想简单了解一下您的收入和支出状况。

52. 过去一年，您家庭的总收入大概是＿＿＿＿万元。[填空题]＊

53. 过去一年，您家的收入来源为：（没有请填"0"）

农业（包括农林牧副渔）收入大概是＿＿＿＿元；

个体经营或开办私营企业收入大概是＿＿＿＿元；

工资薪金收入大概是＿＿＿＿元；

投资理财收入大概是＿＿＿＿元；

其他收入来源为＿＿＿＿，大概是＿＿＿＿元。[填空题]＊

54. 过去一年，您家春节、中秋节等节假日收入大概有＿＿＿＿元，红白喜事收入大概有＿＿＿＿元。[填空题]＊

55. 过去一年，您家总消费支出大概是＿＿＿＿元；

其中，您家耐用品支出大概为＿＿＿＿元；

非耐用品支出大概为＿＿＿＿元。

＊访员注意：

耐用品消费：家具、家电、汽车、住房等商品。

非耐用品消费：居民日常衣食住行等一般商品和服务（如食品、日用品、服装、休闲娱乐支出、教育支出等）。

56.【非耐用品消费】过去一年，您家用于

旅游和文化娱乐的支出大概是＿＿＿＿元；

教育培训的支出大概是＿＿＿＿元；

电话、网络等通信费大概有＿＿＿＿元；

医疗支出大概是＿＿＿＿元（报销前费用，含生育）；医保支付或报销后为＿＿＿＿元（实际支出）；

57. 过去一年，您家春节、中秋节等节假日支出大概有＿＿＿＿元，红白喜事支出大概有＿＿＿＿元。[填空题]＊

58. 过去一年，您家用于家庭经营上的投资支出大概是＿＿＿＿元。[填空题]＊

访员注意：家庭经营上的投资指用于小生意、务农、投资、经营等。

59. 您家拥有/承包土地的面积大概为＿＿＿＿亩。（没有请填0）

[填空题] *

60. 您家总共 _____ 套房产，这些房产目前市价总价值约为 _____ 元。

61. 过去，您家是否经历过房屋拆迁？[单选题] *

○1. 是　　　　　　　　　○2. 否（请跳至第 64 题）

62. 这次拆迁的补偿方式是？[单选题] *

○1. 货币补偿

○2. 房屋补偿

○3. 房屋补偿但需自己支付一部分

○4. 货币补偿和房屋补偿两者都有

○5. 没有补偿

○6. 补偿未定

○7. 其他【请注明】 _____ *

63. 如果是货币补偿，金额为 _____ 元。[填空题] *

64. 近三年，您家是否有新购/新建住房？包括拆迁换房和移民安置购房。[单选题]

○1. 是　　　　　　　　　○2. 否

225

第五部分　金融资产和负债

（注：*为调查问卷中的必答题）

现在，我们想进一步了解您家庭的金融资产和负债状况，金融资产包括存款、股票、债券、基金、理财产品、黄金、借出款等项目。

一、借贷

65. 您是否有过借款？[单选题] *

○1. 有　　　　　　　　　○2. 否（请跳至第 68 题）

66. 您的借款用途主要为？[单选题] *

○1. 消费　　　　　　　　○2. 买房或者建房

○3. 农业或经营投资　　　○4. 其他【请注明】 _____ *

67. 您对外有借款数额大概是 _____ 元；

其中银行借款数额大概为 _____ 元，借款利率为 _____ %；

向亲戚好友借款数额大概为 _____ 元，借款利率为 _____ %；

向民间金融组织借款数额大概为 _____ 元，借款利率为 _____ %。

访员注意：如果没有该类借款，请在数额部分填"0"，利率不填。如果不收取利息则填"0"；如果不知道利息是多少则不填。

68. 您认为您家从银行获取贷款难度如何？［单选题］*

○1. 很难　　　○2. 较为困难　○3. 较为容易　○4. 非常容易

○5. 没有贷过款，不了解（请跳至第70题）

69. 您家是否有银行借款被拒绝的经历？［单选题］*

○1. 是　　　　　　　　　○2. 否

70. 如果您家急需一笔资金（假如为十万元），您认为您筹集到这笔资金的难易程度如何？

○1. 很难　　　○2. 较为困难　○3. 较为容易　○4. 非常容易

○5. 不了解

71. 包括相互联保在内，您家是否给他人贷款提供过担保？［单选题］*

○1. 是　　　　　　　　　○2. 否

访员注意：相互联保指由没有直系亲属关系的自然人在自愿基础上组成联保小组、彼此相互担保的贷款。

72. 包括相互联保在内，您家是否请他人给您贷款提供过担保？［单选题］*

○1. 是　　　　　　　　　○2. 否

73. 您或者常住在家的其他成员是否有信用卡？［单选题］*

○1. 有　　　　○2. 没有　　　○3. 不清楚

74. 您家有没有借钱给家庭成员以外的人或机构？［单选题］*

○1. 有　　　　　　　　　○2. 没有（请跳至第78题）

75. 如果有，这笔钱是借给谁的？［多选题］*

□1. 亲戚　　　　　　　　□2. 朋友/同事

□3. 民间金融组织　　　　□4. 其他【请注明】_____ *

76. 如果您借过钱给别人，借款数量大概是_____元，借款利率为_____%。

访员注意：借款利率如没有请填"0"，不知道/不愿意回答则不必填写。

77. 您是否担心收不回该借款？［单选题］*

○1. 是　　　　　　　　　○2. 否

78. 您家是否有出钱入股他人经营的企业或生意？［单选题］*

　　○1. 有　　　　　　　　　　　○2. 没有（请跳至第 80 题）

79. 如果您入股过他人的企业或生意，入股金额大概是 _____
元。 *

二、金融资产选择意愿

80. 您对于金融方面的知识是否了解［单选题］*

　　○1. 非常了解　　○2. 略有了解　　○3. 不太了解　　○4. 很不了解

81. 假设您现在有 100 块钱，银行的年利率是 4%（单利计息），如
果您把这 100 元存 5 年定期，5 年后您获得的本金和利息为多少？［单
选题］*

　　○1. 小于 120 元　　　　　　　○2. 等于 120 元

　　○3. 大于 120 元　　　　　　　○4. 不知道

82. 您认为一般而言，购买一只公司的股票是否比购买国债风险更
大？［单选题］*

　　○1. 是　　　　○2. 否　　　　　○3. 不知道

83. 如果银行 1 年存款利率 3%，1 年后物价上涨 5%，您认为将钱
存在银行划算吗？（不考虑其他投资途径）［单选题］*

　　○1. 划算　　　　○2. 不划算　　　○3. 不知道

84. 您获取金融相关信息的主要来源有哪些方式？［多选题］*

　　□1. 报刊、杂志　　　　　　　□2. 电视节目

　　□3. 收音机　　　　　　　　　□4. 互联网

　　□5. 手机短信　　　　　　　　□6. 亲戚、朋友

　　□7. 金融机构　　　　　　　　□8. 其他【请备注】_____ *

85. 如果您有一笔现金，您愿意投资于高风险、高回报的项目，还
是低风险、收益稳定的项目。

　　○1. 高风险、高回报的项目

　　○2. 略高风险、略高回报的项目

　　○3. 略低风险、收益较稳定的项目

　　○4. 不愿意承担风险

86. 您认为投资理财对于您的家庭财富增值是否重要？［单选题］*

　　○1. 是　　　　　　　　　　　○2. 否

　　○3. 不了解什么是投资理财

227

87. 当您家的资产价值上升时，您愿意花更多的钱消费吗？［单选题］*

○1. 很愿意　　　○2. 愿意　　　　○3. 不愿意　　　○4. 很不愿意

88. 总的来说，您对于现在的生活状况满意吗？［单选题］*

○1. 非常满意　　○2. 满意　　　　○3. 不满意　　　○4. 非常不满意

89. 是否有银行等金融机构工作人员来您村或家庭开展过金融产品和金融知识方面的宣传？

○1. 是　　　　　　　　　　○2. 否

三、金融资产状况

90. 目前，您家持有现金大概是_____元。［填空题］*

91. 您家有活期存款吗？［单选题］*

○1. 有　　　　　　　　　　○2. 没有（请跳至第93题）

92. 如果有活期存款，您的活期存款余额大概是_____元。［填空题］*

93. 您家有定期存款吗？［单选题］*

○1. 有　　　　　　　　　　○2. 没有（请跳至第95题）

94. 如果有定期存款，您的定期存款大概是多少_____元；收益率大概是_____%。

访员注意：如果被访者不清楚收益率，访员可记下存款时间和期限自行查询填写。

95. 您家是否投资过风险金融资产（包括股票、债券、基金、理财产品、金融衍生品、黄金等）［单选题］*

○1. 是　　　　　　　　　　○2. 否（请跳至第109题）

96. 您家是否投资过股票？［单选题］*

○1. 是　　　　　　　　　　○2. 否（请跳至第100题）

97. 过去一年，您家持有股票的收益率大概是_____%。（可为负数）［填空题］*

98. 前几年（除了去年一年），您家持有股票的收益率大概是_____%（可为负数）。

99. 截止到目前，您股票账户里的现金余额为_____元；股票价值大概是_____元。

100. 您家是否持有债券［单选题］*

○1. 是　　　　　　　　○2. 否（请跳至第 102 题）

101. 您家持有债券情况为：

政府债券价值大概是_____元，收益率为_____%；

金融债券价值大概是_____元，收益率为_____%；

企业债券价值大概是_____元，收益率为_____%。

其他债券种类为_____，价值大概是_____元；收益率为_____%。

访员注意：如果未持有该类债券，请在价值部分填"0"，收益率不填。如果收益率为零则填"0"；如果不知道收益率则不填。

102. 您家是否持有基金？［单选题］*

○1. 是　　　　　　　　○2. 否（请跳至第 106 题）

103. 您家持有的基金总市值大概是_____元。［填空题］*

104. 过去一年，您家持有基金的收益率大概是_____%。［填空题］

105. 前几年（除了去年一年），您家持有基金的收益率大概是_____%（可为负数）。［填空题］*

106. 您家是否购买过理财产品？［单选题］*

○1. 是　　　　　　　　○2. 否（请跳至第 108 题）

107. 您家购买理财产品的情况为：

从正规金融机构购买的理财产品的价值大概是_____元，收益率为_____%；

从民间金融组织购买的理财产品的价值大概是_____元，收益率为_____%；

从互联网理财平台购买的理财产品的价值大概是_____元，收益率为_____%；

其他理财产品为_____，价值大概是_____元，收益率为_____%。

访员注意：如果未购买该类理财产品，请在价值部分填"0"，收益率不填。如果收益率为零则填"0"；如果不知道收益率则不填。

108. 除前面已经提到的银行存款、股票、债券、基金、理财产品外，您家还持有下列哪些金融产品？（可多选；如果有，请备注金额）［多选题］*

□1. 金融衍生品, _____ *** 填写完该题, 请跳至第110题。

□2. 黄金 (不包括首饰), _____ *** 填写完该题, 请跳至第110题。

□3. 其他【请注明, 并注明金额】_____ *** 填写完该题, 请跳至第110题。

□4. 没有 ** 填写完该题, 请跳至第110题。

109. 如果您家没有购买风险金融产品的原因是［多选题］*

□1. 不了解, 不会操作

□2. 风险高, 担心得不到偿还

□3. 没有闲置资金

□4. 银行/证券公司太远, 服务不方便

□5. 其他【请注明】_____ *

110. 不包括房产, 您家总的资产 (包括农业机械、经营设备、车辆、电器、存款、其他进入资产等) 大概是多少?［单选题］*

○5万元以下 (不含5万)

○5万元~10万元 (不含10万)

○10万元~30万元 (不含30万)

○30万元~50万元 (不含50万)

○50万元~100万 (不含100万)

○100万元以上

111. 您家是否购买商业保险?［单选题］*

○1. 是　　　　　　　　○2. 否 (请跳至第114题)

112. 您家购买商业保险的险种为［多选题］*

□1. 商业人寿保险　　　　□2. 商业健康保险

□3. 财产保险　　　　　　□4. 农业保险

□5. 其他【请注明】_____ *

113. 如果购买过商业保险, 每年交纳保费_____元。

第六部分　社会关系和思想观念

(注: * 为调查问卷中的必答题)

下面, 我们想了解一下您家庭的关系网络和思想观念

一、关系网络

114. 请问在您村中您家族规模如何?［单选题］*

○1. 很大　　　○2. 较大　　　○3. 一般　　　○4. 较小

○5. 很小

115. 请问您的姓氏在村里是大姓吗？［单选题］*

○1. 是　　　　　　　　○2. 否

116. 请问和您交往密切的家族成员和亲戚大概有几个？［单选题］*

○1. 0　　　○2. 1~3 人　　○3. 4~6 人　　○4. 7~10 人

○5. 11~15 人　○6. 15 人以上

117. 您觉得自己的人际交往能力如何？［单选题］*

○1. 很好　　　○2. 较好　　　○3. 较弱　　　○4. 很弱

118. 除亲戚外，请问和您关系好的朋友有几个？［单选题］*

○1. 0　　　○2. 1~3 人　　○3. 4~6 人　　○4. 7~10 人

○5. 11~15 人　○6. 15 人以上

访员注意：此处朋友指的是被访问者自己认为的朋友。

119. 请问您是否加入了下列团体或者组织？［多选题］*

□1. 民主党派　　　　　　□2. 宗教

□3. 农村互助组织　　　　□4. 兴趣协会

□5. 其他【请注明】_____ *

□6. 没有参加任何团体或组织

120. 您是否经常使用 QQ 和微信等网络聊天工具？［单选题］*

○1. 经常使用　○2. 偶尔使用　○3. 不使用

二、信任和互惠

121. 如果路上遇到陌生人需要帮助，您是否会帮忙？［单选题］*

○1. 会　　　　　　　　○2. 看情况而定

○3. 一般不会　　　　　○4. 肯定不会

122. 有些家庭出远门（例如外出打工）时，会把钥匙给邻居或亲戚朋友，让他们帮您照看家，您是否同意这样做，请在下列选项中选择。［单选题］*

○1. 非常同意　○2. 比较同意　○3. 不太同意　○4. 很不同意

123. 过去一年中，您是否无条件地给他人提供下列帮助［多选题］*

□1. 金钱（不收回）　　　□2. 用工（农活、照看孩子等）

□3. 找工作　　　　　　　□4. 培训

□5. 设备（车辆、农用机械等）□6. 其他【请注明】_____ *

231

124. 过去一年中，您是否从他人那里获得如下帮助［多选题］*

☐1. 金钱（不收回）　　　　　☐2. 用工（农活、照看孩子等）

☐3. 找工作　　　　　　　　　☐4. 培训

☐5. 设备（车辆、农用机械等）☐6. 其他【请注明】_____ *

三、思想观念

125. 您觉得生儿子和生女儿［单选题］*

○1. 一样　　　○2. 生儿子好　○3. 生女儿好

126. 您更赞成以下哪种养老观念［单选题］*

○1. 子女赡养　　　　　　　○2. 老了也要靠自己

○3. 参加养老保险　　　　　○4. 住养老院或养老服务中心

○5. 以房养老

127. 如果您的收入减少，不足以归还借款，您更可能会选择下列哪种做法？［单选题］

○1. 别处借钱还　　　　　　○2. 节约开支偿还借款

○3. 推迟归还贷款　　　　　○4. 拖欠不还

128. （访员填写）结束时间：_____点_____分；访问总长度：_____（分钟）

参 考 文 献

［1］艾春荣，汪伟.非农就业与持久收入假说：理论和实证［J］.管理世界，2010（1）：8－22，187.

［2］蔡昉，都阳，王美艳.户籍制度与劳动力市场保护［J］.经济研究，2001（12）：41－49，91.

［3］蔡昉.劳动力迁移的两个过程及其制度障碍［J］.社会学研究，2001（4）：44－51.

［4］蔡昉.迁移决策中的家庭角色和性别特征［J］.人口研究，1997（2）：7－12.

［5］蔡昉.特征与效应：山东农村劳动力迁移考察［J］.中国农村观察，1996（2）：51－56.

［6］蔡昉.中国城市限制外地民工就业的政治经济学分析［J］.中国人口科学，2000（4）：1－10.

［7］曹兰英.新型农村养老保险、农户金融市场参与及家庭资产配置［J］.统计与决策，2019，35（18）：161－164.

［8］曹扬.社会网络与家庭金融资产选择［J］.南方金融，2015（11）：38－46.

［9］柴时军，王聪.老龄化与居民金融资产选择：微观分析视角［J］.贵州财经大学学报，2015（5）：36－47.

［10］车树林，王琼.人口年龄结构对我国居民投资偏好的影响：基于CHFS数据的实证研究［J］.南方金融，2016（9）：24－31.

［11］陈丹妮.人口老龄化对家庭金融资产配置的影响：基于CHFS家庭调查数据的研究［J］.中央财经大学学报，2018（7）：40－50.

［12］陈虹宇，周倬君.乡村政治精英家庭金融资产配置行为研究［J］.农业技术经济，2021，311（3）：105－120.

［13］陈磊，葛永波.社会资本与农村家庭金融资产选择：基于金

融排斥视角［M］.北京：人民出版社，2009：111.

［14］陈训波，周伟.家庭财富与中国城镇居民消费：来自微观层面的证据［J］.中国经济问题，2013（2）：48－57.

［15］陈莹，武志伟，顾鹏.家庭生命周期与背景风险对家庭资产配置的影响［J］.吉林大学社会科学学报，2014，54（5）：73－80，173.

［16］陈永伟，史宇鹏，权五燮.住房财富、金融市场参与和家庭资产组合选择：来自中国城市的证据［J］.金融研究，2015（4）：1－18.

［17］陈永正，陈家泽.农村劳动力转移方式及影响因素的实证研究：兼论农村劳动力转移的"成都模式"［J］.财经科学，2007（4）：51－58.

［18］成党伟.家庭金融资产结构对农户消费的影响研究：基于CHFS数据的实证分析［J］.西安财经学院学报，2019，32（5）：13－21.

［19］城镇化进程中农村劳动力转移问题研究课题组，张红宇.城镇化进程中农村劳动力转移：战略抉择和政策思路［J］.中国农村经济，2011（6）：4－14，25.

［20］程名望，史清华，徐剑侠.中国农村劳动力转移动因与障碍的一种解释［J］.经济研究，2006（4）：68－78.

［21］董晓林，徐虹.我国农村金融排斥影响因素的实证分析：基于县域金融机构网点分布的视角［J］.金融研究，2012（9）：115－126.

［22］都阳，朴之水.劳动力迁移收入转移与贫困变化［J］.中国农村观察，2003（5）：3－10，18，81.

［23］杜朝运，丁超.基于夏普比率的家庭金融资产配置有效性研究：来自中国家庭金融调查的证据［J］.经济与管理研究，2016，37（8）：52－59.

［24］段军山，崔蒙雪.信贷约束、风险态度与家庭资产选择［J］.统计研究，2016，33（6）：62－71.

［25］樊纲治，王宏扬.家庭人口结构与家庭商业人身保险需求：基于中国家庭金融调查（CHFS）数据的实证研究［J］.金融研究，2015（7）：170－189.

［26］方福前，张艳丽.城乡居民不同收入的边际消费倾向及变动

234

趋势分析 [J]. 财贸经济, 2011 (4): 22-30.

[27] 甘犁, 尹志超, 贾男等. 中国家庭资产状况及住房需求分析 [J]. 金融研究, 2013 (4): 1-14.

[28] 高国力. 区域经济发展与劳动力迁移 [J]. 南开经济研究, 1995 (2): 27-32.

[29] 葛永波, 陈虹宇. 劳动力转移如何影响农户风险金融资产配置?: 基于金融排斥的视角 [J]. 中国农村观察, 2022, 165 (3): 128-146.

[30] 葛永波, 陈虹宇, 赵国庆. 金融排斥视角下非农就业与农村家庭金融资产配置行为研究 [J]. 当代经济科学, 2021, 43 (3): 16-31.

[31] 葛永波, 陈磊, 刘立安. 管理者风格: 企业主动选择还是管理者随性施予?: 基于中国上市公司投融资决策的证据 [J]. 金融研究, 2016 (4): 190-206.

[32] 官永彬. 农村劳动力外出收入转移对家庭的微观效应 [J]. 重庆师范大学学报 (哲学社会科学版), 2006 (1): 33-38.

[33] 郭士祺, 梁平汉. 社会互动、信息渠道与家庭股市参与: 基于 2011 年中国家庭金融调查的实证研究 [J]. 经济研究, 2014, 49 (S1): 116-131.

[34] 郭香俊, 杭斌. 流动性约束对我国农村居民消费行为的影响 [J]. 科技情报开发与经济, 2005, 15 (17): 81-81.

[35] 韩卫兵, 张兵, 王睿. 收入结构、居住模式与农村居民金融行为的合理化: 基于新型城镇化视角的考量 [J]. 江海学刊, 2016 (2): 101-105.

[36] 何婧, 田雅群, 刘甜等. 互联网金融离农户有多远: 欠发达地区农户互联网金融排斥及影响因素分析 [J]. 财贸经济, 2017, 38 (11): 70-84.

[37] 何兴强, 史卫, 周开国. 背景风险与居民风险金融资产投资 [J]. 经济研究, 2009, 44 (12): 119-130.

[38] 胡永刚, 郭长林. 股票财富、信号传递与中国城镇居民消费 [J]. 经济研究, 2012, 47 (3): 115-126.

[39] 胡振, 臧日宏. 收入风险、金融教育与家庭金融市场参与

[J]. 统计研究, 2016, 33 (12): 67 - 73.

[40] 黄程远. 基于国内数据分析的金融排斥对家庭投资组合的影响研究 [J]. 科技经济市场, 2018 (1): 78 - 80.

[41] 黄华继, 张玲. 房产投资在家庭资产配置中的挤出效应研究: 基于 Probit 模型和 Tobit 模型的实证研究 [J]. 重庆文理学院学报, 2017 (6): 124 - 129.

[42] 黄倩. 社会网络与家庭金融资产选择 [D]. 成都: 西南财经大学, 2014.

[43] 江静琳, 王正位, 廖理. 农村成长经历和股票市场参与 [J]. 经济研究, 2018, 53 (8): 84 - 99.

[44] 解垩. 房产和金融资产对家庭消费的影响: 中国的微观证据 [J]. 财贸研究, 2012, 23 (4): 73 - 82.

[45] 雷晓燕, 周月刚. 中国家庭的资产组合选择: 健康状况与风险偏好 [J]. 金融研究, 2010 (1): 31 - 45.

[46] 李昂, 廖俊平. 社会养老保险与我国城镇家庭风险金融资产配置行为 [J]. 中国社会科学院研究生院学报, 2016 (6): 40 - 50.

[47] 李波. 中国城镇家庭金融风险资产配置对消费支出的影响: 基于微观调查数据 CHFS 的实证分析 [J]. 国际金融研究, 2015 (1): 83 - 92.

[48] 李成友, 孙涛, 王硕. 人口结构红利、财政支出偏向与中国城乡收入差距 [J]. 经济学动态, 2021 (1): 105 - 124.

[49] 李丁, 丁俊菘, 马双. 社会互动对家庭商业保险参与的影响: 来自中国家庭金融调查 (CHFS) 数据的实证分析 [J]. 金融研究, 2019, 469 (7): 96 - 114.

[50] 李丽芳, 柴时军, 王聪. 生命周期、人口结构与居民投资组合: 来自中国家庭金融调查 (CHFS) 的证据 [J]. 华南师范大学学报 (社会科学版), 2015 (4): 13 - 18.

[51] 李强, 毛学峰, 张涛. 农民工汇款的决策、数量与用途分析 [J]. 中国农村观察, 2008 (3): 2 - 12.

[52] 李涛, 陈斌开. 家庭固定资产、财富效应与居民消费: 来自中国城镇家庭的经验证据 [J]. 经济研究, 2014, 49 (3): 62 - 75.

[53] 李涛. 社会互动与投资选择 [J]. 经济研究, 2006 (8):

45 – 57.

[54] 李涛, 王志芳, 王海港, 谭松涛. 中国城市居民的金融受排斥状况研究 [J]. 经济研究, 2010, 45 (7): 15 – 30.

[55] 李涛, 朱俊兵, 伏霖. 聪明人更愿意创业吗?: 来自中国的经验发现 [J]. 经济研究, 2017, 52 (3): 91 – 105.

[56] 李雪松, 黄彦彦. 房价上涨、多套房决策与中国城镇居民储蓄率 [J]. 经济研究, 2015, 50 (9): 100 – 113.

[57] 刘华珂, 何春, 崔万田. 农村劳动力转移减贫的机理分析与实证检验 [J]. 农村经济, 2017 (11): 57 – 62.

[58] 刘进, 赵思诚, 许庆. 农民兼业行为对非农工资性收入的影响研究: 来自 CFPS 的微观证据 [J]. 财经研究, 2017, 43 (12): 45 – 57.

[59] 刘潇, 程志强, 张琼. 居民健康与金融投资偏好 [J]. 经济研究, 2014, 49 (S1): 77 – 88.

[60] 刘欣欣. 不确定性与居民金融资产选择 [J]. 生产力研究, 2009 (1): 62 – 63.

[61] 卢建新. 农村家庭资产与消费: 来自微观调查数据的证据 [J]. 农业技术经济, 2015 (1): 84 – 92.

[62] 卢亚娟, 张菁晶. 农村家庭金融资产选择行为的影响因素研究: 基于 CHFS 微观数据的分析 [J]. 管理世界, 2018, 34 (5): 98 – 106.

[63] 卢亚娟, 张雯涵, 孟丹丹. 社会养老保险对家庭金融资产配置的影响研究 [J]. 保险研究, 2019 (12): 108 – 119.

[64] 陆文聪, 吴连翠. 兼业农民的非农就业行为及其性别差异 [J]. 中国农村经济, 2011 (6): 54 – 62, 81.

[65] 吕学梁, 吴卫星. 金融排斥对于家庭投资组合的影响: 基于中国数据的分析 [J]. 上海金融, 2017 (6): 34 – 41.

[66] 罗楚亮. 经济转轨、不确定性与城镇居民消费行为 [J]. 经济研究, 2004 (4): 100 – 106.

[67] 罗娟, 文琴. 城镇居民家庭金融资产配置影响居民消费的实证研究 [J]. 消费经济, 2016, 32 (1): 18 – 22.

[68] 罗明忠. 就地转移还是异地转移: 基于人力资本投资视角的

237

分析 [J]. 经济学动态, 2009 (11): 29-32.

[69] 骆祚炎. 居民金融资产结构性财富效应分析: 一种模型的改进 [J]. 数量经济技术经济研究, 2008 (12): 97-110.

[70] 马九杰, 沈杰. 中国农村金融排斥态势与金融普惠策略分析 [J]. 农村金融研究, 2010 (5): 5-10.

[71] 马九杰, 吴本健. 互联网金融创新对农村金融普惠的作用: 经验、前景与挑战 [J]. 农村金融研究, 2014 (8): 5-11.

[72] 马小勇, 白永秀. 中国农户的收入风险应对机制与消费波动: 来自陕西的经验证据 [J]. 经济学 (季刊), 2009, 8 (4): 1221-1238.

[73] 孟亦佳. 认知能力与家庭资产选择 [J]. 经济研究, 2014, 49 (S1): 132-142.

[74] 苗瑞卿, 戎建, 郑淑华. 农村劳动力转移的速度与数量影响因素分析 [J]. 中国农村观察, 2004 (2): 39-45, 81.

[75] 莫骄. 人口老龄化背景下的家庭金融资产选择 [D]. 天津: 南开大学, 2014.

[76] 奈特. 风险、不确定性和利润 [M]. 北京: 中国人民大学出版社, 2005.

[77] 潘泽瀚, 王桂新. 中国农村劳动力转移与农村家庭收入: 对山区和非山区的比较研究 [J]. 人口研究, 2018, 42 (1): 44-59.

[78] 钱文荣, 李宝值. 不确定性视角下农民工消费影响因素分析: 基于全国 2679 个农民工的调查数据 [J]. 中国农村经济, 2013 (11): 57-71.

[79] 钱文荣, 朱嘉晔. 农民工的发展与转型: 回顾、评述与前瞻: "中国改革开放四十年: 农民工的贡献与发展学术研讨会" 综述 [J]. 中国农村经济, 2018 (9): 131-135.

[80] 史代敏, 宋艳. 居民家庭金融资产选择的实证研究 [J]. 统计研究, 2005 (10): 43-49.

[81] 苏岚岚, 孔荣. 互联网使用促进农户创业增益了吗?: 基于内生转换回归模型的实证分析 [J]. 中国农村经济, 2020, 422 (2): 62-80.

[82] 宿玉海, 孙晓芹, 李成友. 收入分配与异质性消费结构: 基

于中等收入群体新测度 [J]. 财经科学, 2021, 402 (9): 80-95.

[83] 粟芳, 方蕾. 中国农村金融排斥的区域差异: 供给不足还是需求不足?: 银行、保险和互联网金融的比较分析 [J]. 管理世界, 2016 (9): 70-83.

[84] 孙武军, 林惠敏. 金融排斥、社会互动和家庭资产配置 [J]. 中央财经大学学报, 2018 (3): 21-38.

[85] 谭浩. 中国中等收入群体资产选择行为与家庭投资组合研究 [D]. 北京: 对外经济贸易大学, 2018.

[86] 田岗. 不确定性、融资约束与我国农村高储蓄现象的实证分析: 一个包含融资约束的预防性储蓄模型及检验 [J]. 经济科学, 2005 (1): 5-17.

[87] 田力, 胡改导, 王东方. 中国农村金融融量问题研究 [J]. 金融研究, 2004 (3): 125-135.

[88] 田青. 资产变动对居民消费的财富效应分析 [J]. 宏观经济研究, 2011 (5): 59-65.

[89] 万广华, 张茵, 牛建高. 流动性约束、不确定性与中国居民消费 [J]. 经济研究, 2001 (11): 35-44, 94.

[90] 万晓萌. 农村劳动力转移对城乡收入差距影响的空间计量研究 [J]. 山西财经大学学报, 2016, 38 (3): 22-31.

[91] 王聪, 姚磊, 柴时军. 年龄结构对家庭资产配置的影响及其区域差异 [J]. 国际金融研究, 2017 (2): 76-86.

[92] 王美艳. 城市劳动力市场上的就业机会与工资差异: 外来劳动力就业与报酬研究 [J]. 中国社会科学, 2005 (5): 36-46, 205.

[93] 王晟, 蔡明超. 中国居民风险厌恶系数测定及影响因素分析: 基于中国居民投资行为数据的实证研究 [J]. 金融研究, 2011 (8): 192-206.

[94] 王晓全, 骆帝涛, 王奇. 非正式保险制度与农户风险分担建模与政策含义: 来自 CFPS 数据的实证研究 [J]. 经济科学, 2016 (6): 89-101.

[95] 王修华, 傅勇, 贺小金等. 中国农户受金融排斥状况研究: 基于我国 8 省 29 县 1547 户农户的调研数据 [J]. 金融研究, 2013 (7): 139-152.

[96] 王永中. 收入不确定、股票市场与中国居民货币需求 [J]. 世界经济, 2009 (1): 26 – 39.

[97] 王宇. 农村家庭资产配置与金融市场参与的实证研究: 以浙江金华地区为例 [J]. 郑州航空工业管理学院学报, 2008 (5): 103 – 108.

[98] 王子成. 劳动力外出对农户生产经营活动的影响效应研究: 迁移异质性视角 [J]. 世界经济文汇, 2015 (2): 74 – 90.

[99] 王子城. 人口抚养负担、金融市场参与和家庭资产配置 [J]. 金融与经济, 2016 (6): 21 – 27, 74.

[100] 韦宏耀, 钟涨宝. 政治还是市场: 农村家庭财富水平研究: 来自中国家庭追踪调查的证据 [J]. 农业经济问题, 2017, 38 (7): 53 – 63, 111.

[101] 魏昭, 蒋佳伶, 杨阳, 等. 社会网络、金融市场参与和家庭资产选择: 基于 CHFS 数据的实证研究 [J]. 财经科学, 2018 (2): 28 – 42.

[102] 温忠麟, 叶宝娟. 有调节的中介模型检验方法: 竞争还是替补? [J]. 心理学报, 2014, 46 (5): 714 – 726.

[103] 文洪星, 韩青. 非农就业如何影响农村居民家庭消费: 基于总量与结构视角 [J]. 中国农村观察, 2018 (3): 91 – 109.

[104] 吴锟, 吴卫星. 理财建议可以作为金融素养的替代吗? [J]. 金融研究, 2017 (8): 161 – 176.

[105] 吴卫星, 齐天翔. 流动性、生命周期与投资组合相异性: 中国投资者行为调查实证分析 [J]. 经济研究, 2007 (2): 97 – 110.

[106] 吴卫星, 丘艳春, 张琳琬. 中国居民家庭投资组合有效性: 基于夏普率的研究 [J]. 世界经济, 2015, 38 (1): 154 – 172.

[107] 吴卫星, 荣苹果, 徐芊. 健康与家庭资产选择 [J]. 经济研究, 2011, 46 (S1): 43 – 54.

[108] 吴卫星, 沈涛, 蒋涛. 房产挤出了家庭配置的风险金融资产吗?: 基于微观调查数据的实证分析 [J]. 科学决策, 2014 (11): 52 – 69.

[109] 吴卫星, 沈涛. 学历的年代效应与股票市场投资者参与 [J]. 金融研究, 2015 (8): 175 – 190.

[110] 吴卫星，吴锟，沈涛. 自我效能会影响居民家庭资产组合的多样性吗 [J]. 财经科学，2016（2）：14-23.

[111] 吴卫星，吴锟，张旭阳. 金融素养与家庭资产组合有效性 [J]. 国际金融研究，2018（5）：66-75.

[112] 吴卫星，易尽然，郑建明. 中国居民家庭投资结构：基于生命周期、财富和住房的实证分析 [J]. 经济研究，2010，45（S1）：72-82.

[113] 肖忠意，黄玉，陈志英等. 创新创业环境影响进城农民家庭资产选择的机制研究 [J]. 经济评论，2018（5）：148-159.

[114] 肖忠意，赵鹏，周雅玲. 主观幸福感与农户家庭金融资产选择的实证研究 [J]. 中央财经大学学报，2018（2）：38-52.

[115] 肖作平，张欣哲. 制度和人力资本对家庭金融市场参与的影响研究：来自中国民营企业家的调查数据 [J]. 经济研究，2012，47（S1）：91-104.

[116] 谢绵陛，颜诤. 住房债务对住房财富效应的抑制作用 [J]. 商业研究，2017，59（2）：172-176.

[117] 谢勇，沈坤荣. 非农就业与农村居民储蓄率的实证研究 [J]. 经济科学，2011（4）：76-87.

[118] 徐超，吴玲萍，孙文平. 外出务工经历、社会资本与返乡农民工创业：来自 CHIPS 数据的证据 [J]. 财经研究，2017，43（12）：30-44.

[119] 徐佳，谭娅. 中国家庭金融资产配置及动态调整 [J]. 金融研究，2016（12）：95-110.

[120] 许圣道，田霖. 我国农村地区金融排斥研究 [J]. 金融研究，2008（7）：195-206.

[121] 尹志超，仇化. 金融知识对互联网金融参与重要吗 [J]. 财贸经济，2019，40（6）：70-84.

[122] 尹志超，宋全云，吴雨. 金融知识、投资经验与家庭资产选择 [J]. 经济研究，2014，49（4）：62-75.

[123] 尹志超，吴雨，甘犁. 金融可得性、金融市场参与和家庭资产选择 [J]. 经济研究，2015，50（3）：87-99.

[124] 尹志超，张号栋. 金融知识和中国家庭财富差距：来自

CHFS 数据的证据 [J]. 国际金融研究, 2017 (10): 76 - 86.

[125] 俞梦巧, 董致臻. 收入、人口年龄结构与居民家庭金融资产选择: 基于 CHFS (2011) 的经验证据 [J]. 特区经济, 2017 (12): 109 - 111.

[126] 袁微, 黄蓉. 房屋拆迁与家庭金融风险资产投资 [J]. 财经研究, 2018, 44 (4): 143 - 153.

[127] 曾志耕, 何青, 吴雨等. 金融知识与家庭投资组合多样性 [J]. 经济学家, 2015 (6): 86 - 94.

[128] 张大永, 曹红. 家庭财富与消费: 基于微观调查数据的分析 [J]. 经济研究, 2012 (S1): 53 - 65.

[129] 张国俊, 周春山, 许学强. 中国金融排斥的省际差异及影响因素 [J]. 地理研究, 2014, 33 (12): 2299 - 2311.

[130] 张景娜, 朱俊丰. 互联网使用与农村劳动力转移程度: 兼论对家庭分工模式的影响 [J]. 财经科学, 2020 (1): 93 - 105.

[131] 张鹏, 王婷. 农村劳动力转移对农民收入的影响研究: 对重庆市开县的实证分析 [J]. 重庆大学学报 (社会科学版), 2010, 16 (5): 13 - 17.

[132] 张秋惠, 刘金星. 中国农村居民收入结构对其消费支出行为的影响: 基于 1997 ~ 2007 年的面板数据分析 [J]. 中国农村经济, 2010 (4): 48 - 54.

[133] 张世虎, 顾海英. 互联网信息技术的应用如何缓解乡村居民风险厌恶态度?: 基于中国家庭追踪调查 (CFPS) 微观数据的分析 [J]. 中国农村经济, 2020 (10): 33 - 51.

[134] 张五六, 赵昕东. 金融资产与实物资产对城镇居民消费影响的差异性研究 [J]. 经济评论, 2012 (3): 94 - 102.

[135] 张晓辉. 农村劳动力就业结构研究 [J]. 中国农村经济, 1999 (10): 68 - 72.

[136] 张勋, 刘晓, 樊纲. 农业劳动力转移与家户储蓄率上升 [J]. 经济研究, 2014, 49 (4): 130 - 142.

[137] 张玉昆, 曹广忠. 城镇化背景下非农就业对农村居民社会网络规模的影响 [J]. 城市发展研究, 2017, 24 (12): 61 - 68, 100.

[138] 张哲, 谢家智. 中国农村家庭资产配置影响因素的实证研究

[J]. 经济问题探索, 2018 (9): 150-164.

[139] 赵树凯. 劳动力流动: 出村和进村: 15省28村劳动力流动调查的初步分析 [J]. 中国农村观察, 1995 (4): 37-42, 32.

[140] 周广肃, 梁琪. 互联网使用、市场摩擦与家庭风险金融资产投资 [J]. 金融研究, 2018 (1): 84-101.

[141] 周雨晴, 何广文. 数字普惠金融发展对农户家庭金融资产配置的影响 [J]. 当代经济科学, 2020, 42 (3): 92-105.

[142] 朱铭来, 于新亮, 宋占军. 我国城乡居民大病医疗费用预测与保险基金支付能力评估 [J]. 保险研究, 2013 (5): 94-103.

[143] 朱农. 离土还是离乡?: 中国农村劳动力地域流动和职业流动的关系分析 [J]. 世界经济文汇, 2004 (1): 53-63.

[144] 朱涛, 卢建, 朱甜等. 中国中青年家庭资产选择: 基于人力资本、房产和财富的实证研究 [J]. 经济问题探索, 2012 (12): 170-177.

[145] 宗庆庆, 刘冲, 周亚虹. 社会养老保险与我国居民家庭风险金融资产投资: 来自中国家庭金融调查 (CHFS) 的证据 [J]. 金融研究, 2015, 424 (10): 99-114.

[146] 邹杰玲, 董政祎, 王玉斌. "同途殊归": 劳动力外出务工对农户采用可持续农业技术的影响 [J]. 中国农村经济, 2018 (8): 83-98.

[147] ABREU M, MENDES V. Financial literacy and portfolio diversification [J]. Quantitative Finance, 2010, 10 (5): 515-528.

[148] ADAMS R. Remittances, investment, and rural asset accumulation in pakistan [J]. Economic Development & Cultural change, 1998, 47 (1): 155-173.

[149] AGARWAL S, MAZUMDER B. Cognitive abilities and household financial decision making [J]. American Economic Journal: Applied Economics, 2013, 5 (1): 193-207.

[150] AHSANUZZAMAN A. Three essays on adoption and impact of agricultural technology in Bangladesh [D]. Virginia Tech, 2015.

[151] AJZEN I. The theory of planned behavior [J]. Organizational Behavior and Human Decision Processes, 1991, 50 (2): 179-211.

[152] AMBARKHANE D, SINGH A, VENKATARAMANI B. Developing a comprehensive financial inclusion index [J]. Management and labour studies, 2016, 41 (3): 216 - 235.

[153] AMERIKS J, ZELDES S P. How do household portfolio shares vary with age [R]. Working Paper, Columbia University, 2004.

[154] ANDERLONI L, BAYOT B, BŁEDOWSKI P et al. Financial services provision and prevention of financial exclusion [R]. European Commission, 2008.

[155] ANZ. A report on financial exclusion in Australia [R]. Chant Link and Associates Report, 2004.

[156] APERGIS N, MILLER S M. Consumption asymmetry and the stock market: empirical evidence [J]. Economics Letters, 2006, 93 (3): 337 - 342.

[157] ARORA R U. Financial inclusion and human capital in developing asia: the Australian connection [J]. Third World Quarterly, 2012, 33: 177 - 197.

[158] ARROW K J. The role of securities in the optimal allocation of risk-bearing [J]. Review of Economic Studies, 1964, 31 (2): 91 - 96.

[159] ATELLA V, ROSATI F C, ROSSI M. Precautionary saving and health risk: evidence from Italian households using a time series of cross sections [J]. Social Science Electronic Publishing, 2005, 96 (3): 113 - 132.

[160] AWAN M S, JAVED M, WAQAS M. Migration, remittances, and household welfare: evidence from Pakistan [J]. The Lahore Journal of Economics, 2015, 20 (Summer 2015): 47 - 69.

[161] BAPTISTA A M. Optimal delegated portfolio management with background risk [J]. Journal of Banking & Finance, 2008, 32 (6): 977 - 985.

[162] BARASINSKA N, SCHAFER D, STEPHAN A. Individual risk attitudes and the composition of financial portfolios: evidence from german household portfolios [J]. Quarterly Review of Economics & Finance, 52 (1): 1 - 14.

[163] BARBERIS N, HUANG M. Stocks as lotteries: The implications of probability weighting for security prices [J]. The America Economic Review, 2008, 98 (5): 2066 - 2100.

[164] BARON R, KENNY D. The moderator-mediator variable distinction in social psychological research: conceptual, strategic, and stastical consideration [J]. Personality and Social Psychology Review, 1986, 51 (6): 1173 - 1182.

[165] BECKER G S. Human capital. A theoretical and empirical analysis, with special reference to education [M]. New York: Columbia University Press, 1964.

[166] BECK T, LEVINE R, LOAYZA N. Finance and the sources of growth [J]. Journal of Financial Economics, 2000, 58 (1 - 2): 261 - 300.

[167] BERKOWITZ M K, QIU J. A further look at household portfolio choice and health status [J]. Journal of Banking and Finance, 2006, 30 (4): 1201 - 1217.

[168] BERTAUT C C. Stockholding behavior of u. s. Households: Evidence from the 1983 - 1989 survey of consumer finances [J]. Review of Economics Statistics, 1998, 80 (2): 263 - 275.

[169] BODIE Z, MERTON R C, SAMUELSON W F. Labor supply flexibility and portfolio choice in a life cycle model [J]. Journal of Economic Dynamics and Control, 1992, 16 (3 - 4): 427 - 449.

[170] BOONE L, GIROUARD N. The stock market, the housing market and consumer behaviour [J]. OECD Economic Studies, 2003, 2002 (2): 175 - 200.

[171] BOSTIC R, GABRIEL S, PAINTER G. Housing wealth, financial wealth, and consumption: new evidence from micro data [J]. Regional Science and Urban Economics, 2009, 39 (1): 79 - 89.

[172] BROWN J R, IVKOVICH Z, SMITH P A et al. Neighboromatter [J]. The Journal of Finance, 2008, 63 (3): 1509 - 1531.

[173] BROWN R P, LEEVES G D. Impacts of international migration and remittances on source country household incomes in Small Island States:

245

Fiji and Tonga ［R］. Working Papers 07 – 13, Agricultural and Development Economics Division of the Food and Agriculture Organization of the United Nations, 2007.

［174］ BRUECKNER J K, THISSE J, ZENOU Y. Why is central paris rich and downtown detroit poor? an amenity-based theory ［J］. European Economic Review, 1999, 43 (1): 91 – 107.

［175］ BRYAN G, CHOWDHURY S, MOBARAK A M. Underinvestment in a profitable technology: The case of seasonal migration in Bangladesh ［J］. Econometrica, 2014, 82 (5): 1671 – 1748.

［176］ BUTLER J V, GIULIANO P, GUISO L. The right amount of trust ［J］. Journal of the European Economic Association, 2016, 14 (5): 1155 – 1180.

［177］ CAI F, WANG D. Migration as marketization: What can we learn from China's 2000 census data? ［J］. China Review, 2003, 3 (2): 73 – 93.

［178］ CALVET L E, SODINI P. Twin picks: disentangling the determinants of risk-taking in household portfolios ［J］. The Journal of Finance, 2010, 69 (2): 867 – 906.

［179］ CAMPBELL J Y, COCCO J F. How do house prices affect consumption? evidence from micro data ［J］. Journal of Monetary Economics, 2007, 54 (3): 591 – 621.

［180］ CAMPBELL J Y. Household finance ［J］. The Journal of Finance, 2006, 61 (4): 1553 – 1604.

［181］ CARDAK B A, WILKINS R. The determinants of household risky asset holdings: Australian evidence on background risk and other factors ［J］. Journal of Banking & Finance, 2009, 33 (5): 850 – 860.

［182］ CARROLL C D, OTSUKA M, SLACALEK J. How large are housing and financial wealth effects? A new approach ［J］. Journal of Money-credit and Banking, 2011, 43 (1): 55 – 79.

［183］ CASE K E, QUIGLEY J M, SHILLER R J. Wealth dffects revisited 1978 – 2009 ［J］. Cowles Foundation Discussion Papers, 2011, 2: 101 – 128.

[184] CHAKRAVARTY S R, PAL R. Financial inclusion in india: an axiomatic approach [J]. Journal of Policy Modeling, 2013, 35 (5): 813 – 837.

[185] CHANDA A, MADDALA G S. Methods of estimation for models of markets with bounded price variation under rational expectations [J]. Economics Letters, 1983, 13: 5 – 16.

[186] CHANG H H, MISHRA A. Impact of off-farm labor supply on food expenditures of the farm household [J]. Food Policy, 2008, 33 (6): 657 – 664.

[187] CHETTY R, SÁNDOR L, SZEIDL A. The effect of housing on portfolio choice [J]. The Journal of Finance, 2017, 72 (3): 1171 – 1212.

[188] CHRISTELIS D, JAPPELLI T, PADULA M. Cognitive abilities and portfolio choice [J]. European Economic Review, 2010, 54 (1): 18 – 38.

[189] CHRISTOPHER D. C, Andrew A S. How important is precautionary saving? [J]. Review of Economics and Statistics, 1998, 80 (3): 410 – 419.

[190] COCCO J F, GOMES F J, MAENHOUT P J. Consumption and portfolio choice over the life cycle [J]. The Review of Financial Studies, 2005, 18 (2): 491 – 533.

[191] COHN R A, LEWELLEN W G, LEASE R C etal. Individual investor risk aversion and investment portfolio composition [J]. The Journal of Finance, 1975, 30 (2): 605 – 620.

[192] COILE C, MILLIGAN K. How household portfolios evolve after retirement: The effect of aging and health shocks [J]. Review of Income and Wealth, 2009, 55 (2): 226 – 248.

[193] COOPER R, ZHU G. Household finance in China [R]. NBER Working Paper 23741, 2018.

[194] COVAL J D, MOSKOWITZ T J. Home bias at home: local equity preference in domestic portfolios [J]. The Journal of Finance, 1999, 54 (6): 2045 – 2073.

[195] DAVIS M A, PALUMBO M G. A primer on the economics and time series econometrics of wealth effects [R]. Divisions of Research & Statistics and Monetary Affairs, Federal Reserve, 2001.

[196] DEATON A. Savings and liquidity constraints [J]. Econometrica, 1991, 59 (5): 1221 – 1248.

[197] DE BRAUW A, GILES J. Migrant labor markets and the welfare of rural households in the developing world: evidence from China [J]. The World Bank Economic Review, 2018, 32 (1): 1 – 18.

[198] DEMIRGÜÇ – KUNT A, BECK T H L, HONOHAN P. Finance for all? policies and pitfalls in expanding access [J]. World Bank Publications, 2008: 259 – 267.

[199] DE WEERDT J, HIRVONEN K. Risk sharing and migration in Tanzania [J]. Economic Development and Cultural Change, 2012, 65: 63 – 86.

[200] DIAMOND P A. National debt in a neoclassical growth model [J]. The American Economic Review, 1965, 55 (5): 1126 – 1150.

[201] DOHMEN T, FALK A, HUFFMAN D et al. Are risk aversion and impatience related to cognitive ability? [J]. The Amercian Economic Reviews, 2010, 100 (3): 1238 – 1260.

[202] DURLURF S. Neighborhood effects [J]. Handbook of Regional and Urban Economics, 2004, 4: 2173 – 2242.

[203] DU Y, PARK A, WANG S. Migration and rural poverty in China [J]. Journal of Comparative Economics, 2005, 33 (4): 688 – 709.

[204] DVORNAK N, KOHLER M. Housing wealth, stock market wealth and consumption: A panel analysis for australia [J]. Economic Record, 2007, 83 (261): 117 – 130.

[205] DYNAN K E, MAKI D M. Does stock market wealth matter for consumption? [R]. Finance and Economics Discussion Series, 2001.

[206] EGGER E – M, LITCHFIELD J. The nature and impact of repeated migration within households in rural Ghana [J]. Available at SSRN 3300815, 2017.

[207] FISHER P J, MONTALTO C P. Effect of saving motives and ho-

rizon on saving behaviors [J]. Journal of Economic Psychology, 2010, 31 (1): 92 – 105.

[208] FRIEDMAN M: A theory of the consumption function [M]. Princeton: Princeton University Press, 1957: 1 – 6.

[209] FRIEDMAN M. Introduction to "A theory of the consumption function" [M]. Princeton: Princeton University Press, 1957: 1 – 6.

[210] GE Y, CHEN H, ZOU L, ZHOU Z. Political background and household financial asset allocation in China [J]. Emerging markets finance and trade, 2021, 57 (4): 1232 – 1246.

[211] GOLLIER C. Repeated optional gambles and risk aversion [J]. Management Science, 1996, 42 (11): 1524 – 1530.

[212] GOMES F, MICHAELIDES A. Optimal life-cycle asset allocation: understanding the empirical evidence [J]. The Journal of Finance, 2005, 60 (2): 869 – 904.

[213] GORMLEY T, LIU H, ZHOU G. Limited participation and consumption-saving puzzles: a simple explanation and the role of insurance [J]. Journal of Financial Economics, 2010, 96 (2): 331 – 344.

[214] GRINBLATT M, KELOHARJU M, LINNAINMAA J. Iq and stock market participation [J]. The Journal of Finance, 2011, 66 (6): 2121 – 2164.

[215] GUISO L, JAPPELLI T, TERLIZZESE D. Income risk, borrowing constraints, and portfolio choice [J]. The American Economic Review, 1996, 86 (1): 158 – 172.

[216] GUISO L, PAIELLA M. The role of risk aversion in predicting individual behaviors [C]. Econometric Society 2004 Latin American Meetings, 2004.

[217] GUISO L, PARIGI G. Investment and demand uncertainty [J]. Quarterly Journal of Economics, 1999, 114 (1): 185 – 227.

[218] GUISO L, SAPIENZA P, ZINGALES L. Trusting the stock market [J]. The Journal of Finance, 2008, 63 (6): 2557 – 2600.

[219] GUISO L, SODINI P. Household Finance: An Emerging Field [M]. Handbook of the Economics of Finance, Elsevier, 2013: 1397 –

1532.

[220] GUPTE, R. VENKATARAMANI, B. and GUPTA, D. Computation of financial inclusion index for India [J]. Procedia-social and Behavioral Sciences, 2012, 37: 133 – 149.

[221] HALL R E. Stochastic implications of the life cycle-permanent income hypothesis: theory and evidence [J]. Journal of Political Economy, 1978, 86 (6): 971 – 987.

[222] HANUSHEK E A, WOESSMANN L. The role of cognitive skills in economic development [J]. Journal of Economic Literature, 2008, 46 (3): 607 – 668.

[223] HARE D. Push versus pull factors in migration outflows and returns: Determinants of migration status and spell duration among China's rural population [J]. The Journal of Development Studies, 1999, 35 (3): 45 – 72.

[224] HARRELL C, DEBREU G. Theory of value: An axiomatic analysis of economic equilibrium [M]. New Haven and London: Yale university Press, 1959.

[225] HATTON T J, WILLIAMSON J G. The age of mass migration: Causes and economic impact [M]. New York and Oxford: Oxford University Press, 1998.

[226] HEATON J, LUCAS D. Portfolio choice in the presence of background risk [J]. The Economic Journal, 2000, 110 (460): 1 – 26.

[227] HECKMAN J J, STIXRUD J, Urzua S. The effects of cognitive and non-cognitive abilities on labor market outcomes and social behavior [J]. Journal of Labor Economics, 2006, 24: 411 – 482.

[228] HONG H, KUBIK J D, STEIN J C. Social interaction and stock-market participation [J]. The Journal of Finance, 2004, 59 (1): 137 – 163.

[229] HONOHAN P. Cross-country variation in household access to financial services [J]. Journal of Banking & Finance, 2008, 32 (11): 2493 – 2500.

[230] HSIAO Y J, TSAI W C. Financial literacy and participation in the

derivatives markets [J]. Journal of Banking & Finance, 2018, 88: 15 – 29.

[231] HUBERMAN G. Familiarity breeds investment [J]. Review of Financial Studies, 2001, 14 (3): 659 – 680.

[232] IWAISAKO T, FUTAGAMI K. Patent policy in an endogenous growth model [J]. Journal of Economics, 2003, 78 (3): 239 – 258.

[233] JANSEN W J, NAHUIS N J. The stock market and consumer confidence: European evidence [J]. Economics letters, 2003, 79 (1): 89 – 98.

[234] JUSTER F T, SMITH J P, STAFFORD F. The measurement and structure of household wealth [J]. Labour Economics, 1999, 6 (2): 253 – 275.

[235] KELLY M. All their eggs in one basket: Portfolio diversification of us households [J]. Journal of Economic Behavior & Organization, 1995, 27 (1): 87 – 96.

[236] KEMPSON E, ATKINSON A, PILLEY O. Policy level response to financial exclusion in developed economies: lessons for developing countries [R]. Report of Personal Finance Research Centre, University of Bristol, 2004.

[237] KEMPSON E, WHYLEY C. Kept out or opted out: understanding and combating financial exclusion [J]. Bristol: The Policy Press, 1999.

[238] KINNAN C, WANG S – Y, WANG Y. Access to migration for rural households [J]. The American Economic Journal: Applied Economics, 2018, 10 (4): 79 – 119.

[239] KUNG K S. Off-farm labor markets and the emergence of land rental markets in rural China [J]. Journal of Comparative Economics, 2002, 30 (2): 395 – 414.

[240] LEYSHON A, THRIFT N. The restructuring of the UK financial services industry in the 1990s: a reversal of fortune? [J]. Journal of Rural Studies, 1993, 9 (3): 223 – 241.

[241] LI C, JIAO Y, SUN T, LIU A. Alleviating multi-dimensional poverty through land transfer: Evidence from poverty-stricken villages in China [J]. China Economic Review, 2021, 69, 101670.

［242］LINDQVIST E, VESTMAN R. The labor market returns to cognitive and noncognitive ability: evidence from the Swedish enlistment ［J］. The American Economic Journal: Applied Economics, 2011, 3 (1): 101 – 128.

［243］LUCAS R, STARK O. Motivations to remit: evidence from Botswana ［J］. Journal of Political Economy, 1985, 93 (5): 901 – 918.

［244］LUDWIG A, SLØK T. The relationship between stock prices, house prices and consumption in oecd countries ［R］. MEA Discussion Paper Series 04044, 2004.

［245］LUSARDI A, MITCHELL O S. Financial literacy and retirement preparedness: Evidence and implications for financial education: The problems are serious, and remedies are not simple ［J］. Business Economics, 2007, 42 (1): 35 – 44.

［246］MARKOWITZ H. Portfolio selection ［J］. The Journal of Finance, 1952, 7 (1): 77 – 91.

［247］MEHRA Y P. The wealth effect in empirical life-cycle aggregate consumption equations ［J］. Economic Quarterly, 2001, 87 (2): 45 – 67.

［248］MERTON R C. Optimum consumption and portfolio rules in a continuous-time model ［J］. Journal of Economic Theory, 1970, 3 (4): 373 – 413.

［249］MISHRA A K, ELOSTA H S, MOREHART M J et al. Income, wealth, and the economic well-being of farm households ［J］. Agricultural Economics Reports, 2002: xxv – xxvi.

［250］MODIGLIANI F, BRUMBERG R. Utility analysis and the consumption function: an interpretation of cross-section data ［J］. Franco Modigliani, 1954, 1 (1): 388 – 436.

［251］MOOKERJEE R, KALIPIONI P. Availability of financial services and income inequality: the evidence from many countries ［J］. Emerging Markets Review, 2010, 11 (4): 404 – 408.

［252］PANIGYRAKIS G G, THEODORIDIS P K, VELOUTSOU C A. All customers are not treated equally: financial exclusion in Isolated Greek Islands ［J］. Journal of Financial Services Marketing, 2002, 7 (1):

54 – 66.

［253］PARIGI B M, PELIZZON L. Diversification and ownership concentration ［J］. Journal of Banking & Finance, 2008, 32 (9): 1743 – 1753.

［254］PERESS J. Wealth, information acquisition, and portfolio choice ［J］. The Review of Financial Studies, 2004, 17 (3): 879 – 914.

［255］PIGOU A C. The classical stationary state ［J］. Economic Journal, 1943, 53 (212): 343 – 351.

［256］POTERBA J M. Stock market wealth and consumption ［J］. Journal of Economic Perspectives, 2000, 14 (2): 99 – 118.

［257］PUTNAM R D, LEONARDI R, NONETTI R Y. Making democracy work: civic traditions in modern Italy ［M］. Princeton: Princeton University Press, 1994.

［258］RAHMAN M H. Employees motivation in public and private commercial banks in Bangladesh: a study on need-based approach ［J］. Global Disclosure of Economics and Business, 2013, 2 (2): 91 – 98.

［259］RAN K. Advances in research on mental accounting and reason-based choice ［J］. Marketing Letters, 1999, 10 (3): 249 – 266.

［260］RATHA D, MOHAPATRA S. Increasing the macroeconomic impact of remittances on development ［R］. World Bank, 2007.

［261］RICHARD B. Accelerating agriculture and rural development for inclusive growth: policy implications for developing asia ［R］. Asian Development Bank, 2004.

［262］ROOIJ M V, LUSARDI A, ALESSIE R. Financial literacy and stock market participation ［J］. Journal of Financial Economics, 2007, 101 (2): 449 – 472.

［263］ROSEN H S, WU S. Portfolio choice and health status ［J］. Journal of Financial Economics, 2004, 72 (3): 457 – 484.

［264］ROWLAND P F. Transaction costs and international portfolio diversification ［J］. Journal of International Economics, 1999, 49 (1): 145 – 170.

［265］ROZELLE S, GUO L, SHEN M et al. Leaving China's farms:

Survey results of new paths and remaining hurdles to rural migration [J]. The China Quarterly, 1999, 158: 367 – 393.

[266] SALOTTI S. An appraisal of the wealth effect in the us: evidence from pseudo-panel data [R]. MPKA Working Paper, No. 27351, 2010.

[267] SARMA M, PAIS J. Financial inclusion and development [J]. Journal of International Development, 2010 (4): 659 – 673.

[268] SHARPEW F. A simplified model for portfolio analysis [J]. Management Science, 1963, 9 (2): 277 – 293.

[269] SHI X. Empirical research on urban-rural income differentials: the case of China [R]. Unpublished Manuscript, CCER, Peking University, 2002.

[270] SHUM P, FAIG M. What explains household stock holdings? [J]. Journal of Banking and Finance, 2006, 30 (9): 2579 – 2597.

[271] SINDI K, KIRIMI L. A test of the new economics of labor migration hypothesis: evidence from rural Kenya [R]. the American Agricultural Economics Association Annual Meeting, Long Beach, CA July 23 – 26, 2006.

[272] SJAASTAD L A. The costs and returns of human migration [J]. Journal of Political Economy, 1962, 70 (5): 80 – 93.

[273] SKINNER J. Risky income, life cycle consumption, and precautionary savings [J]. Journal of Monetary Economics, 1988, 22 (2): 237 – 255.

[274] STARK, O. The migration of labor [M]. Massachusetts: Basil Blackwell, 1991.

[275] STOCK J H, YOGO M. Asymptotic distributions of instrumental variables statistics with many instruments [M].//ANDREWS D W K, STOCK J H. Identification and inference for econometric models. Cambridge: Cambridge University Press, 2005: 109 – 120.

[276] TAYLOR J E, LOPEZ – FELDMAN A. Does migration make rural households more productive? evidence from Mexico [J]. Journal of Development Studies, 2010, 46 (1): 68 – 90.

[277] TAYLOR J E. Remittances and inequality reconsidered: direct,

indirect, and intertemporal effects [J]. Journal of Policy Modeling, 1992, 14 (2): 187 – 208.

[278] THALER R. Mental accounting and consumer choice [J]. Marketing Science, 1985, 4 (3): 199 – 214.

[279] THORNTON A. The developmental paradigm, reading history sideways, and family change [J]. Demography, 2001, 38 (4): 449 – 465.

[280] TOBIN J. Liquidity preference as behavior towards risk [J]. Review of Economic Studies, 1958, 25 (2): 65 – 86.

[281] VAN NIEUWERBURGH S, VELDKAMP L. Information immobility and the home bias puzzle [J]. The Journal of Finance, 1900, 64 (3): 1187 – 1215.

[282] VISSING – JORGENSEN A. Towards an explanation of household portfolio choice heterogeneity: nonfinancial income and participation cost structures. NBER Working Papers 8884: National Bureau of Economic Research, Inc. , 2002.

[283] WANG F, ZUO X. Inside China's cities: Institutional barriers and opportunities for urban migrants [J]. The American Economic Review, 1999, 89 (2): 276 – 280.

[284] WEBER E U, HSEE C K. Models and mosaics: Investigating cross-cultural differences in risk perception and risk preference [J]. Psychonomic Bulletin Review of Economic Studies, 1999, 6 (4): 611 – 617.

[285] WOOLDRIDGE J M. Quasi-maximum likelihood estimation and testing for nonlinear models with endogenous explanatory variables [J]. Journal of Econometrics, 2014, 182 (1): 226 – 234.

[286] WOUTERSE F. Migration and technical efficiency in cereal production: evidence from Burkina faso [J]. Agricultural Economics, 2010, 41 (5): 385 – 395.

[287] ZHAO Y. Labor migration and earnings differences: the case of rural China [J]. Economic Development and Cultural Change, 1999b, 47 (4): 767 – 782.

[288] ZHAO Y. Leaving the countryside: Rural-to-urban migration de-

cisions in China [J]. The American Economic Review, 1999b, 89 (2):
281 - 286.

[289] ZHAO Y. The role of migrant networks in labor migration: the
case of China [J]. Contemporary Economic Policy, 2003, 21 (4): 500 -
511.